KB022152

다크 데이터

Dark Data:
Why What You Don't Know Matters

Copyright ⓒ 2020 by David Hand
Korean Translation Copyright ⓒ 2021 by Gilbut Publishing Co., Ltd.

Korean edition is published by arrangement
with David Hand c/o The Science Factory
through Duran Kim Agency.

이 책의 한국어판 저작권은 듀란킴 에이전시를 통해 The Science Factory와
독점계약한 '㈜도서출판 길벗(더퀘스트)'가 소유합니다.
저작권법에 따라 한국 내에서 보호를 받는 저작물이므로
무단 전재 및 복제를 금합니다.

DARK
다크 데이터
DATA

데이비드 핸드 지음 | 노태복 옮김

더퀘스트

다크 데이터
보이지 않는 데이터가
세상을 지배한다

초판 발행 · 2021년 10월 13일
초판 5쇄 발행 · 2022년 9월 15일

지은이 · 데이비드 핸드
옮긴이 · 노태복
발행인 · 이종원
발행처 · (주)도서출판 길벗
브랜드 · 더퀘스트
출판사 등록일 · 1990년 12월 24일
주소 · 서울시 마포구 월드컵로 10길 56(서교동)
대표전화 · 02)332-0931 | **팩스** · 02)323-0586
홈페이지 · www.gilbut.co.kr | **이메일** · gilbut@gilbut.co.kr
대량구매 및 납품 문의 · 02) 330-9708

기획 및 책임편집 · 박윤조(joecool@gilbut.co.kr) | **디자인** · 박상희, 장기춘 | **제작** · 이준호, 손일순, 이진혁
마케팅 · 한준희, 김선영 | **영업관리** · 김명자, 심선숙 | **독자지원** · 윤정아

교정교열 및 전산편집 · 이은경 | **CTP 출력 인쇄** · 금강인쇄 | **제본** · 금강제본

- 더퀘스트는 ㈜도서출판 길벗의 인문교양 · 비즈니스 단행본 브랜드입니다.
- 잘못 만든 책은 구입한 서점에서 바꿔 드립니다.
- 이 책에 실린 모든 내용, 디자인, 이미지, 편집 구성의 저작권은 (주)도서출판 길벗(더퀘스트)과 지은이에게 있습니다.
  허락 없이 복제하거나 다른 매체에 실을 수 없습니다.

ISBN 979-11-6521-709-9 03400
(길벗 도서번호 040119)

정가 19,000원

독자의 1초까지 아껴주는 정성 길벗출판사

(주)도서출판 길벗 | IT실용, IT/일반 수험서, 경제경영, 인문교양 · 비즈니스(더퀘스트), 취미실용, 자녀교육 **www.gilbut.co.kr**
길벗이지톡 | 어학단행본, 어학수험서 **www.gilbut.co.kr**
길벗스쿨 | 국어학습, 수학학습, 어린이교양, 주니어 어학학습, 교과서 **www.gilbutschool.co.kr**

페이스북 **www.facebook.com/thequestzigy**
네이버 포스트 **post.naver.com/thequestbook**

서문

이 책은 색다르다. 빅데이터나 오픈 데이터 또는 데이터 과학을 주제로 한 대중서든, 데이터 분석 방법을 다룬 전문적인 통계학 서적이든 데이터에 관한 책들은 대개 우리가 '갖고 있는' 데이터를 다룬다. 우리 컴퓨터 속 폴더나 책상 위 서류철에 들어 있는 자료, 공책에 적힌 내용과 같은 데이터 말이다. 반면에 이 책은 우리가 '갖고 있지 않은' 데이터를 다룬다. 그러니까 우리가 지금 갖고 싶거나, 이전에 가지고 싶었거나, 또는 가진 줄 알지만 실제로는 갖고 있지 '않은' 데이터에 관한 책이다. 나는 빠진 데이터야말로 우리가 갖고 있는 데이터 못지않게 중요하다고 보며, 많은 사례를 들어 나의 주장을 입증하려고 한다. 볼 수 없는 데이터는 우리를 잘못된 길로 이끌 잠재력이 있으며, 앞으로 살펴보겠지만 때로는 파국을 초래하기도 한다. 그런 일이 어떻게 그리고 왜 생기는지 알려주겠다. 또 파국을 어떻게 막을지, 파국을 피하려면 무엇을 찾아야 할지도 알려주겠다. 그다음에는 어쩌면 놀랍게도, 다크 데이터를 역이용하여 종래의 데이터 분석 방식을 어떻게 뒤집을 수 있는지도 알려주겠다. 다시 말해 (우리가 충분히 현명하다는 전제하에) 어떻게 하면 데이터를 숨기는 것이 더 깊은 지혜, 더 나은 결정, 더 나은 행동의 선택으로 이어질 수 있는지도 알아보자.

데이터data라는 단어를 단수로 취급할지 복수로 취급할지는 난처한 문제다. 과거에는 데이터를 대체로 복수로 여겼지만, 언어가 진화하면서 요즘은 많은 사람이 단수로 여긴다. 이 책에서 나는 '데이터'를 주로 복수로 취급했지만 내 귀에 너무 어색하게 들릴 때에는 단수로 취급했다. 아름다움은 바라보는 자의 눈에 들어 있다고들 하니, 나의 인식이 여러분과 맞지 않을 가능성은 얼마든지 있을 것이다.

나는 통계학자라는 직업상 서서히 다크 데이터를 알게 되었다. 매우 고맙게도 많은 사람이 내게 도전과제들을 가져다주었는데, 알고 보니 전부 다크 데이터 관련 문제였다. 덕분에 다크 데이터 문제들을 다루는 방법도 함께 연구할 수 있었다. 다크 데이터는 의학 연구, 제약 산업, 정부와 시민단체의 정책, 금융 분야, 제조업을 비롯해 다양한 영역에 걸쳐 널리 퍼져 있었다. 어떤 분야든 다크 데이터의 위험으로부터 자유롭지 못하다.

소중한 시간을 내어 이 책의 초고를 읽어준 분들에게 고마움을 전한다. 크리스토포로스 아나그노스토풀로스, 닐 채넌, 나일 애덤스, 그리고 이름을 밝히지 않은 출판사의 세 독자 덕분에 아찔한 실수들이 많이 걸러졌다. 나의 에이전트인 피터 탤랙은 이 책에 어울리는 이상적인 출판사를 찾는 데 큰 도움을 주었고, 아울러 책의 강조점과 집필 방향에 관해 훌륭한 조언을 해주었다. 프린스턴대학교 출판부에서 이 책의 담당 편집자 잉그리드 널리치가 지혜롭게 이끌어준 덕분에 내 초고는 책에 어울리는 형태로 변신할 수 있었다. 마지막으로 여러 차례 원고를 꼼꼼하게 비평해준 내 아내 셸리 채넌에게 특별히 고마움을 전한다. 이 책은 아내의 정성에 힘입어 훨씬 나아졌다.

임페리얼칼리지런던에서

데이비드 핸드

차례

DARK DATA

1부

다크 데이터는 어떻게 생겨나고 어떤 결과를 초래하는가?

DARK DATA

2부

다크 데이터에 빛을 비추고
이용하는 법

DAR
DAT

K
A

1부

다크 데이터는
어떻게 생겨나고
어떤 결과를
초래하는가?

◆

1장

다크 데이터

보이지 않는 것이 이 세계를 만든다

DARK DATA

보이지 않는 위험, 다크 데이터

먼저, 농담 한마디.

나는 며칠 전 길을 걷다가 한 노년 사내와 마주쳤다. 그는 길 한 가운데를 따라 15미터 간격으로 가루를 조금씩 땅에 뿌렸다. 내가 뭐 하냐고 묻자 이렇게 대답했다. "코끼리 가루라는 겁니다. 코끼리 는 이 가루라면 질색하니, 코끼리가 얼씬도 하지 않지요."

"하지만 여긴 코끼리가 없는데요." 내가 말했다.

"바로 그거예요! 얼마나 효과가 좋은지 모릅니다."

이제 훨씬 더 심각한 상황으로 넘어가자.

홍역으로 해마다 거의 10만 명이 사망한다. 홍역에 걸린 사람 500명 중 한 명이 합병증으로 죽으며, 살아남은 이들도 영구적인 청 력 상실이나 뇌 손상을 겪는다. 다행히 미국에서는 드문 병이다. 구 체적으로 말하자면 1999년에 고작 99건의 발병 사례가 보고되었 다. 하지만 2019년 1월 홍역이 폭발적으로 발병해 워싱턴주가 비 상사태를 선언했고, 다른 주들에서도 발병 건수가 급증했다.[1] 다른 나라에서도 비슷한 패턴이 보고되었다. 우크라이나에서는 2019년 2월 중순까지 21,000건 이상이 발병했다.[2] 유럽에서는 2017년에

25,863건이 보고되었지만, 2018년에는 82,000건이 넘었다.[3] 루마니아에서는 2016년 1월 1일부터 2017년 3월 말일까지 4,000건이 넘게 발병했으며 사망자도 18명이 나왔다.

홍역은 사람들이 모르는 사이에 퍼지는 까닭에 특히 해로운 질병이다. 왜냐하면 병에 걸린 지 몇 주가 지나서야 증상이 나타나기 때문이다. 이렇듯 감시망을 빠져나가기 때문에 사람들은 홍역이 주위에 퍼지는지도 모르는 채 홍역에 걸리고 만다.

하지만 홍역은 간단한 백신 접종만으로 예방할 수 있는 병이다. 미국에서 실시한 전국적인 면역 프로그램은 말 그대로 완벽하게 성공했다. 어찌나 성공적이었는지 전국적인 면역 프로그램을 시행하는 국가의 대다수 부모는 홍역과 같은 예방 가능한 질병이 초래할 수 있는 끔찍한 결과를 경험하기는커녕 본 적도 없다.

그러므로 부모들은 친구나 이웃이 걸렸다는 말을 들어본 적도 없는 질병, 그러니까 미국의 질병통제예방센터CDCP가 미국에서 더는 발병하지 않는다고 선언한 질병에 대비해서 자녀에게 백신을 접종하라는 말을 들으면 적당히 걸러 듣기 십상이다. 병이 있지도 않은데 백신을 맞으라고? 코끼리 가루를 사용하라는 말이나 마찬가지다.

하지만 코끼리 경우와 달리, 위험은 엄연히 실재한다. 단지 부모들이 결정을 내리는 데 필요한 정보와 데이터가 빠져 있어서 위험이 보이지 않을 뿐이다.

나는 온갖 유형의 누락된 데이터를 통칭해 '다크 데이터dark data'라 부른다. 다크 데이터는 우리가 볼 수 없게 숨겨져 있는데, 그 때문에 우리는 오해하고 틀린 결론을 내리고 나쁜 결정을 할 우려가 있다.

한마디로 무지 때문에 판단을 그르칠 수 있다는 뜻이다.

'다크 데이터'라는 용어는 물리학의 '암흑물질dark matter'에 비유할 만하다. 우주의 약 27퍼센트를 차지하는 이 불가사의한 물질은 빛이나 다른 전자기파와 상호작용을 하지 않으므로 육안으로는 볼 수 없다. 그래서 천문학자들은 그 존재를 오랫동안 몰랐다. 하지만 은하의 회전을 관찰했더니, 은하 중심부에서 멀리 떨어진 별들이 중심부에서 가까운 별들보다 더 천천히 움직이지 않았다. 중력이론을 통해 예상한 내용과 어긋나는 결과였다. 이런 특이 현상을 설명하려면 우리가 망원경으로 볼 수 있는 별들이나 그 밖의 천체들보다 더 많은 물질이 은하에 존재해야 했다. 이 여분의 물질을 보이지 않는다는 뜻에서 암흑물질이라고 한다. 이 암흑물질은 특별히 중요할 수 있다. 우리 은하, 곧 은하수에는 우리가 관찰할 수 있는 물질의 약 열 배에 달하는 암흑물질이 있는 것으로 추산되니 말이다.

다크 데이터와 암흑물질은 작동 방식도 비슷하다. 다크 데이터는 우리한테 보이지 않으며 기록되지도 않지만 우리의 결론, 결정, 행위에 막대한 영향을 끼칠 수 있다. 그리고 나중에 소개할 몇 가지 사례에서 드러나겠지만, 미지의 것이 숨어 있을 가능성을 우리가 알아차리지 못한다면 그 결과는 참담하거나 심지어 치명적일 수도 있다.

이 책의 목적은 다크 데이터가 어떻게 그리고 왜 생기는지 파헤치는 것이다. 또 다크 데이터의 여러 종류를 살펴서 그 각각이 발생한 이유도 알아본다. 또한 애초에 다크 데이터가 생기지 않도록 하려면 어떤 조치를 해야 하는지 알아본다. 다크 데이터가 숨겨져 있음을 알아차렸을 때 어떻게 해야 하는지도 알아본다. 마지막으로 우리가 충분히 영리하다면 때로 다크 데이터를 활용할 수 있다는 점을 살펴본다. 희한하고 역설적으로 보일지 모르겠으나, 우리는 무지와 다크 데이터 관점을 역이용하여 더 나은 결정과 행위를 끌어낼 수 있다. 구체적으로 말해 미지의 것을 신중하게 이용하여 건강하게 살고 돈을 많이 벌고 위험을 줄일 수 있다는 뜻이다. 그렇다고 해서 다른 사람들한테 정보를 숨겨야 한다는 뜻은 아니다(나중에 설명하겠지만 고의로 감춰진 데이터는 다크 데이터의 한 가지 흔한 유형이긴 하다). 그보다는 훨씬 더 미묘한 얘기인데, 요점만 말하자면 다크 데이터를 통해 누구나 이득을 얻을 수 있다는 뜻이다.

다크 데이터는 발생 형태가 다양할 뿐만 아니라 발생 이유도 가지각색이다. 이 책은 발생 이유에 따른 분류체계, 곧 다크 데이터의 유형을 제시하는데, 'x 유형의 다크 데이터'를 DD 유형 x라고 명명한다. DD 유형은 총 15가지다. 내 분류체계가 모든 경우를 담아내지는 못한다. 다크 데이터는 발생 이유가 무궁무진하므로 모두 담아내기란 아마 불가능할 것이다. 게다가 특정 다크 데이터의 사례는 두 가지 이상의 DD 유형이 동시에 작용한 효과를 보이기도 한다. DD 유형들은 함께 작용할 수 있을뿐더러 심지어 불운한 시너지 효과를 초래할 수도 있다. 그렇기는 해도 이런 DD 유형들을 알아두고 다크 데이터가 어떻게 발현되는지를 보여주는 사례들을 검토해두면 문제가 생길 위험에 대비할 수 있다. 이 장의 끝에 열거할 DD 유형들은 유사성에 따라 대략 정렬한 것인데, 10장에서 더 자세히 설명한다. 이 책을 읽다 보면 특정한 DD 유형의 사례 몇 가지를 만날 것이다.

이제 본격적인 논의에 들어가면서 다크 데이터 사례를 하나 살펴보자.

의학에서 트라우마는 '중대한 손상이 장기적으로 일어날 수 있는 심각한 부상'을 가리킨다. 트라우마는 조기 사망 및 장애를 초래하는 '수명 손실'의 가장 심각한 원인 중 하나이며, 40세 미만 인구의 가장 흔한 사망 원인이다. 영국의 '트라우마 검사 및 연구 네트워크'의 데이터베이스는 유럽 최대의 의료 트라우마 데이터베이스다. 이 네트워크는 200곳이 넘는 병원에서 트라우마 사건에 관한 데이터를 수집하는데, 여기에는 영국과 웨일스에 있는 병원들 중 93퍼센트 이상과 아일랜드·네덜란드·스위스의 병원들도 포함된다. 그야말로 트라우마 진단 및 처치의 효율성을 연구하는 데 필요한 데이터의 보고다.

영국 레스터대학교의 에프게니 미르케스Evgeny Mirkes 박사 연구팀은 이 데이터베이스의 일부 데이터를 살펴보았다.[4] 그랬더니 165,559건의 트라우마 사례 중에서 결과가 알려지지 않은 사례가 19,289건이었다. 트라우마 연구에서 '결과'란 환자가 부상 후 적어도 30일이 지난 시점에 생존해 있는지를 의미한다. 따라서 11퍼센트가 넘는 환자들의 30일 이후 생존 여부가 알려지지 않았다. 이 예는 다크 데이터의 흔한 형태, 곧 DD 유형 1 빠져 있는지 우리가 아는 데이터를 잘 보여준다. 이 환자들한테 어떤 결과가 나왔으리라는 건 알지만, 그게 무엇인지는 모른다.

뭐가 문제람? 그냥 결과가 알려진 환자 146,270명을 분석한 뒤에 그걸 바탕으로 진단을 내리면 되지 않을까? 어쨌거나 146,270은 큰 수니까(의학 분야에서 이만하면 '빅데이터big data'이므로) 이 데이터를 바탕으로 내린 결론이라면 그것이 무엇이든 옳다고 확신할 수 있을 듯하다.

하지만 과연 그럴까? 어쩌면 결과를 모르는 19,289건은 다른 사례의 결과와 매우 다를지도 모른다. 어쨌거나 결과를 알 수 없다는 점에 비추어볼 때 다른 면에서도 결과가 다를 수 있다고 여겨도 불합리한 짐작은 아닐 것이다. 따라서 결과가 알려진 환자 146,270명에 대한 분석은 전체 트라우마 환자 모집단과 비교하면 오해의 소지가 있을지 모른다. 결과가 알려진 환자의 분석에 근거해 조치를 취했다가는 오진, 틀린 처방, 부적절한 치료법으로 인해 환자들에게 불행하거나 심지어 치명적인 결과가 생길지 모른다.

쏙쏙 이해가 되게끔 실제로 일어나기 어려운 극단적인 예를 들어 보겠다. 결과가 알려진 146,270명은 치료 없이도 회복되어 생존했지만, 결과가 알려지지 않은 19,289명은 모두 입원 이틀 내에 사망했다고 하자. 만약 결과가 알려지지 않은 사례들을 무시한다면, 우리는 당연히 트라우마 환자들이 전부 회복되었으니 걱정하지 않아도 된다고 결론 내릴 것이다. 그리고 이를 근거로 우리는 트라우마로 입원한 환자들은 저절로 회복되리라 예상하며 아무 치료도 하지 않을 것이다. 그러다가 11퍼센트가 넘는 환자가 죽어가는 현실과 맞닥뜨리고는 충격과 혼란에 휩싸이고 말 것이다.

이 이야기를 더 풀어내기 전에 독자들에게 안심시키고 싶은 점이 있다. 내가 꺼낸 극단적인 상황은 최악의 시나리오이며(여간해서는 상황이 그토록 나쁘긴 어렵다) 미르케스 박사 연구팀은 빠진 데이터 분석에 전문가라는 사실이다. 그들은 위험 요인을 발견하는 데

탁월하며 그런 문제를 다룰 통계적 방법을 개발해왔다. 이 책에서도 비슷한 방법을 설명한다. 하지만 이 이야기의 알짜 메시지는 '매사가 겉보기와 다를 수도 있다'는 것이다. 다시 말해 많은 데이터, 그러니까 '빅데이터'가 있으면 좋긴 하지만 크기가 모든 것을 말해주지는 않는다. 그리고 우리가 모르는 것, 가지고 있지 않은 데이터가 가지고 있는 데이터보다 상황을 이해하는 데 훨씬 더 중요할 수도 있다. 앞으로 보겠지만 다크 데이터의 문제는 단지 빅데이터에서만이 아니라 작은 데이터 세트에서도 생긴다. 그야말로 어디에서나 생기는 문제다.

TARN 데이터베이스 이야기는 과장일지 모르지만 일종의 경고 역할을 한다. 어쩌면 환자 19,289명의 결과가 기록되지 않은 까닭은 바로 그들이 30일 이내에 전부 사망했기 때문일 것이다. 만일 입원한 지 30일이 넘은 환자들을 대상으로 결과를 파악했다면 그보다 일찍 죽은 이들은 아무도 질문에 응답하지 못했을 테니까 말이다. 이런 가능성을 놓친 기록은 사망한 환자가 있다는 사실을 누락할 수밖에 없다.

조금 어처구니없는 소리로 들릴지 모르지만, 사실 이런 일은 곧잘 벌어진다. 가령 특정한 치료를 받는 환자의 예후를 알아내려고 만든 모형은 이전에 그 치료를 받았던 환자들의 결과에 바탕을 두었을 것이다. 하지만 모든 환자가 어떤 결과를 내놓기에는 시간이 충분히 지나지 않았다면 어떻게 될까? 그런 환자들은 최종 결과가 미확정이다. 따라서 이미 결과가 알려진 환자들만을 바탕으로 만든 모형은 틀릴 수 있다.

비슷한 현상이 벌어지는 예로 무응답이 문젯거리가 되는 설문 조사가 있다. 보통의 경우 연구자들은 이론상으로 답을 얻고자 하는 대상의 전체 명단을 갖고 있지만, 마찬가지로 보통의 경우 모두가 응답하지는 않는다. 만약 응답한 사람들이 그러지 않은 사람들과 어떤 식으로든 다르다면, 연구자들은 통계가 전체 집단의 속성을 잘 짚어내는지를 의심해봐야 한다. 어쨌거나 어느 잡지가 구독자에게 '잡지의 설문조사에 응답하시겠습니까?'라는 단일 질문으로 설문조사를 했는데, 응답한 이들의 100퍼센트가 '예'라고 대답했다는 사실을 놓고서 모든 구독자가 설문조사에 응답했다는 뜻이라고 해석할 수는 없다.

앞의 사례들은 다크 데이터의 첫 번째 유형(DD 유형 1: 빠져 있는지 우리가 아는 데이터)을 잘 보여준다. 우리는 TARN 환자들에 대한 데이터에 누락된 값이 존재한다는 것, 설문조사 명단에 있는 사람들 중 설령 응답하지 않은 사람들도 나름의 답을 갖고 있다는 것을 안다. 일반적으로 우리는 데이터에 빠진 값이 있다는 것은 알지만, 그 값이 무엇인지 모를 뿐이다.

이와 다른 유형의 다크 데이터(DD 유형 2: 빠져 있는지 우리가 모르는 데이터)의 예는 다음과 같다.

많은 도시는 도로 표면에 움푹 팬 구덩이가 골칫거리다. 물이 작은 틈으로 들어가서 겨울에 얼어버리는 바람에 틈이 더 넓어지는데, 자동차 타이어가 그 틈을 지나가면서 도로가 더욱더 훼손된다. 이런 악순환이 계속되다 결국 도로에 타이어와 차축을 망가뜨릴 만큼 큰 구덩이가 생기고 만다. 보스턴시는 현대기술을 이용해 이 문제를 해결하기로 하고, 스마트폰에 내장되어 있는 가속도계를 이용한 앱을 내놓았다. 구덩이를 지나갈 때 자동차의 진동을 감지한 다음 GPS를 이용해 구덩이의 위치를 시 당국에 자동으로 전송하는 앱이다. 대단하지 않은가! 이제 도로 유지보수팀은 어디로 가서 구덩이를 메워야 할지 정확히 알게 되었다.

이 앱은 현대의 데이터 분석 기술을 바탕으로 한 비용이 적게 들면서도 탁월하게 현실문제를 해결하는 방법처럼 보인다. 그런데 문제가 하나 있다. 자동차와 비싼 스마트폰 소유자들은 부유한 지역에 집중되어 있을 가능성이 크다. 따라서 가난한 지역에서는 구덩이가 탐지되지 않을 가능성이 크므로 결코 구덩이를 메우지 못할 수 있으며, 구덩이 문제를 해결하기는커녕 사회적 불평등을 더욱 심화시킬지 모른다. 방금 다룬 상황은 TARN 사례(어떤 데이터가 빠져 있음을 아는 경우)와 다르다. 여기서 우리는 빠진 데이터가 있는지조차 모른다.

DD 유형 2의 또 다른 사례를 보자. 2012년 10월 하순 허리케인 샌디, 일명 '슈퍼 태풍 샌디Superstorm Sandy'[5]가 미국 동부 해안을 강타했다. 당시 샌디는 미국 역사상 두 번째로 크게 피해를 끼친 허리케인이자 대서양에서 발생한 허리케인 중 가장 큰 규모로 기록되었다. 추산 750억 달러에 이르는 재산 피해와 더불어 인근 8개국에서 200명이 넘는 목숨을 앗아갔다. 샌디는 플로리다에서 마인, 미시간, 위스콘신에 이르기까지 미국 24개 주에 영향을 끼쳤고, 정전 때문에 금융시장이 문을 닫는 사태까지 벌어졌다. 그리고 간접적 영향이긴 하지만 약 열 달 후 출생률이 급증하기도 했다.

이 사건은 한편으로 현대 미디어의 승리이기도 했다. 허리케인 샌디라는 진짜 폭풍이 닥쳤을 때 진행 상황을 설명하는 트위터 메시지의 폭풍도 함께 닥쳤다. 트위터는 무슨 일이 어디에서 벌어지는지뿐 아니라 누구한테 벌어지고 있는지도 알려주는 장점이 있다. SNS 플랫폼은 실시간으로 사건 현장 상황을 알려주는 수단이 되기도 한다. 허리케인 샌디가 발생했을 때도 SNS는 제 몫을 톡톡히 해냈다. 2012년 10월 27일에서 11월 1일 사이에 샌디 관련 트윗은 2천만 건이 넘었다. 이 정도면 허리케인 진행 상황을 지속해서 추적할 수 있는 이상적인 데이터로 손색이 없을 듯하다. 이 정보로 어느 지역이 가장 심각한 손해를 입었고 어디에 긴급 구조가 절실한지를 한눈에 파악할 수 있기 때문이다.

하지만 나중에 분석해봤더니 샌디에 관한 트윗이 가장 많이 나온 곳은 맨해튼이었고, 로커웨이와 코니아일랜드 같은 지역에서는 트윗이 매우 적었다. 로커웨이와 코니아일랜드에서 그만큼 피해가 심각하지 않았다는 뜻일까? 맨해튼의 지하철과 거리가 물에 잠긴 것은 사실이지만, 맨해튼이 뉴욕에서 가장 심하게 타격을 입은 지역은 아니었다. 당연하게도 진실은 트윗이 적었던 지역은 허리케인 피해가 작은 게 아니라 트윗을 올릴 스마트폰, 곧 트위터 사용자가 적었다는 데 있었다.

실제로 이 경우에도 극단적인 상황을 상상해볼 수 있다. 만약 샌디가 어느 지역을 완전히 초토화했다면 어떻게 되었을까? 트윗이 아예 올라오지 못했을 것이다. 그리고 사람들은 그 지역 주민 모두가 무사하리라고 여겼을 것이다. 정말이지 심각한 다크 데이터가 아닐 수 없다.

다크 데이터의 첫 번째 유형과 마찬가지로 두 번째 유형의 사례, 곧 무언가가 빠져 있는지를 우리가 모르는 경우는 어디에나 있다. 사기 행위가 들통나지 않은 경우라든지, 실인이 벌어졌음을 확인시켜줄 범죄 피해자 조사가 안 된 경우를 생각해보라.

다크 데이터의 이 두 유형은 여러분에게 어떤 기시감을 느끼게 해줄지 모른다. 한 유명한 뉴스 브리핑에서 전직 미국 국방장관 도널드 럼스펠드Donald Rumsfeld가 인상적인 다음 구절로 그 특징을 잘 짚어냈다. "알려진 미지known unknowns란 무언가를 모른다는 걸 우리가 아는 경우입니다. 하지만 알려지지 않은 미지unknown unknowns도 있습니다. 우리가 모른다는 것조차 모르는 경우입니다."[6] 럼스펠드는 이 꼬인 말 때문에 언론으로부터 적잖이 조롱을 당했지만, 그런 비난은 부당하다. 그의 말은 지극히 타당할 뿐만 아니라 진실이다.

그런데 처음 나온 두 유형은 시작일 뿐이다. 다음 절에서 다크 데이터의 다른 유형 몇 가지를 소개하겠다. 이 유형들과 나중에 설명할 유형들이 이 책이 전하고자 하는 핵심이다. 앞으로 보겠지만 다크 데이터의 형태는 여러 가지다. 데이터는 불완전할 수 있고, 일부를 살폈다고 전부를 살폈다는 뜻은 아니고, 측정 과정이 부정확할 수 있고, 측정된 것이 우리가 정말로 측정하고 싶은 것이 아닐 수도 있다. 이것을 알지 못하면 우리는 실제 상황을 매우 잘못 파악할 수 있다. 숲에서 나무가 쓰러지는 소리를 들은 사람이 없다고 해서 나무가 쓰러질 때 소리가 나지 않는 것은 아니다.

데이터를 다 갖고 있다고 생각하는군요?

고객이 쇼핑 카트를 가득 채운 채 슈퍼마켓 계산대 앞에 선다. 레이저가 각 물품의 바코드를 스캔하면서 물건값을 하나씩 더할 때마다 계산대에선 삐삐 소리가 울린다. 이 과정이 끝나면 고객은 총액 청구서를 받고 결제를 한다. 하지만 그게 끝이 아니다. 구매 내역과 각 물품의 가격이 기록된 데이터가 데이터베이스로 보내져서 저장되고 통계학자와 데이터 과학자가 그 데이터를 살펴서 고객의 소비행동 패턴을 뽑아낸다. 무슨 물품을 샀는지, 어떤 물품들을 함께 샀는지, 그리고 어떤 부류의 고객이 특정 물품을 샀는지 등을 알아내는 것이다. 여기서 데이터는 누락될 리가 없지 않을까? 슈퍼마켓이 고객에게 지불 금액을 청구하는 과정에서 정전이나 금전등록기의 고장 또는 고객의 부정행위가 없는 한 거래 데이터는 수집되게 마련이다.

그러니 수집된 데이터가 해당 데이터의 전부라는 것은 누가 봐도 명백해 보인다. 수집된 데이터는 거래의 일부 또는 구입 물품의 일부 내역이 아니다. 그 슈퍼마켓 안에 있는 모든 물품에 대해 모든 고객이 거래한 모든 것이다. 간단히 말해서 '데이터=모든 것'이다.

하지만 과연 그럴까? 어쨌거나 이 데이터는 지난주 또는 지난달에 무슨 일이 있었는지를 알려준다는 점에서 유용하긴 하지만 슈퍼마켓을 운영하는 사람이 정말로 알고 싶은 것은 아마도 내일이나 다음 주 또는 다음 달에 무슨 일이 생기느냐일 것이다. 정말로 알고 싶은 내용은 누가 무엇을 언제 사느냐, 그리고 그 물품을 나중에 얼마만큼 더 사느냐다. 진열대에 더 채워놓지 않으면 품절 가능성이 큰 물품은 무엇일까? 사람들은 앞으로 어떤 브랜드를 더 좋아할까? 이처럼 우리는 아직 측정되지 않은 데이터를 원한다. **DD 유형 7: 시간에 따라 변하는 데이터**는 데이터에 관한 시간의 모호한 속성을 설명해준다.

한술 더 떠서 우리는 다음과 같은 것을 알고 싶을지 모른다. 기존의 것과 다른 새로운 물품을 내놓았더라면, 그런 물품을 진열대에 새로운 방식으로 배치했더라면, 또는 슈퍼마켓 개점 시간을 바꾸었더라면 사람들이 어떻게 행동했을지 말이다. 이것들은 실제 일어난 일과 다르다는 의미에서 반사실反事實, counterfactual이라고 한다. 실제로 생긴 일이 생기지 않았더라면 무슨 일이 생겼을지를 문제 삼기 때문이다. 반사실은 **DD 유형 6: 존재했을 수도 있는 데이터**다.

말할 필요도 없이 반사실은 슈퍼마켓 운영자만의 관심사가 아니다. 여러분은 아플 때면 약을 먹어봤을 것이다. 약을 처방한 의사를 믿었을 테고, 약이 질병을 완화하는 효과가 검증되었다고 여겼기 때문이다. 그런데 그 약이 검증받지 않은 약이라는 사실을 알게 되면 어떤 느낌일까? 약이 효과가 있는지에 관한 데이터가 전혀 수집되지 않았다면? 그러면 증세가 더 나빠질 수도 있지 않을까? 설령 효과가 있다고 입증되었더라도 자연치료 과정보다 환자를 더 빨리 회복시키는지 알아보려고 그 약을 복용하지 않은 경우와 비교하긴 했을까? 또는 익숙한 다른 약보다 더 효과적인지 알아보려고 비교를 해보긴 했을까? 어떤 행동을 하는 경우를 아무 행동도 하지 않는 경우와 비교해보면, 코끼리 가루 사례에서 보았듯이 아무 일도 하지 않는 것이 가루를 길에 뿌리는 것만큼이나 코끼리를 얼씬도 못하게 하는 데 효과가 있음이 금세 드러날 수 있다. (게다가 사실은 쫓아낼 코끼리도 없었다는 점이 드러날 수 있다.)

'데이터=모든 것'이라는 개념으로 되돌아가서, 어떤 맥락에서는 '모든' 데이터가 존재한다는 개념 자체가 확실히 비합리적이다. 몸무게를 생각해보자. 몸무게는 욕실의 체중계에 폴짝 올라가면 쉽게 잴 수 있다. 하지만 다시 측정해보면 시간이 아주 조금밖에 안 지났더라도 살짝 다른 결과가 나올지 모른다. 특히 그램 단위까지 정확하게 재면 더더욱 그렇다. 모든 물리적 측정은 측정 오차나 매우 근소한 상황 변화로 인한 무작위적인 변동 때문에 부정확하게 마련이다(DD 유형 10: 측정 오차 및 불확실성). 이 문제를 피하기 위해 어떤 현상의 크기(가령 빛의 속력이나 전자의 전하량)를 측정하는 과학자들은 측정을 여러 번 해서 평균을 취한다. 측정을 열 번 할 수도 100번 할 수도 있다. 하지만 결코 '모든' 측정을 할 수는 없다. 이런 맥락에서 '모든 것'은 아예 존재하지 않는다.

또 다른 유형의 다크 데이터는 런던에서 빨간 버스를 탈 때가 좋은 예다. 이 버스에는 종종 승객이 빽빽이 타고 있다. 하지만 통계 데이터를 보면 평균 탑승객은 겨우 17명이다. 사실과 달라 보이는 이 결과를 어떻게 설명할 수 있을까? 누가 수치를 조작하나?

조금만 생각해보면 간단히 답이 나오는데, 버스가 만석일 때 타고 있는 사람이 더 많기 때문이다(그게 바로 '만석'의 뜻이다). 그래서 만석인 버스를 보는 사람들이 더 많다. 반대편 극단의 경우를 들자면, 비어 있는 버스는 비어 있음을 알릴 사람이 없다(물론 여기서

운전사는 제외했다). 이것이 D 유형 3: 일부 사례만 선택하기의 좋은 예다. 게다가 이 유형의 다크 데이터는 DD 유형 4: 자기 선택에 따른 데이터 수집에 어김없이 뒤따르는 결과일 수 있다. 나는 다음 두 사례를 즐겨 예로 드는데, 이 둘은 중요성 면에서 서로 정반대다.

첫 번째 사례는 기차역 입구에 설치된 지도 팻말을 바라보고 있는 사람이 나오는 만화다. 지도 중간에는 붉은색 동그라미가 하나 있고, 그 안에 '당신의 현재 위치'라고 적혀 있다. 그 사람은 '어떻게 알았지?'라고 생각한다. 지도를 놓아둔 이들이 그걸 아는 까닭은 붉은색 동그라미를 바라보는 사람이라면 누구든 그 표시 앞에 있어야 하기 때문이다. 그것은 매우 엄선된 표본이며, 다른 곳에 있는 모든 사람은 필연적으로 배제된다.

요점을 말하자면, 데이터를 수집하려면 누군가와 무언가(가령 측정 도구)가 있어야 한다. 이런 점이 극단적으로 발현된 두 번째 사례로 인류원리를 들 수 있다. 인류원리Anthropic Principle에 따르면 우주는 지금과 같은 모습이어야 하며, 그렇지 않았다면 우주를 관찰할 우리가 존재하지 않을 것이다. 우리는 우리 우주와 상이한 우주의 데이터를 가질 수 없다. 우리가 그런 우주에 존재할 수 없으므로 그곳의 데이터를 수집할 수 없기 때문이다. 다시 말해 우리가 모으는 데이터는 그것이 무엇이든지 필연적으로 우리 (유형의) 우주에 한정된다. 앞서 예로 든 구덩이의 경우처럼, 다른 세계에서는 우리가 모르는 온갖 일이 벌어지고 있을지 모른다.

여기서 과학적으로 중요한 교훈이 하나 있다. 어떤 이론이 데이터에 대해서는 완벽하게 타당할지 몰라도, 데이터는 한계를 지니게 마련이다. 매우 높은 온도나 오랜 시간, 광대한 거리는 담아내지 못할 수 있다. 또한 그 데이터가 수집되었던 한계 너머로까지 적용하려 한다면, 곧 외삽extrapolation하려 한다면 이론은 깨지고 만다. 일반적인 경기 조건에서 수집된 데이터로 구축한 경제이론은 심각한 불경기에 들어맞지 않을 수 있으며, 뉴턴의 법칙도 물체가 지극히 작거나 속도가 대단히 빠르거나 다른 극단적인 상황에서는 제대로 작동하지 못한다. 이것이 DD 유형 15: 데이터 너머로 외삽하기의 핵심 내용이다.

나는 xkcd 만화(《위험한 과학책What if?》의 저자인 랜들 먼로Randall Munroe가 운영하는 웹사이트 xkcd.com에 나오는 만화 – 옮긴이)가 그려진 티셔츠가 한 장 있다. 만화 속에서는 두 명의 등장인물이 대화를 나누고 있다. 한 인물이 말한다. "난 상관관계correlation와 인과관계causation가 같은 뜻인 줄 알았어." 다음 장면에서 그는 이렇게 덧붙인다. "그러다가 통계학 수업을 들었어. 이젠 그렇게 생각하지 않아." 마지막 장면에서 다른 등장인물이 "수업이 도움이 되었네"라고 말하자 처음 등장인물이 대답한다. "글쎄, 어쩌면."[7]

상관관계란 간단히 말해 두 가지가 함께 달라진다는 뜻이다. 이를테면 양의positive 상관관계는 하나가 크면 다른 하나도 크고, 하나가 작으면 다른 하나도 작다는 뜻이다. 이것은 인과관계와 다르다. 하나의 변화가 다른 하나의 변화를 유도하면 그 하나의 변화는 다른 하나를 변화시키는 원인이 된다고 한다. 그런데 문제는 하나의 변화가 다른 하나의 변화 원인이 아닌데도 두 가지가 함께 달라질 수 있다는 것이다. 어린 학생들을 관찰해보면, 어휘가 풍부한 아이들이 평균적으로 키가 큰 경향이 있다. 그렇다고 해서 자녀의 키를 키우려면 아이의 어휘를 늘릴 가정교사를 모셔야 한다고 생각하는 사람은 없을 것이다. 그보다는 측정되지 못한 모종의 다크 데이터, 곧 그런 상관관계를 설명해줄 제3의 요인(가령 아이의 나이)이 있을 가능성이 크다. 앞의 만화 예시에서 두 번째 등장인물은 "글쎄, 어쩌면"이라고 말하면서 통계학 수업을 들어서 자신의 인식이 바뀌었음을 인정한다고 볼 수도 있지만, 어떤 다른 원인이 있을지도 모른다. 이런 상황의 두드러진 사례 몇 가지를 DD 유형 5: 중요한 것이 빠짐에서 살펴보겠다.

이제까지 여러 가지 유형의 다크 데이터를 소개했다. 하지만 이게 전부가 아니다. 이 책의 목적은 다크 데이터의 유형들을 제시하고, 어떻게 유형을 확인할 수 있는지 알려주고, 그 영향력을 관찰하며, 각각의 유형들이 일으키는 문제들을 해결하고 나아가 활용하는 방법까지 알려주는 것이다. 다크 데이터 유형들은 이 장의 끝에 열거되어 있으며, 10장에 각 유형의 내용을 요약해두었다.

아무 일도 안 생겨서 무시해버릴 때 생기는 일

다크 데이터가 파국적인 결과를 낳을 수 있으며 그런 결과가 꼭 대규모 데이터 세트에서 초래된 문제가 아님을 보여주는 마지막 사례를 들어보겠다.

35년 전인 1986년 1월 28일, 우주왕복선 챌린저호가 발사 73초

후 약 15킬로미터 상공에서 거대한 불덩어리로 변하고 말았다. 두 추진 로켓 중 하나에 이상이 생기면서 폭발했기 때문이다. 승무원 모듈은 2킬로미터쯤 더 높이 솟구친 다음 대서양에 추락했다. 우주 비행사 다섯 명과 임무 수행 전문가 두 명으로 구성된 승무원 일곱 명이 모두 사망했다.

대통령 직속 사고조사위원회에 따르면, 미국항공우주국NASA 중간 관리자들이 데이터를 상급자에게 보고해야 한다고 규정한 안전 규칙을 어겼다. 발사를 계속 연기하면 발사 비용이 크게 늘어나므로 발사 일정을 지킬 수밖에 없는 상황으로 내몰렸기 때문이다. 발사 날짜는 이미 1월 22일에서 23일로, 다시 25일로, 또다시 26일로 밀렸다. 그러나 26일에도 기온이 몹시 낮다고 예보되는 바람에 한 번 더 일정이 조정되어 27일로 발사일이 잡혔다. 발사 당일 카운트다운이 정상적으로 진행되던 중에 승강구 잠금장치가 제대로 작동하지 않았음이 드러났다. 잠금장치를 고치고 났을 때는 바람이 너무 강하게 불어 다시 발사가 연기되었다.

1월 27일 밤, 모턴 사이어콜(로켓 추진체를 만든 회사)과 마셜우주비행센터에 있는 나사 직원 및 케네디우주센터 사람들이 세 시간 동안 원격회의를 진행했다. 마셜우주비행센터의 래리 웨어Larry Wear는 모턴 사이어콜 측에 낮은 온도가 고체 로켓 모터에 어떤 영향을 끼칠 수 있는지 점검해달라고 부탁했다. 그러자 모턴 사이어콜 팀은 낮은 온도에서는 오링O-ring이 딱딱해질 것이라고 답변했다.

네 개의 구성부로 만들어진 로켓 추진체는 발사 현장에서 조립되는데, 이때 각 구성 부분을 연결하는 원형의 접합부에 오링을 끼우다. 오링은 단면 직경이 4분의 1인치(64밀리미터)쯤 되는 고무 밀폐 장치다. 고체 로켓 추진체는 높이 45미터에 원둘레가 11미터에 이른다. 오링으로 밀폐된 0.004인치(0.1밀리미터)짜리 틈은 로켓이 발사될 때 대체로 최대 0.06인치(약 1.5밀리미더)까지 벌어진다. 1인치의 100분의 6에 불과하다. 이렇게 벌어진 틈은 발사할 때 고작 0.6초 동안 열려 있었다.

모턴 사이어콜의 로버트 이블링Robert Ebeling은 저온으로 인해 오링이 딱딱해지면 틈이 그 0.6초 동안 0.056인치(약 1.4밀리미터)만큼 벌어지면서 로켓 추진체 구성부 사이의 밀폐력이 손상될 것이라며 우려를 표했다. 또한 모턴 사이어콜의 부사장 로버트 런드Robert Lund는 오링의 운용 온도는 이전의 가장 낮은 발사 온도인 화씨 53도 아래가 되어서는 안 된다고 말했다. 이 원격회의와 오프라인상의 대화 모두에서 광범위하고 격렬한 논의가 이어졌다. 결국 모턴 사이어콜은 다시 숙고하더니 발사해도 좋다는 결론을 내렸다.

발사 후 정확히 58.79초 뒤에 오른쪽 로켓 추진체의 마지막 접합부 근처에서 불꽃이 튀었다. 이 불꽃은 순식간에 제트 화염으로 커지더니 고체 로켓 추진체와 외부 연료탱크를 이어주는 받침대를 부러뜨렸다. 추진체는 휘리릭 돌더니 먼저 궤도선의 날개를 친 뒤 외부 연료탱크를 때렸다. 제트 화염이 고체 수소와 산소 연료가 담긴 이 외부 연료탱크에 닿았다. 64.66초 뒤 탱크 표면에 구멍이 뚫렸고, 9초가 지나서 챌린저호는 완전히 화염에 휩싸여 큰 조각 여럿으로 쪼개졌다.[8]

우리는 우주여행이 위험천만하다는 사실을 기억해야 한다. 설령 상황이 매우 좋은 경우라도 어떤 임무든 위험하게 마련이다. 서로 경합하는 요구사항들이 늘 존재하므로 위험이 0까지 줄어들기란 거의 불가능하다.

게다가 이런 식의 사고에서는 '원인'이라는 개념이 복잡하다. 안전규칙 위반 때문인지, 경제적 이유로 관리자가 부당한 압박을 받았기 때문인지, 예산 긴축에 따른 다른 결과들 때문인지, 아니면 이전의 우주왕복선 컬럼비아호가 여덟 번이나 발사가 연기되면서 번번이 언론의 조롱을 당한 전례가 있어 챌린저호 발사 관계자들이 지레 언론을 의식해서인지. 챌린저호가 발사를 네 번 연기한 뒤 1월 27일 월요일 저녁 뉴스에서 댄 래더Dan Rather는 이렇게 말했다. "비용만 들고 쑥스럽기 그지없게도 우주왕복선 발사가 또 연기되었습니다. 이번에는 승강구의 볼트가 고장난 데다 마른하늘에 날벼락이 내려친 것이 원인이라나요." 아니면 정치적 압력의 결과였을지도 모른다. 어쨌거나 이번에는 이전 발사보다 이목이 특히 더 쏠려 있었다. 왜냐하면 '일반인'인 크리스타 매컬리프Christa McAuliffe라는 교사가 탑승할 뿐 아니라, 대통령의 국정연설이 1월 28일 저녁에 예정되어 있었기 때문이다.

끔찍한 사고 후 전직 국무장관 윌리엄 로저스William Rogers가 이끈 위원회는 다음 사실에 주목했다. 오링 변형을 겪은 적이 없는 비행들은 원격회의에서 논의된 내용에 포함되지 않았던 것이다(DD 유형 3: 일부 사례만 선택하기 그리고 DD 유형 2: 빠져 있는지 우리가 모르는 데이터). 보고서(146쪽)에는 이런 내용이 있다. "운영자들은 열에 의한 오링의 변형이 관측되었던 비행들을 온도의 함수로 비교했지만, 모든 비행을 통틀어 변형의 발생 빈도를 살피지는 않았다."[9] 바로 그게 문제였다. 어떤 비행 데이터는 분석에 포함되지 않았던 것이다.

보고서의 내용을 더 읽어보자. "그렇게 비교하면[제한된 데이터 세트를 이용하면], 오링 발사 시 접합부의 온도 스펙트럼인 화씨 53도와 75도 사이에서 오링 '변형'의 분포에 불규칙한 것이 전혀 없다." 변형을 보이는 오링의 개수와 온도 사이에 아무런 관련성이 보이지 않는다는 뜻이다. 하지만 "부식이나 가스 누출이 없었던 '정상적인' 비행을 포함하여 전체 비행 이력을 고려하면 비교 결과가 크게 달라진다". 한마디로 데이터를 전부 포함하면 결과가 달라진다는 뜻이다. 사실 더 높은 온도에서 실시된 비행은 문제가 없었을 가능성이 훨씬 더 컸는데, 그것이 바로 드러나지 않았던 다크 데이터였다. 따라서 온도가 높을수록 문제가 생길 가능성이 작고, 온도가 낮을수록 문제가 생길 가능성은 더 크다. 이런 마당에 발사 당시 예상 기온은 고작 화씨 31도였다.

보고서의 이 부분은 다음과 같이 마무리하고 있다. "전체 발사 온도 이력을 고려할 때 접합부 온도가 화씨 65도 아래이면 오링이 변형될 확률은 **발생이 거의 확실한 정도로까지 높아진다.**"

그림 1의 두 그래프가 이 상황을 보여준다. 그림 1(a)는 원격회의에서 논의된 그래프다. 이것은 각각의 발사 때 변형된 오링의 개수와 발사 온도(화씨 기준)의 관계를 그린 점도표다. 가령 과거의 가장 낮은 발사 온도인 화씨 53도에서 오링 세 개가 변형을 일으켰고, 가장 높은 발사 온도인 화씨 75도에서는 오링 두 개가 변형을 일으켰다. 발사 온도와 변형된 오링 개수 사이에 명확한 관련성이 보이지

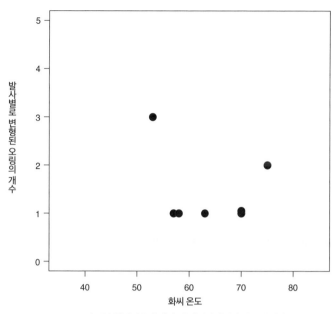

그림 1.(a) 챌린저호의 발사 전 원격회의에서 검토된 데이터

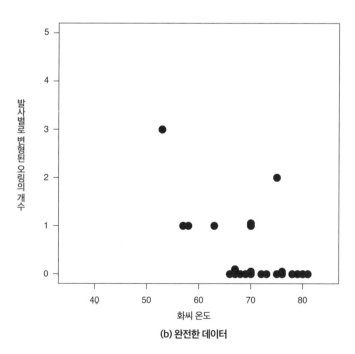

(b) 완전한 데이터

않는다.

하지만 빠진 데이터를 보태서 오링 변형이 없었던 발사까지 포함하면 그림 1(b)가 나온다. 이제 패턴은 명확하다. 실제로 온도가 화씨 65도 아래였던 모든 발사에서는 어느 정도 오링 변형이 생겼지만, 더 높은 온도에서 실시된 21번의 발사 중에서는 오링 변형이 네 번밖에 없었다. 그림에서 보듯이 온도가 낮을수록 위험이 더 커진다. 더군다나 발사 당일의 예상 기온은 이전에 변형이 있었던 경우보다도 훨씬 낮았다(DD 유형 15: 데이터 너머로 외삽하기).

빠진 데이터는 상황을 이해하는 데 결정적으로 중요하다.

이 이야기와 관련해 흥미로운 결과가 하나 있다. 결론이 담긴 공식 보고서가 나오는 데는 여러 달이 걸렸지만, 모턴 사이어콜의 주가는 사고 당일 11.86퍼센트 급락했다. 사고 이전의 모턴 사이어콜의 주가 변동 경향으로 볼 때, 4퍼센트 정도의 주가 변화조차 드문축에 속했다. 우주왕복선 발사체 제작에 관련된 다른 회사들의 주가도 하락하긴 했지만 하락폭이 훨씬 작았다. 마치 시장은 누가 추락사고에 책임이 있는지 알았던 듯하다. 이것 역시 다크 데이터의 위력일까?

다크 데이터의 위력

앞의 사례에서처럼 다크 데이터를 간파하지 못하면 무지막지하게 심각한 일이 벌어질 수 있다. 다크 데이터는 진짜 위험한 쪽으로만 작용하는 듯하다. 하지만 실제로는 그렇게 암울하지만은 않다. 사실 다크 데이터를 알면 (비유하건대) 일종의 데이터 과학 무술 시합에서 유리한 입장에 설 수 있다. 다크 데이터를 알아내는 방법은 여러 가지가 있는데, 이 책의 후반부에서 소개한다. 여기서는 딱 한 가지 예만 들어보자.

2장에서는 이른바 무작위 대조군 시험randomized controlled trial을 소개하고, 9장에서 다시 이 사안을 또 다른 관점에서 살펴보겠다. 무작위 대조군 시험의 가장 단순한 예로서 의학 분야에서 두 치료법을 비교할 때 한 집단에는 한 가지 치료법을, 그리고 다른 집단에는 다른 치료법을 적용하는 것을 들 수 있다. 하지만 위험성도 있다. 연구자들이 어떤 치료법이 어떤 사람들에게 적용되었는지를 안다면 연구에 영향을 끼칠 수 있다. 연구자들은 어느 한 집단을 다른 집단보다 더 정성껏 치료하고 싶은 유혹을 느낄지도 모른다. 이를테면 연구의 목적이 검증되지 않은 새 치료법을 표준 치료법과 비교하는 것이라면, 연구자들은 새 치료법을 적용받는 집단의 부작용을 (아마도 무의식적으로) 더 면밀히 살피거나 발생 가능한 결과들을 신경 써서 측정할지 모른다. 이런 잠재적인 편향을 해소하기 위해 그런 연구에서는 치료법이 어떻게 할당되는지 연구자들한테 알리지 않는다(DD 유형 13: 의도적인 다크 데이터). 이 경우 데이터가 알려지지 않았음을 나타내기 위해 맹검blinded이라는 용어를 쓴다.

다크 데이터는 표본조사라는 낯익은 방식에서도 유용하게 쓰인다. 한 마을 사람들 또는 한 회사의 제품을 사는 사람들의 의견을 알고 싶을 경우, 모든 사람에게 일일이 물어보려면 비용이 굉장히 많이 든다. 게다가 시간이 많이 드는 일이라 시간이 흐르면서 의견이 바뀔지도 모른다. 그런 전수조사의 대안이 일부에게만 물어보는 방식이다. 이 경우 묻지 않은 사람들의 의견이 다크 데이터다. 분명 TARN 사례와 비슷하게 위험성이 높은 전략처럼 보인다. 하지만 예상과 달리 조사 대상을 신중하게 선정한다면 정확하고 믿을 만한 답변을 얻을 수 있다. 또한 모든 사람을 조사하는 것보다 시간과 비용이 적게 든다.

다크 데이터를 유용하게 사용하는 세 번째 방법은 이른바 데이터 평활화smoothing를 통해서다. 9장에서 보겠지만, 이 방법은 측정이 불가능하거나 측정되지 않은 종류의 다크 데이터(DD 유형 14: 조작된 합성 데이터)를 드러내는 것에 해당한다. 따라서 계산이 더 정확해지고, 예측이 향상된다.

9장에서는 다크 데이터의 다른 용례를 살펴보는데, 거기서 종종 특이한 이름들을 만나게 될 것이다. 그중 일부는 기계학습 및 인공지능 같은 분야에 널리 적용된다.

다크 데이터는 언제 어디에나 있다

앞서 보았듯이 다크 데이터는 보편적인 현상이다. 언제 어디에서든 생길 수 있지만 그 정의상 다크 데이터가 빠져 있다는 것을 우리가 모를 수 있다는 점에서 위험하다. 그렇기에 우리는 언제나 경계 상태를 유지하며 '뭐가 빠졌지?'라고 물어야 한다.

수많은 사기행각이 발각되지 않는 것은 혹시 경찰이 서투른 범죄자들을 잡는 사이 정말 능수능란한 사기꾼은 들키지 않고 빠져나가기 때문이 아닐까? 버니 매도프Bernie Madoff는 1960년에 버니 L. 매도프 투자증권 유한회사를 설립했지만, 2008년까지 체포되지 않았다가 2009년에 (징역 150년이라는) 유죄 판결을 받았다. 이미 그는 71살이었으니 누릴 것은 거의 다 누린 뒤였다.

아프지만 치료하면 나을 수 있는 사람들에게 신경을 쓰지 못하는 이유는, 단지 심각한 사례라야 증상이 명확히 드러나고 덜 심각한 사례에서는 증상이 별로 드러나지 않기 때문은 아닐까?

오늘날의 주된 사회연결망 SNS는 우리가 이미 알고 옳다고 여기는 것을 반영하고 익숙한 영역 바깥에 있는 사실이나 사건을 보여주지 않으므로 우리에게 아무런 자극을 주지 못하기 때문에 오히려 위험하지 않을까?

더 나쁜 예를 들자면 SNS에 올라오는 내용은 남들의 삶이 마냥 멋지다는 그릇된 인상을 주어 실제로는 숱한 곤경 속에서 살아가는 우리를 우울하게 만들지 모른다.

우리는 데이터를 숫자로 표현되는 것이라고 여기는 경향이 있다. 하지만 데이터가 꼭 수치여야 하는 건 아니다. 다크 데이터 또한 수치가 아닐 수 있다. 다음 사례는 결정적인 정보 단 한 글자가 빠진 경우다.

1852년, 1857년, 1875년의 북극 원정에는 '올소프의 아크틱 에일Allsopp's Arctic Ale'이 많이 제공되었다. 새뮤얼 올소프Samuel Allsopp라는 양조업자가 준비한 어느점이 특별히 낮은 에일 맥주였다. 앨프리드

버너드Alfred Barnard는 1889년에 올소프의 아크틱 에일 맥주를 조금 맛보고서 이렇게 평했다. "산뜻한 갈색에다 포도주 맛과 견과 맛이 동시에 나며, 양조된 첫날의 맛처럼 싱싱하고 (…) 미발효 추출물이 다량 남아 있으므로 대단히 값지고 영양가 높은 음식으로 산주해야 마땅하다."[10] 북극 탐험에서 대원들의 몸을 지탱하는 데 꼭 필요한 것이 아닐 수 없었다.

2007년에 1852년산 한 병이 이베이에 나왔는데, 최저 경매가가 299달러였다. 아니면 적어도 그것이 목표가였다. 사실 그 병을 50년 동안 보관해왔던 판매자는 맥주의 이름을 잘못 표시했다. 올소프Allsopp의 두 p에서 하나를 빼먹었다. 그 결과 대다수 빈티지 맥주 애호가들의 검색에서 그 품목이 드러나지 않는 바람에 입찰은 단 두 건뿐이었고 25세의 대니얼 P. 우덜Daniel P. Woodul이 304달러에 낙찰받았다. 우덜은 낙찰받은 맥주의 진짜 가치를 알아보고 싶어서 곧바로 이베이에 다시 올렸는데, 이번에는 철자를 정확히 적었다. 그러자 157건이나 입찰에 참가했고, 낙찰가는 무려 503,300달러였다.

빠진 p의 가치는 무려 약 50만 달러에 이를 만큼 중요했다.* 이 사례는 빠진 정보가 얼마나 중요한 결과를 초래할 수 있는지 생생히 보여준다. 앞으로 보겠지만 이 50만 달러는 데이터 누락이 낳은 다른 손해에 비하면 아무것도 아니다. 빠진 데이터는 신체를 다치게

---

* 사실 그 낙찰은 짓궂은 장난이었다. 낙찰자는 돈을 지불할 마음이 없었다. 그렇기는 해도 우덜은 여전히 상당한 수익을 누리고 있다. 스코틀랜드의 한 개인 수집가는 최근에 1875년 원정에서 나온 올소프의 아크틱 에일 한 병을 3,300파운드(약 4,300달러)에 경매로 팔았다.

할 수도, 회사를 망하게 할 수도, 심지어 (챌린저호 사고처럼) 생명마저 앗아갈 수도 있다. 빠진 데이터가 그만큼 중요하다는 말이다.

올소프의 아크틱 에일 사례에서는 조금만 주의를 기울였다면 문제가 생기지 않았을 것이다. 그런데 부주의가 다크 데이터의 흔한 원인인 것은 분명하지만 다른 이유도 많다. 엄연한 사실은 다크 데이터는 이 책에서 앞으로 소개할 굉장히 다양한 이유로 생긴다는 것이다.

측정될 수도 있었지만 어떤 이유로 그러지 못한 데이터가 다크 데이터라고만 여겨질 소지가 있다. 물론 그것이 다크 데이터의 가장 명백한 종류이긴 하다. 설문조사에서 일부 사람이 알려주지 않은 급여 수준은 분명 다크 데이터이지만, 일을 하지 않아 알려줄 것이 없는 사람들의 급여 수준도 다크 데이터다. 측정 오차는 참값을 가리고, 데이터 요약(가령 평균)은 세부사항을 숨기며, 그릇된 정의는 우리가 알고 싶은 바를 잘못 표현한다. 더 일반적으로 말해서, 한 모집단의 알려지지 않은 특성은 그것이 무엇이든 다크 데이터라고 볼 수 있다(통계학자들은 그런 특성을 매개변수parameter라고 부른다).

다크 데이터가 발생하는 이유는 그 가짓수가 본질적으로 무제한이기 때문에 실수와 실책을 피하기 위해서는 어떤 종류의 다크 데이터에 주목해야 할지를 아는 것이 굉장히 중요하다. 그것이 바로 이 책에서 소개하는 'DD 유형'의 기능이다. 이 유형들은 (짧은 시간 동안만 연구에 참여한 환자들의 최종 결과를 포함시키지 않은 경우처럼) 근본 원인을 가리키는 게 아니라, (빠져 있음을 우리가 아는 데이터와 우리가 모르는 데이터 사이의 구별과 같은) 더 일반적인 분류체계를 제공한다. 이런 DD 유형을 알면 실수, 오류뿐 아니라 우리가 모른다는 사실을 몰라서 생기는 재난을 피할 수 있다. 10장에서 다시 요약해서 설명할 이 책에서 소개하는 DD 유형들은 다음과 같다.

DD 유형 1: 빠져 있는지 우리가 아는 데이터

DD 유형 2: 빠져 있는지 우리가 모르는 데이터

DD 유형 3: 일부 사례만 선택하기

DD 유형 4: 자기 선택

DD 유형 5: 중요한 것이 빠짐

DD 유형 6: 존재했을 수도 있는 데이터

DD 유형 7: 시간에 따라 변하는 데이터

DD 유형 8: 데이터의 정의

DD 유형 9: 데이터의 요약

DD 유형 10: 측정 오차 및 불확실성

DD 유형 11: 피드백과 게이밍

DD 유형 12: 정보 비대칭

DD 유형 13: 의도적인 다크 데이터

DD 유형 14: 조작된 합성 데이터

DD 유형 15: 데이터 너머로 외삽하기

2장

다크 데이터 찾아내기
우리가 모은 것과 모으지 않은 것

DARK
DATA

데이터를 얻는 3가지 방식과 다크 데이터의 출현

데이터는 애초부터 존재해서 누군가가 분석해주길 기다리는 게 아니다. 누군가가 데이터를 하나씩 모아나가야 한다. 그리고 누구나 예상할 수 있듯이 데이터 수집 방법이 달라지면 종류가 다른 다크 데이터가 생길 수 있다.

이번 장에서는 데이터 세트를 생성하는 근본적인 방법 세 가지와 더불어 각 방법에 따르는 다크 데이터 문제점을 살펴본다. 3장에서는 여러 상황에 적용될 수 있는 다크 데이터 문제들을 탐구한다.

데이터 세트 생성을 위한 기본 전략은 다음 세 가지가 있다.

1. 관심이 가는 모든 사람 또는 모든 것에 대해 데이터 수집하기

인간을 대상으로 할 경우, 인구총조사census(센서스)가 이에 해당한다. 마찬가지로 재고조사는 창고를 포함해 모든 장소에서 모든 것의 세부사항을 알아내려고 한다. 런던 동물원의 연례 재고조사는 약 일주일 동안 진행되는데, 2018년의 경우 동물을 19,289마리 소장하고 있다고 밝혔다. 동물 종은 필리핀악어, 다람쥐원숭이, 훔볼트펭귄, 쌍봉낙타 등 다양하다(개미와 벌 같은 다른 사회성 곤충들은 군집 단위로 셈한다). 1장에서 보았듯이 슈퍼마켓의 경우 모든 구매 내역이 수집된다. 세금 내역과 신용카드 거래 내역, 회사 직원 정보도 마찬가지다. 모든 스포츠 기록, 도서관 서가의 책, 가게의 물품가격 등도 수집될 수 있다. 이 모든 사례에서 사물, 사람 또는 기타 모든 것 각각의 세부사항을 모아서 데이터 세트를 만들 수 있다.

2. 모집단 내의 일부 항목에 대해서 데이터 수집하기

인구총조사의 대안은 사람들의 일부 표본에 대해서만 데이터를 수집하는 것이다. 이때 조사 표본을 추출하는 것은 매우 중요하기 때문에 우리는 표본 추출하기 및 이와 관련된 다크 데이터 사안을 자세히 살펴본다. 덜 공식적인 경우지만, 때때로 데이터는 바로 구할 수 있는 대상에게서 수집하기도 한다. 쇼핑 고객이 어떻게 행동하는지 파악하려면 마침 오늘 가게에 들른 사람들을 관찰하면 된다. 또는 출근시간이 대충 얼마나 걸리는지 알려면 한 달 동안 매일 출근시간을 재보면 된다. 하지만 모든 것을 측정하기가 현실적으로 불가능한 상황도 많다. 식품가격이 시간에 따라 변하는지 알려고 모든 이의 모든 식품 구매 내역을 수집할 수는 없고, 모래 한 줌의 평균무게를 알려고 모래를 한 알씩 무게를 잴 수는 없다. 그리고 또 다른 맥락에서 보면 1장에서처럼 '모든 것'을 측정한다는 개념 자체가 무의미할 때도 있다. 가령 어느 한 사람의 키를 잴 때, 측정해서 나올 수 있는 모든 결과치를 기록하기란 불가능하며 오로지 실제 측정한 결과치만 기록할 수 있다.

예전에 대규모 데이터 세트를 쉽게 입수할 수 없던 시기에 나와 동료 연구자들은 510개의 소규모 실제 데이터 세트를 모았다. 통계학 교사들에게 통계적 개념과 방법을 설명하는 데 사용할 수 있도록 자료를 제공하기 위해서였다(《작은 데이터 세트 핸드북A Small Handbook of Small Data Sets》[1]이라는 제목으로 출간되었다). 그런 데이터 세트 중에서 전체 모집단을 제대로 기술해낼 수 있는 것은 극히 소수다. 그때 모은 데이터 세트의 예는 주사위를 2만 번 던진 결과, 임신 지속 기간, 눈의 각막 두께, 신경 자극 지속 기간 등이다.

3. 조건 바꾸기

앞의 두 가지 데이터 수집 전략을 가리켜 '관측observational' 데이터 수집이라고 한다. 여기서는 어떤 대상이나 사람이 가진 값을 단지 관측하기만 하면 된다. 관측하는 조건을 바꾸지 않고 있는 그대로 측정하는 것이다. 사람들에게 약을 준 뒤 반응을 살피거나, 특정한 과제를 수행해달라고 부탁하거나, 과제를 완수하는 데 시간이 얼마나 걸리는지 살피지 않는다. 작물이 더 풍성하게 자라는지 알아보려고 비료를 바꾼다든지, 차茶를 탈 때 맛의 변화를 알아보려고 물의 온도를 바꾸거나 하지 않는다. 데이터를 수집하는 상황을 바꾼다면, 다시 말해 상황에 개입한다면 그 데이터는 '실험experimental' 데이터라고 한다. 실험 데이터는 특히 중요한데, 그 이유는 1장에서 언급한 반사실에 관한 정보를 제공할 수 있기 때문이다.

이 세 가지 데이터 수집 방법에는 공통적으로 많은 다크 데이터 문젯거리가 뒤따르는데, 방법마다 문제점이 다르다. 이제부터 데이터 세트들을 두루 살펴보자.

데이터 잔해에서 얻는 다크 데이터

컴퓨터는 우리의 삶을 속속들이 변화시켰다. 내가 이 책을 쓰는데 사용하는 문서작성 소프트웨어라든가 비행기표를 살 때 이용하는 여행 예약 시스템 등에서 그런 변화가 확연히 드러난다. 숨겨지는 것도 있는데, 가령 자동차의 브레이크와 엔진을 제어하는 컴퓨터 시스템이라든지 정교한 프린터나 복사기의 내부 구조가 그런 예다.

하지만 컴퓨터는 그 역할이 명백히 드러나든 드러나지 않든 늘 데이터(측정치, 신호, 명령어 등)를 받아들이고 처리하여 결정을 내리거나 어떤 작업을 수행한다. 그리고 작업이 완료되면 데이터 처리는 중단될 수 있다. 하지만 그러지 않은 경우도 종종 있는데 때때로 처리가 종료되지 않은 데이터는 데이터베이스로 보내져서 저장된다. 데이터 잔해data exhaust라는 이 부산물 데이터를 검토하여 어떤 이득을 얻거나 시스템을 개선하거나 오류 발생 시 무슨 일이 벌어지는지 파악할 수 있다. 비행기의 블랙박스 기록장치가 전형적인 예다.

데이터가 인간의 행동을 설명할 때는 행정 데이터administrative data(애초에 행정 용어였으나 차차 의미가 넓어져 이제는 정부, 기업, 그 밖의 여러 조직이 수집하는 '관리 데이터'를 포괄한다 - 옮긴이)라고 불리곤 한다.[2] 행정 데이터의 특별한 장점은 (가령 설문조사의 경우에서처럼) 사람들이 '무엇을 한다고 말하는지'가 아니라 '무엇을 하는지'를 실제로 알려준다는 것이다. 행정 데이터는 사람들이 무엇을 샀는지, 그 것을 어디서 샀는지, 무엇을 먹었는지, 웹에서 무엇을 검색했는지 등을 알려준다. 행정 데이터는 사람들에게 무엇을 했는지 또는 어떻게 행동하는지 직접 물을 때보다 사회적 현실을 훨씬 더 잘 파악하게 해준다. 덕분에 정부나 기업, 그 밖의 조직들이 우리의 행동을 기술하는 거대한 데이터베이스를 축적할 수 있다. 분명 이런 데이터베이스는 거대한 정보 출처이자 인간 행동에 관한 온갖 종류의 통찰을 얻을 수 있는 잠재 가치의 진정한 보고다. 그런 통찰 덕분에 우리는 의사결정을 좀 더 올바르게 하고 기업의 효율을 증가시키고 더 나은 공공 정책을 세울 수 있다. 물론 그 통찰이 정확하며 다크 데이터로 오염되지 않았을 때의 이야기다. 게다가 숨겨두려는 데이터가 다른 이들에게 알려진다면 사생활 침해 위험이 뒤따른다. 사생활 침해 사안은 이 절의 끝에서 다시 다루기로 하고, 먼저 우리가 의심해보지 않았던 다크 데이터를 살펴보자.

한 가지 명백한 사실은 행정 데이터가 '사람들이 실제로 무엇을 하는지'를 정말로 알려준다는 것이다. 유용한 정보가 분명한데, 다만 사람들의 생각과 감정까지 엿보려고 하지 않을 때만 그렇다. 하지만 어떤 기업에서 얼마나 많은 사람이 회사가 돌아가는 상황에 불만족스러워하는지 알아내는 일은 그들이 사장의 감시 아래서, 그리고 회사의 여러 규정과 일상 업무의 압박 속에서 어떻게 행동하는지를 알아내는 일만큼이나 중요할지 모른다. 직원들의 심정을 알아내려면 그들로부터 적극적으로 데이터를 끌어내야 한다. 설문조사 같은 것을 이용해서 말이다. 질문의 종류에 따라 알맞은 데이터 수집 전략이 있으며, 각 전략에는 서로 다른 다크 데이터 문제가 등장한다.

내가 다크 데이터를 처음으로 진지하게 접한 분야는 소비자금융 consumer banking, 곧 신용카드·직불카드·개인대출·자동차 금융··담보대출 등의 영역이다. 신용카드 거래 데이터에는 해마다 수백만 고객이 수십억 건의 신용카드 거래를 하며 생기는 거대한 데이터 세트가 포함된다. 가령 2014년 6월부터 2015년 6월 사이에 비자카드의 총 거래 건수는 약 350억 건에 달했다.[3] 신용카드로 구매를 할 때마다 구매 금액, 통화 종류, 판매자, 거래 일자 및 시간, 그리고 그 밖에 수많은 정보 항목이 기록된다(실제로 정보 항목은 70~80가지다). 이 정보 중 상당수가 수집되어야 거래가 체결되고 정해진 계좌로 금액이 청구될 수 있다. 거래에 필수인 부분이므로 이런 세부사항을 빠뜨리기란 비현실적일뿐더러 불가능하다. 예를 들어 얼마를 청구할지, 누구에게 청구할지 모른다면 거래 자체가 이루어질 수 없다. 하지만 데이터의 어떤 항목은 거래 체결에 결정적으로 중요하지는 않아서 기록되지 않을 수도 있다. 예를 들어 청구서 번호나 자세한 제품 코드나 단가는 생략하더라도 거래에 지장을 주지 않는다. 이것은 분명 첫 번째 다크 데이터 유형인 DD 유형 1: 빠져 있는지 우리가 아는 데이터의 한 예다.

게다가 적어도 다크 데이터 관점에서 보자면, 어떤 고객은 신용카드로 구매하는 반면 현금으로 결제하는 고객도 있다. 따라서 신용카드 데이터베이스에는 DD 유형 4: 자기 선택으로 인해 생기는 다크 데이터가 있을 수밖에 없다. 그래서 모든 구매와 거래 기록이라기에는 부족함이 있다. 게다가 신용카드 운용 회사들도 여러 곳이다. 한

군데 카드 회사에서 나온 데이터는 전체 신용카드 소지자 집단을 대표하기 어려우며, 당연히 전체 인구를 대표하지 못한다. 따라서 행정 데이터는 솔깃한 희망을 던져주긴 하지만, 그 역시 언뜻 봐서는 확실히 드러나지 않는 다크 데이터로 인한 약점을 갖기 쉽다.

언젠가 나는 평점표를 만들어달라는 의뢰를 받았다. 평점표란 신용카드 대출 신청자가 채무불이행에 빠질 가능성이 있는지를 예측하는 통계 모형으로, 은행이 대출 여부를 결정하는 근거 자료로 사용될 수 있다. 나는 이전 고객들의 대출 신청 내역과 더불어 그 고객들이 실제로 채무불이행 상태에 빠진 적이 있는지를 알려주는 대규모 데이터 세트를 받았다.

본질적으로 그 작업은 단순했다. 채무불이행을 일삼은 고객들과 그러지 않은 고객들을 구분짓는 특징의 패턴을 찾기만 하면 장래의 신청자들이 채무 이행자와 채무 불이행자 중 어느 패턴과 비슷한지 구분해낼 수 있었다.

문제는 은행이 장래의 신용카드 신청자 전부를 대상으로 예측하길 원했다는 것이다. 내게 제공된 데이터는 분명 장래 신청자의 모집단이라고 보기 어려웠는데, 왜냐하면 그 데이터는 이미 선택 과정을 거친 것이기 때문이었다. 아마도 이전 고객들이 대출받을 수 있었던 까닭은 이전의 어떤 메커니즘(이전의 통계 모형이나 어쩌면 은행 관리자의 주관적 의견)에 따라 리스크가 낮다고 여겨졌기 때문이었을 것이다. 리스크가 높다고 판단된 이전의 고객들은 대출을 받지 못했을 테니, 나로서는 그들이 실제로 채무불이행을 하게 될지를 알 길이 없었다. 이 데이터로는 이전에 얼마나 많은 신청자가 거절당했는지 알 수 없었다. 그런 정보는 내 데이터 세트에 전혀 들어 있지 않았다. 다시 말해 내게 제공된 데이터는 선택 범위 또는 선택 편향을 알 수 없는 왜곡된 표본이었다. 이렇게 왜곡된 데이터 세트를 바탕으로 만들어진 통계 모형이 잠재적인 장래 신청자 전체 집단에 적용될 경우 오해의 소지가 대단히 클 수 있었다.

그런데 문제는 그보다 훨씬 더 심각했다. 실제로 여러 겹의 다크 데이터가 숨어 있었다. 예를 들면 다음과 같다.

실제로 누가 신청했는가? 예전에 은행은 잠재 고객에게 대출을 원하는지 물어보는 우편을 보냈을지 모른다. 원한다고 대답한 고객도 있고 원하지 않는다고 대답한 고객도 있었을 것이다. 대량 발송된 편지에 대답한 사람들만이 데이터에 포함되었을 텐데, 응답하고 싶은 마음은 편지의 내용, 대출 금액, 대출 이율, 그리고 내가 모르는 다른 여러 요소에 따라 정해졌을 것이다. 여기서 답변하지 않은 고객들은 다크 데이터를 나타낸다.

누구한테 제안했는가? 답변한 고객들은 평가를 받았을 것이며, 그들 중 누구는 대출을 제안받고 누구는 받지 못했을 것이다. 하지만 은행이 어떤 근거에서 대출을 제안했는지는 모르기 때문에 나는 더 많은 다크 데이터를 안고 있는 셈이었다.

누가 제안을 받아들였는가? 앞의 두 선택 과정과 더불어 대출을 제안받은 고객 중 일부는 받아들이고 일부는 받아들이지 않았을 것이다. 또 한 겹의 다크 데이터가 생긴다.

이렇게 여러 겹의 다크 데이터가 뒤섞여 있으므로 내가 받은 데이터가 문제해결, 곧 새 신청자를 평가할 모형을 세우는 일과 어떻게 관련이 되는지 좀체 파악되지 않았다. 실제로 좋은/나쁜 결과를 명백히 제시했음에도 불구하고 내가 가진 표본은 여러 겹의 다크 데이터로 인해 은행이 그 모형을 적용하고 싶은 모집단과 딴판이었다. 다크 데이터를 무시하면 곤란한 일이 생길 수 있다. (그 은행이 지금도 영업을 하고 있는 걸 보면 내가 만든 모형이 그렇게 형편없진 않은 듯!)

행정 데이터는 어디에나 있다. 교육, 일, 건강, 취미, 구매 내역, 금융 거래, 담보대출, 보험, 여행, 웹 검색, SNS 활동 등 여러분에 관한 정보를 저장하는 모든 데이터베이스를 생각해보라. 아주 최근까지도 여러분의 온갖 데이터는 자동으로 저장되었다. 여러분이 알지도 못하는 사이에, 아무런 관여도 하지 않았는데도 말이다. 그런데 유럽연합의 일반정보보호규정이 그 관행을 바꾸었다. 이제는 누구나 알듯이 요즘 웹사이트에서는 개인정보를 수집할 때 당사자의 이해 여부와 동의 여부를 물어야 한다. 하지만 여러분은 가끔 다른 방식으로 관여할 수도 있다. (미국 거주자들의 데이터 보호는 연방법과 주법 두 가지에 의해 규제되는데, 이는 영역별로 다르다.)

2013년 영국 국가보건의료서비스는 한 가지 제도를 실시했다. 매달 일반 개업의의 기록에서 의료 데이터를 수집해 이를 국립 보건복지정보센터에 있는 병원 기록과 합치는 제도였다. 그렇게 합쳐진 데이터 세트의 잠재적 가치는 엄청나게 크다. 수백만 명의 질병과 치료를 설명하는 데이터를 얻을 수 있으므로 질병 예방과 질병 감시 및 치료의 효과를 비롯해 질병을 전반적으로 이해할 수 있을 뿐만 아니라 보건의료 서비스의 전체 시스템이 얼마나 효과적인지, 어디를 개선해야 하는지도 짚어낼 수 있다. 이때 비밀 보호를 위해 '익명화' 방식을 이용하는데, 이 방식에서는 성명, 건강보험 번호, 그리고 다른 식별자를 코드로 대체하며, 그 코드는 실제 데이터와 다른 장소에 보관된 파일에 저장된다.

안타깝게도 그 제도(아울러 그 제도의 잠재적 보건의료 혜택)는 대중에게 제대로 알려지지 않았다. 어떤 사람들은 자신의 데이터가 이윤을 위해서 데이터를 사용하려는 제삼자(이를테면 제약회사나 보험회사)에게 상업적으로 팔릴 수도 있다고 우려했다. 어떤 사람들은 데이터 손실과 해킹을 걱정했고, 또 어떤 이들은 데이터가 재식별reidentification되어 자신의 정체가 드러나면 의료 사안에 관한 사생활 침해 문제가 불거질 수 있다고 우려했다. 이런 이유로 대중의 반발이 있었고, 일부 언론도 이에 가세했다. 그 제도가 사람들에게 옵트아웃opt-out 방식, 곧 자신의 데이터를 전송하기를 원치 않는다고 표명하는 것을 허용하긴 했지만, 그런 우려는 분명 타당했다.

2014년 2월 그 제도는 시행이 보류되었다. 그러고는 여러 번의 시행착오를 겪은 뒤 2016년 7월에 종합 검토서가 발간되었고, 여기서 환자 데이터 공유에 관한 8단계 동의 모형이 권장되었다. 그 모형의 특징을 하나 들자면, 사람들에게 자신들의 데이터가 의료 이외의 목적, 가령 연구 목적에 쓰이길 허용하지 않는 권한을 부여했다.

지금까지의 논의를 따라왔다면 여러분은 아마도 위험성을 알아차렸을 것이다. 사람들에게 옵트아웃, 곧 참여하지 않기를 선택한 수 있게 하면 데이터베이스에 포함되지 않는 정보가 생긴다. 데이터 베이스가 환자 모집단의 일부에 관한 정보만 담기 때문이다. 더군다나 사람들이 스스로 자신의 데이터를 포함시킬지 여부를 선택하기 때문에(DD 유형 4: 자기 선택), 데이터베이스는 모집단의 왜곡된 모습을 보일 가능성이 크다.

2009년 맨체스터대학교의 미셸 고Michelle Kho와 동료 연구자들이 이런 종류의 사안을 살펴보았다.[4] 그들은 위에서처럼 데이터 사용에 관한 동의를 부탁하는 것이 설문 대상자들의 참여 여부에 영향을 끼치는지 검토한 연구들을 메타분석했다. 의료 기록을 사용한 연구들을 살펴서 동의자와 비동의자의 나이·성별·인종·교육 수준·소득·건강 상태 등을 비교했더니, 두 집단은 과연 달랐다. 하지만 놀랍게도 "결과의 방향과 크기에 일관성이 결여되어 있었다". 다시 말해 동의자와 비동의자가 다르긴 했지만 그 차이가 예상 가능한 방식이 아니어서 차이를 조정하기가 매우 어려웠다.

옵트아웃을 활용하려는 사람들은 적극적으로 자기 의사를 표현해야 한다. 귀찮다는 이유로 기본 내용대로 따르면 자기 의도와 상관없이 데이터베이스에 포함되고 만다. 더 심각한 결과가 나올 수 있는 경우는 사람들에게 옵트인opt-in 방식을 요구하는 것이다. 옵트인 방식은 당사자가 개인의 데이터 수집을 허용해야 데이터를 수집할 수 있는 제도다. 이러한 제도와 타고난 게으름이 만나면 상황을 더 악화시킬 수 있다. 사람들에게 적극적인 노력을 요구하면 답변이 확실히 줄어들기 때문이다.

위의 의료 기록 사례에서는 행정 데이터가 매우 명시적이었다.

그러나 상황이 그렇게 명백하지 않을 때도 있다. 한 예로 응급 서비스의 끊긴 통화 사례를 살펴보자.

끊긴 통화란 어떤 이가 응급번호로 전화를 걸었다가 통화가 이루어지기 전에 전화를 끊는 경우를 말한다. 2017년 9월 BBC 웹사이트의 보고에 따르면, 2016년 6월부터 1년 동안 영국 경찰 비상상황실로 걸려온 끊긴 응급전화의 수는 8,000건에서 16,300건으로 두 배가량 늘었다.[5] 이런 일이 생긴 이유는 다양한데, 그중 하나는 응급전화 수가 경찰이 감당할 수 있는 양을 넘어선 탓에 전화를 받는 데 시간이 너무 많이 걸리기 때문이다. 또 한 가지 이유는 아마도 주머니나 핸드백에서 휴대전화기의 버튼이 잘못 눌러져서 저절로 응급전화를 걸기 때문이다.

바로 위의 마지막 경우가 유일한 이유라면, 끊긴 통화 문제는 적어도 미국에서는 생기지 않거나 적어도 덜 심각해야 한다. 왜냐하면 미국에서는 응급 전화번호가 911로서 두 가지 숫자이기 때문이다 (영국에서는 999로서 한 가지 숫자다). 하지만 끊긴 통화의 비율은 미국에서도 증가하고 있다. 링컨응급통신센터에서 나온 세 달 동안의 기록이 그 실상을 잘 보여주는데, 끊긴 통화는 2013년 4월 0.92퍼센트에서 6월 3.47퍼센트로 증가했다.

끊긴 통화는 DD 유형 1: 빠져 있는지 우리가 아는 데이터의 분명한 사례다. 이와 달리 DD 유형 2: 빠져 있는지 우리가 모르는 데이터의 훌륭한 사례는 마이크 존스턴Mike Johnston의 블로그 '온라인 포토그래퍼The Online Photographer'에 나온다.[6] 그는 이렇게 썼다. "미국 변방에서 통나무 오두막을 제대로 튼튼하게 뜨는 멋지게 지었다는 설명을 볼 때마다 나는 실소를 금할 수 없다. 십중팔구 변방 통나무 오두막의 99.9퍼센트는 형편없이 지어졌을 것이다. 그런 집들은 모조리 무너졌다. 잘 지어진 것은 무사히 살아남은 극소수의 통나무 오두막뿐이다." 무너졌거나 퇴락한 통나무 오두막집은 전부 기록이 남아 있지 않으므로 다크 데이터에 속한다.

DD 유형 2: 빠져 있는지 우리가 모르는 데이터가 특히 기만적인 까닭은 대체로 우리가 그 사실을 의심할 이유가 없기 때문이다. 2017년 12월 29일자 《더타임스》의 다음 기사를 보자. "경찰에 따르면 택시 기사가 승객에게 가한 성폭력 사건 발생 횟수는 3년 동안 20퍼센트 증가했다." 곧바로 그런 범죄가 실제로 더 많이 벌어지고 있으니 이런 수치가 나온다는 생각이 떠오를 것이다. 하지만 다크 데이터에서 비롯하는 다른 이유도 있다. 바로 택시 기사 성폭력 범죄 발생 비율은 그대로인데 범죄 신고 비율이 증가하기 때문인 경우다. 사회적 풍습과 규범의 변화에 따라 이제껏 숨어 있던 다크 데이터가 드러나는 것일지도 모른다. 여기에서 일반적인 교훈을 하나 얻을 수 있다. 만약 어느 시기 동안 수치의 급격한 변화가 일어났다면, 바탕이 되는 현실이 바뀌었을 수도 있지만 데이터 수집 절차가 바뀌었기 때문일 수도 있다. 이것이 바로 DD 유형 7: 시간에 따라 변하는 데이터가 발현된 예다.

DD 유형 2: 빠져 있는지 우리가 모르는 데이터와 DD 유형 7: 시간에 따라 변하는 데이터가 함께 작용하는 더 정교한 사례는 투자 펀드의 실적에서 드러난다. 투자 펀드의 모집단은 역동적이다. 새 펀드가 생겨나면 이전 펀드는 죽는다. 그리고 당연히 죽는 것은 대체로 실적이 낮은 펀드다. 잘되는 펀드만 남는다. 만약 퇴출되는 펀드를 어떤 식으로든 고려하지 않는다면 펀드는 평균적으로 실적이 좋은 것처럼 보인다.

실적이 나빠서 퇴출당한 개별 펀드들은 전반적인 또는 평균 실적을 보여주는 지수에서 제외되겠지만, 퇴출당한 펀드에 관한 데이터를 수집해 살펴볼 수는 있다. 그렇게 하면 DD 유형 2: 빠져 있는지 우리가 모르는 데이터가 DD 유형 1: 빠져 있는지 우리가 아는 데이터로 바뀌므로, 그런 데이터를 계산에서 제외하는 것이 어떤 영향을 끼치는지 알아볼 수 있다. 에이미 배럿Amy Barrett과 브렌트 브로데스키Brent Brodeski의 2006년 연구에 따르면, "모닝스타(세계적인 투자 분석 회사-옮긴이) 데이터베이스에서 가장 실적이 낮은 펀드들을 제외했더니 10년 동안(1995년부터 2004년까지) 평균 수익률은 연간 1.6퍼센트 높아졌다."[7] 그리고 2013년에 발표된 연구에서 세계적인 투자 회사 뱅가드Vanguard의 토드 슐랭어Todd Schlanger와 크리스토퍼 필립스Christopher Philips는 5년, 10년, 15년에 걸쳐 폐쇄형 펀드(펀드 운영에 관한 정보를 고객에게 공개하지 않는 펀드-옮긴이)를 포함한 경우와 제외한 경우의 펀드 실적을 비교 조사했다.[8] 차이는 놀라웠는데, 15년에 걸쳐 보았을 때 폐쇄형 펀드를 제외한 실적이 포함한 실적의 거의 두 배였다. 이 연구는 다크 데이터의 규모까지 밝혀냈다. 총 15년 동안 펀드들 중 54퍼센트만이 살아남았다.

이런 현상은 다우존스산업평균지수 및 S&P500과 같은 더 낮익은 금융지수에도 영향을 끼친다. 실적이 나쁜 회사들은 이 지수에서 빠지므로 비교적 실적이 좋은 회사들만 최종 실적에 포함된다.

여러분이 꾸준히 잘되는 회사에 투자했을 때는 이익을 얻지만, 그렇지 않은 회사에 투자했을 때는 손해를 본다. 그리고 어느 회사가 계속 잘되고 어느 회사가 그렇지 않을지 분간하기란 매우 어려운 만큼(어떤 이들은 불가능하다고 한다), 지수 실적은 기만적이다.

금융지수의 이른바 생존자 편향을 주의해야 한다고 당부했지만 상황은 더 복잡할 수 있다. 헤지펀드를 예로 들어보자. 실적이 저조한 펀드는 집계에서 제외되어 데이터에 포함되지 않을 가능성이 크지만, 스펙트럼의 다른 극단에 있는 펀드도 마찬가지다. 예외적으로 실적이 좋은 펀드도 새로운 투자자들에게 공개되지 않을 가능성이 크다. 마찬가지로 실적이 우수한 회사는 분할되어 주가지수에서 빠질 수 있다. 이렇게 다크 데이터는 불가사의한 방식으로 작동할 수 있다.

덧붙이자면 과거에 실적이 대단히 뛰어났던 펀드도 장래에는 '평균으로의 회귀'라는 현상 때문에 폭락할 가능성이 크다(그 이유는 3장에서 더 깊이 살펴보겠다). 따라서 펀드 구매자는 과거 실적이 어떻게 산출되었는지 꼼꼼하게 살펴야 한다. 인생의 다른 영역과 마찬가지로 투자자들은 다크 데이터가 진실을 가리고 있지 않은지 자문해야 한다.

'생존자 편향'은 시간에 따라 상황이 변하는 경우에 늘 잠재적인 문젯거리다. 스타트업의 세계에서 우리는 실패보다 성공 이야기를 많이 듣는 편이다. 사실은 대다수 신생 기업이 실패하는데도 말이다. 어떤 연구자들은 이 실패율을 50퍼센트로 낮게 잡기도 하지만 어떤 이들은 99퍼센트까지 높게 잡는다. 물론 고려 기간(1년이냐 50

년이냐)에 따라 그리고 '실패'를 어떻게 정의하느냐에 따라 수치는 어느 정도 달라진다. SNS 사이트인 베보Bebo를 예로 들어보자. 2005년에 서비스를 시작한 베보는 한때 영국에서 가장 인기 있는 SNS 사이트로 성장해 사용자가 거의 1,100만 명에 달했다. 2008년에는 AOLAmerica Online에 8억 5천만 달러에 팔렸다. 3년 동안 엄청난 성공을 거둔 것이다. 하지만 회원들이 페이스북으로 갈아타면서 사용자 수가 줄어들기 시작했고, 2010년 AOL은 베보를 크라이테리언 캐피털 파트너스Criterion Capitol Partners에 매각해버렸다. 베보는 사이트 오작동 문제가 생겨 명성에 금이 갔고, 급기야 2013년 미국 파산법 제11조에 따라 채무이행조정신청을 냈다. 2013년 후반에 원래 창업자인 마이클 버치Michael Birch와 조치 버치Xochi Birch는 회사를 100만 달러에 되샀다. 그렇다면 성공일까, 실패일까? 또 리먼브러더스는 어떤가? 이 회사는 1850년에 설립되어 미국에서 네 번째로 큰 투자은행이 되었다. 2008년에 파산하기 전까지는 그랬다. 베보처럼 이 회사도 처참한 종말을 맞았지만, 베보와 달리 시간 간격이 더 길었다. 그러니 과연 성공이었을까, 실패였을까?

스타트업 세계에서 사람들은 자연스레 실패 이야기보다 성공 이야기를 듣고 싶어하는데, 그도 그럴 것이 실패가 아니라 성공 사례를 따라 하고 싶기 때문이다. 하지만 이런 상황은 또 다른 종류의 다크 데이터를 드러내준다. 사업가가 찾아야 할 것은 성공과 실패를 구분짓는 특징이지 단지 우연히 성공과 관련되는 특징이 아니다. 후자의 특징은 실패와도 관련이 있을지 모른다. 게다가 비록 그 특성이 실패보다 성공과 더 관련이 있다고 할지라도 꼭 그 특성 때문에 성공한다는 보장은 없다.

훌륭한 만화 웹사이트인 xkcd에도 생존 편향에 관한 만화가 나온다.[9] 만화 속 등장인물은 복권 구매를 멈춰서는 안 된다고 조언하면서, 자신이 번번이 당첨되지 않았지만 계속 복권을 샀으며 심지어 복권 살 돈을 벌기 위해 부업까지 했던 과정을 이야기한다. 마침내 그는 성공했다('성공했다'가 적절한 단어라면). 우리가 알지 못하는 진실은 복권에 전 재산을 쏟아부었지만 당첨되지 못하고 죽은 도박꾼들이다.

다크 데이터의 위험성을 파악하고만 있다면, 일반적으로 행정 데이터는 좋게 쓰일 잠재력이 엄청나다. 하지만 덜 긍정적인 측면도 분명 존재하므로 늘 주의해야 한다.

개인적인 관점에서 볼 때, 행정 데이터에 남아 있는 데이터 잔해는 데이터 그림자data shadow라고 할 수 있다. 데이터 잔해는 우리가 전송한 이메일이나 문자, SNS에 올린 트윗, 유튜브에 남긴 댓글, 신용카드 결제, 트래블 카드 사용, 전화 통화, SNS 앱 업데이트, 컴퓨터나 아이패드에 로그인하기, ATM기에서 현금 인출하기, 운전 중에 자동차 번호판 인식 카메라 지나가기 등 무수히 많은 상황에서 종종 예상하지 못한 채로 생긴다. 그렇게 수집된 데이터는 정말로 사회에 이로움을 줄 수도 있지만, 엄청나게 많은 개인정보가 담겨 있게 마련이다. 우리 각자가 좋아하는 것, 좋아하지 않는 것과 더불어 습관과 행동이 고스란히 담기기 때문이다. 개인으로서의 우리와 관련된 데이터는 우리의 이익을 위해 쓰일 수 있다. 우리가 관심을 가질지 모를 상품이나 행사를 소개해주고, 여행을 편하게 만들어주고, 삶을 두루 윤택하게 해줄 수 있다. 하지만 한편으로 우리의 행동을 조작하는 데 쓰일 수도 있다. 전제주의 정권이라면 우리 삶의 상세한 행동 패턴을 알아내서 우리를 적잖이 통제할 수 있다. 어떤 면에서는 피할 수 없는 일이기도 하다. 우리가 도움을 받기 위해 정보를 내놓는 행위의 불리한 점은…… 정보를 죄다 갖다 바친다는 것이다.

데이터 그림자에 관한 우려가 커지자 피해를 최소화하는 서비스들이 등장했다. 또는 이 책의 관점에서 보자면, 데이터를 비추는 전등을 *끄고* 데이터를 드러나지 않게 하는 서비스가 등장했다. 기본적인 단계는 모든 SNS 계정(페이스북, 트위터 등)을 비활성화하고, 오래된 이메일 계정을 삭제하고, 검색 결과를 지우고, 삭제 불가능한 계정일 경우에는 (거짓 출생일이나 가운데 이름의 머리글자 같은) 거짓 정보를 올리고, 구독 목록에서 탈퇴하고 알림을 해제하는 것 등이다. 물론 데이터 숨기기를 통해 개인정보를 보호하면 데이터 드러내기로 생길 수 있는 혜택이 그만큼 사라진다는 문제점이 있다. 이를테면 사람들의 소득과 세금납부 내역을 알 수 없다면 누구에게 세액공제를 해줄지 결정할 수 없다.

설문조사에서 생기는 다크 데이터

우리가 관심을 두는 모든 사람 또는 대상에 관한 데이터(가령 슈퍼마켓에서 물건을 구매할 때 생성되는 행정 데이터) 수집하기는 현상을 더 잘 이해하여 더 나은 의사결정을 내리게 해주는 강력한 방법이다. 하지만 그런 데이터라도 우리가 답을 원하는 특정 질문에 항상 유용하지는 않다. 명백한 예로서 적절한 행정 데이터 세트가 자동으로 취합되지 않는 상황을 들 수 있다. 이에 대한 해결책은 우리가 찾을 수 있는 가장 긴밀히 관련된 데이터 세트를 이용하는 것이지만, 여기에도 나름의 위험성은 있다. 두 번째 해결책은 해당 질문에 답을 얻는다는 구체적인 목표하에 전체 모집단에 관한 데이터를 수집하는 별도의 과정을 밟는 것이다. 전체 인구를 대상으로 벌이는 총조사가 이에 해당한다. 안타깝게도 그런 조사는 대체로 비용이 많이 들고 시간이 오래 걸린다. 세월이 한참 지나버려서 더는 활용할 수 없는 시점에 완벽한 대답을 얻으려고 막대한 돈을 지출하는 것은 헛된 짓이다.

세 번째로 가능한 전략은 설문조사 활용하기다.

설문조사는 현대사회를 이해하는 데 사용되는 주된 수단 중 하나로 전체 모집단 또는 특정 집단에서 무슨 일이 벌어지는지를 모두에게 일일이 물어보지 않고서 알아낼 수 있다는 특별한 강점이 있다. 설문조사는 '큰 수의 법칙'이라는 매우 강력한 통계 현상에 바탕을 두고 있다. 이 법칙에 따르면, 한 모집단에서 (무작위로 뽑아서 얻은) 표본의 평균값은 (표본 크기가 충분히 크다면) 그 모집단의 진짜 평균값에 근접할 확률이 매우 높다.

한 나라 전체 인구의 평균 나이를 알고 싶다고 하자. 국민의 평균 나이가 중요한 까닭은 은퇴한 노인들을 부양할 (소득이 있고 세금을 납부하는) 젊은 노동자들이 충분히 있는지를 (그리고 앞으로 있을지를) 알아내는 기본 정보이기 때문이다. 이 정보가 지닌 중요성과 잠재적인 영향은 서아프리카의 나이지리아와 일본을 비교하면 잘 드러난다. 나이지리아에서는 인구의 40퍼센트가 15세 미만인 데 반해 일본에서 15세 미만 인구는 고작 13퍼센트다.

우리가 출생 기록이 없고, 모든 사람의 나이를 알아낼 인구총조사를 시행할 여력이 없고, 특정 서비스에 가입하려면 출생일을 요구하는 여러 데이터베이스에서 행정 데이터와 관련된 다크 데이터 문제를 불편해한다고 가정하자. 그러면 설문조사를 이용해 일부 사람들에게만 나이를 물어도 충분히 정확한 추산치를 얻을 수 있다. 어떤 이들은 곧바로 조사를 받지 않은 모든 사람의 나이를 모르는 데서 생기는 명백한 다크 데이터 리스크가 있지 않느냐고 의심할지 모른다. 하지만 큰 수의 법칙 덕분에 표본을 적절히 뽑기만 하면 그런 우려는 사라진다. 더군다나 큰 수의 법칙의 바탕이 되는 수학에 따르면 표본이 아주 클 필요도 없다(천 명쯤이면 충분하다). 천 명한테서 데이터를 얻는 일은 수천만 명한테서 데이터를 얻는 일과는 하늘과 땅 차이다.

그런데 앞에서 표본을 '무작위로 뽑았'고 '적절히 뽑았다'는 무심코 내뱉은 듯한 말이 사실은 매우 중요하다. 나이트클럽에 있는 사람들이나 노인 전용 주택단지에서만 표본을 얻었다면 아마도 전체 인구의 평균 나이에 관해 그리 정확한 추산치를 얻지 못할 것이다. 따라서 연구 대상 모집단을 적절히 대표할 수 있도록 만전을 기해야 한다. 최상의 방법은 먼저 관심 대상인 모집단의 전체 구성원을 목록으로 만들고(이를 표본추출틀sampling frame이라고 한다) 그 목록에서 사람들 표본을 무작위로 선택하여 나이를 묻는 것이다. 전체 구성원 목록은 행정 데이터에서 쉽게 구할 수 있으며, 선거인 명부나 기존의 인구총조사 자료를 표본추출틀로 사용할 수 있다.

우선 누구에게 나이를 물을지를 무작위로 고른다는 개념에 의심이 들지 모른다. 무작위로 고를 때마다 다른 결과가 나올 수 있으니 말이다. 이 방식은 안타깝게도 표본에 다크 데이터 왜곡이 없음을 보장해주지는 않지만(가령 전체 인구 대비 젊은 사람들의 비율이 더 높게 나오지 않는다는 보장이 없지만), 그런 왜곡이 발생할 확률을 통제된 수준 내로 유지할 수 있다. 그러니까 다음과 같이 말할 수 있다는 뜻이다. "우리가 선택한 표본들의 거의 전부(가령 95퍼센트)에 대해, 표본 평균은 총인구 평균 나이에서 ±2년 내에 들 것이다." 표본 크기를 크게 하면 신뢰도를 95퍼센트에서 99퍼센트까지 또는 적절하다고 여기는 임의의 수준까지 높일 수 있다. 마찬가지로 위에서 나온 2년이라는 간격을 1년 또는 우리가 원하는 수준으로까지 줄일 수 있다. 아직도 표본을 무작위로 선택해서 도출한 결론을 절대적으로 확신하지 못해 계속 마음에 걸린다면, 나는 인생에서 절대적으로 확실한 것은 그 어떤 것도 없다고 조언하고 싶다(죽음과 세금이 예외라면 예외일 수 있겠지만).

큰 수의 법칙에서 흥미로운 점 하나를 들자면, 추산치의 정확도는 본질적으로 전체 인구의 얼마나 큰 비율이 표본에 포함되는지에 달려 있지 않다. 적어도 전체 인구가 크고 표본이 상대적으로 작은 비율이라면 말이다. 대신 표본이 얼마나 큰지에 따라 달라진다. 다른 상황들이 똑같다면, 100만 명의 인구에서 뽑은 1천 명의 표본은 10억 명의 인구에서 뽑은 1천 명과 대체로 거의 동일한 정확도를 내놓는다. 첫 번째 표본은 모집단의 1,000분의 1이고, 두 번째는 모집단의 100만 분의 1인데도 그렇다.

아쉽게도 이 표본 설문조사는 마술지팡이가 아니다. 인생에서 겪는 (거의) 모든 일이 그렇듯이 단점도 있다. 표본 설문조사는 대체로 자발적인 참여에 의존한다. 다시 말해 사람들은 어떤 질문에 대답하지만 다른 질문에는 대답하지 않을 수 있고, 또한 아예 참여하지 않으려 할지도 모른다. 여기서부터는 다크 데이터의 영역이다(DD 유형 4: 자기 선택).

도표 1은 '무응답'의 예를 보여주는데, 어떤 데이터 표본은 값이 빠져 있다. 이는 '?' 기호로 표시되어 있으며(종종 '이용 불가not

도표 1. 마케팅 데이터에서 추출한 정보

	A	B	C	D	E	F	G	H	I	J	K	L	M	N
응답 1	2	1	3	6	6	2	2	4	2	1	1	7	1	8
응답 2	2	1	5	3	5	5	3	4	0	2	1	7	1	7
응답 3	1	4	6	3	?	5	1	1	0	1	1	7	?	4
응답 4	2	1	5	4	1	5	2	2	2	1	1	7	1	7
응답 5	2	3	3	3	2	2	1	2	1	2	3	7	1	1
응답 6	2	1	5	5	1	5	2	2	0	1	1	7	?	9
응답 7	2	1	5	3	5	1	3	2	0	2	3	7	1	8
응답 8	1	5	1	2	9	?	1	4	2	3	1	7	1	9
응답 9	1	3	4	2	4	2	4	1	2	0	2	3	1	2
응답 10	2	1	4	4	2	5	3	5	3	1	1	5	2	9

출처: 웹사이트 Knowledge Extraction based on Evolutionary Learning, http://www.keel.es/

available'라는 뜻의 NA로도 표시된다), 보기 쉽도록 강조 표시를 해두기도 한다. 이 데이터는 KEEL Knowledge Extraction based on Evolutionary Learning 이라는 웹사이트의 마케팅 데이터에서 얻은 열 가지 기록의 복복이다.[10] 이 정보는 샌프란시스코베이 지역의 한 쇼핑몰에서 쇼핑객을 대상으로 한 설문조사에서 수집했으며, 다른 변수들로부터 소득을 예측하는 모형을 세우는 것이 연구 목적이었다. 변수는 다음과 같다. A=성별, B=결혼 여부, C=나이, D=교육 수준, E=직업, F=샌프란시스코 거주 기간(년), G=맞벌이 수입, H=가족 수, I=만 18세 미만, J=가정형편, K=주거 유형, L=인종 구분, M=언어, 그리고 예측할 변수는 마지막 열에 있는 N=소득이다(웹사이트에는 각 변수의 의미와 범위가 더 자세히 설명되어 있다. 영어 알파벳 표시는 내가 편의상 붙인 것이다). 총 데이터 세트에는 도표에 보이는 것과 같은 행이 8,993개인데, 그중 2,117행에 빠진 값이 들어 있다. 일부만 추출한 이 도표에서는 세 행에 빠진 값이 들어 있다. 이 세 행 중한 행에는 빠진 값이 두 개다. 도표에 나오는 빠진 값은 거기에 무언가가 있어야 함을 우리가 알기 때문에 확실히 DD 유형 1: 빠져 있는지 우리가 아는 데이터다.

언어를 나타내는 M열은 "당신의 가정에서 가장 자주 쓰는 언어는 무엇입니까?"라는 질문에 대한 답인데, 세 가지 선택지가 제시된다. 1=영어, 2=에스파냐어, 3=기타. 이 구분은 모든 가능한 답을 포함하고(가장 자주 쓰는 언어가 독일어이면 응답은 3=기타일 것이다) 각 가정은 세 가지 중 하나에 속하므로 우리는 행마다 이 질문에 대한 답(1, 2, 3)이 있음을 안다. 그런데 어떤 이유에선지 이 표본에서는 두 명이 답을 내놓지 않았다.

하지만 때로는 내놓을 값이 없어서 기록이 불완전할 때도 있다. 이때는 답이 정말로 존재하지 않는다. 가령 응답자가 미혼이라면 응답자의 배우자 나이를 묻는 질문에 대답할 수 없다. 이는 그런 종류의 빠진 값을 우리가 어떻게 다루어야 할지에 대해 흥미로운 질문을 던진다. 이 상황은 기혼인 응답자가 질문지의 해당 항목에 기재하지 않은 경우와 분명 다르다. 하지만 이 차이가 과연 중요할까? 두 유형의 무응답을 똑같은 방식으로 다룬다면 잘못된 결론이 나올까?

빈칸이 있는 기록을 보면 무언가가 빠졌음을 곧바로 알 수 있다 (DD 유형 1: 빠져 있는지 우리가 아는 데이터). 하지만 어떤 질문에도 답하지 않은 사람들은 어떨까? 그 결과는 DD 유형 4: 자기 선택이다. 그들은 너무 바빴거나, 사생활 침해가 심하다고 여겼거나, 아니면 그저 연락이 안 되었을 수도 있다(가령 설문조사를 할 때 부재중이었을 경우). 이 또한 '알려진 미지'다. 왜냐하면 우리가 그들이 누군지 알고(우리가 연락하려는 사람들 명단에 올라와 있다), 그들이 답변할 마음이 있고 답변할 수 있는 상황이라면 답변을 할 수 있었음을 우리가 알기 때문이다. 하지만 어쨌든 답변이 없으므로 다크 데이터임은 분명하다.

이런 종류의 문제가 드러난 가장 유명한 사례 하나가 1936년 미국 대통령 선거에서 벌어졌다. 여론조사를 바탕으로 당선자를 매우 훌륭하게 예측해왔던 대중잡지 《리터러리 다이제스트Literary Digest》가 1936년에는 공화당 후보 앨프리드 M. 랜던Alfred M. Landon이 3대 2의 우세로 당선되리라고 예측했다. 하지만 민주당 후보 프랭클린 D. 루스벨트_{Franklin D. Roosevelt}가 압승을 거두었다. 선거인단의 531표 중 523표, 유권자 투표의 62퍼센트를 얻었고, 48개 주 가운데 46개 주에서 승리했다.

사람들은 이 선거 결과와 《리터러리 다이제스트》가 선거 결과 예측에 실패한 이유가 여론조사 기획에서 생긴 다크 데이터 때문이라고 설명한다. 특히 (비록 조금 다른 이야기들도 있긴 하지만, 핵심 내용은 대동소이한데) 잠재적 응답자를 고르기 위한 표본추출틀로 전화번호부를 사용한 점에 주목한다. 당시 전화는 사치품이었고 공화당에 투표할 가능성이 큰 부유한 사람들이 많이 갖고 있었다. 따라서 전화번호부에서 얻은 표본은 공화당에 투표하겠다는 사람들의 비율을 과도하게 추산했을 것이다.

나이트클럽이나 노인 전용 주택단지에서 뽑은 표본을 바탕으로 한 나라 전체 인구의 평균 나이를 추산하는 경우와 마찬가지로, 선거 결과 예측에 대한 위 설명에서 다크 데이터가 발생한 이유는 사람들이 질문에 답하지 않아서가 아니라 애초에 대상자 선정에 문제가 있었기 때문이라고 본다.

하지만 통계학자 모리스 브라이슨_{Maurice Bryson}이 자세히 분석한 결과 그런 단순한 설명은 뭔가를 잘못 짚었다.[11] 첫째로, 위 설명은 잠재적 유권자들 표본의 대표성을 확보하기 위해 《리터러리 다이제스트》의 여론조사 요원들이 택한 조사 범위를 과소평가한다. 그들은 표본 왜곡이 일어날 수 있는 요인을 아주 잘 알고 있었다. 둘째로, 당시에 미국 전체 가구의 40퍼센트만이 전화기를 갖고 있었지만, 이 사람들은 투표할 가능성이 가장 컸다. 이 두 번째 요인은 다음과 같은 의미였다. 비록 인구 전체를 대표하지 않는 다크 데이터가 많더라도 선거에서 중요한 것은 말할 것도 없이 투표하는 인구의 비율임을 고려하면 그 문제는 덜 심각해진다. 공교롭게도 이런 요인은 중대한 파장을 일으킬 수 있다. 유럽연합 탈퇴 여부를 묻는 2016년의 영국 국민투표에서 "정치에 관심 없다"고 주장했던 사람 중에서 43퍼센트가 투표했다. 이 결과는 정치에 관심 없는 사람들이 2015년 영국 총선에서 투표한 비율이 고작 30퍼센트인 것과 대조적이다. 어떤 이가 X에 표를 던질 것이라는 여론조사의 주장은 그들이 실제로 X에 표를 던지는 행동으로 옮겨야 의미가 있다.

랜던/루스벨트 선거 여론조사의 경우, 전화기가 원인이라는 설명은 널리 알려져 옳다고 알고들 있지만 사실은 틀렸다.

그렇다면 여론조사가 실패한 진짜 원인은 무엇일까?

답은 여전히 다크 데이터에 있지만, 훨씬 더 낮익고 단순한 형태의 다크 데이터다. 그리고 웹 기반 여론조사가 등장하면서 매우 중요해진 문제이기도 하다. 여론조사 요원들이 천만 건의 여론조사 설문지를 우편으로 보냈지만, 수령자의 약 4분의 1인 약 230만 명만이 답변을 했다. 설문지를 받고도 무시해버린 4분의 3 이상의 의견은 다크 데이터가 되고 말았다. 그 의미는 명백하다. 만약 공화당을 지지하는 유권자들이 (예로부터 그랬던 것처럼) 친루스벨트 유권자들보다 선거에 더 관심이 많았다면, 그들은 여론조사에 더 잘 응답했을 것이다. 따라서 여론조사에서는 다수가 랜던을 지지하는 분위기였을 텐데, 《리터러리 다이제스트》가 파악한 것이 바로 이 왜곡된 견해였다. 이러한 자기 선택 왜곡은 실제 선거가 치러지면서 사라졌다.

따라서 이 여론조사 참사는 여론조사 기획자의 표본 선택 오류가 낳은 결과가 아니라 공화당 지지 유권자들과 민주당 지지 유권자들의 서로 다른 응답 확률에서 생기는 다크 데이터, 곧 자발적 응답이 낳은 결과였다(DD 유형 4: 자기 선택).

적절하게 정의된 표본추출틀이 있었기에(여론조사 요원들은 정확히 누구에게 투표권이 있는지 알았다), 정교하게 분석했다면 이 책 9장에서 설명하듯이 조정이 가능했을 것이다. 하지만 적절하게 정의된 표본추출틀이 없다면 조정은 훨씬 더 어렵거나 아예 불가능할 것이다. 표본추출틀이 없으면 우리는 DD 유형 1: 빠져 있는지 우리가 아는 데이터의 영역에서 벗어나 DD 유형 2: 빠져 있는지 우리가 모르는 데이터의 영역으로 옮겨간다. 나중에 이야기할 웹 설문조사는 특히 이 시나리오에 취약하다.

일반적으로 랜던/루스벨트 사례처럼 일부 사람들이 전혀 응답하지 않는 상황은 다루기 어렵다. 응답을 거부하는 사람들은 응답하는 사람들과는 엄연히 다르다. 설문조사에 참여하지 않기로 선택했다는 사실 자체가 그들이 어떤 면에서 다르다는 사실을 알려준다. 아마도 설문조사의 주제에 특별히 관심을 가진 사람들은 (랜던/루스벨트 사례에서처럼) 조사에 더 잘 참여하는 경향이 있을 것이다. 또 응답을 더 잘하는 사람들은 해당 주제를 더 잘 이해하고 있을지 모른다. 네덜란드에서 실시한 주택 수요에 관한 한 연구에 따르면, 사람들은 필요성이 클수록 설문조사에 제대로 응답할 가능성이 크기 때문에 설문조사는 전반적으로 매우 잘못된 인상을 남길 위험성이 있다.[12] 폭력 피해 설문조사의 경우, 배우자 학대처럼 분명한 시작과 끝이 없는 이른바 연속 사건은 개별 사건에 초점을 맞춘 설문조사의 대상으로 선택되지 않을 수 있다. 이와 다른 맥락에서, 사람들은 응답하는 시간이 너무 부담스럽다고 여겨 참여하기를 꺼릴지 모른다. 전체적으로 볼 때, 자기 선택은 설문조사 등 여러 조사 방법에서 다크 데이터의 특히 해로운 발생원이다.

설문조사는 정부와 업계에서 정보를 수집하기 위해 매우 널리 사용하는 유용한 조사 방법이므로, 설문조사에서 응답률이 부족하면 광범위한 영향을 끼칠 수 있다. 그리고 응답률은 전 세계적으로 떨어지고 있다. 영국의 노동력 설문조사Labour Force Survey에서 여실히 드러나는 경향이다.[13] 그림 2는 2003년 3~5월과 2017년 7~9월 사이에 매 분기별로 설문조사에 응한 이들의 비율을 보여준다. 이 기간 동안 설문조사 응답 비율은 65퍼센트를 넘는 값에서 45퍼센트에 못 미치는 값으로 떨어졌다. 직선으로 하강하는 추세를 볼 때 응답률을 향상시키기 위해 특별한 조치를 취하지 않는다면, 앞으로 설문조사에서 도출할 결론은 신뢰를 얻기 어렵다.

이 현상은 영국의 노동력 설문조사뿐만 아니라 전 세계 모든 종류의 설문조사에서 나타난다. 미국의 소비자 태도 설문조사Survey of Consumer Attitudes는 소비와 경제에 관한 태도를 묻는 전화 설문조사다. 참가율은 1979년 79퍼센트에서 1996년에는 60퍼센트로, 2003년에는 48퍼센트까지 감소했다. 로저 투란고Roger Tourangeau와 토머스 플루스Thomas Plewes가 편집한 미국국립아카데미의 2013년 보고서에 많은 추가 사례가 나온다. 보고서에 따르면, "사회과학 연구에 풍부한 데이터를 제공하는, 정부 및 민간이 후원하는 가계동향조사에 대한 응

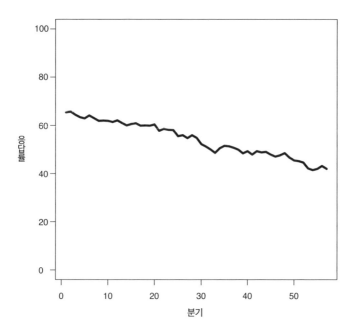

그림 2. 2003년 3~5월과 2017년 7~9월 사이에 매 분기별로
설문조사에 응한 이들의 비율

답률은 전 세계의 부유한 국가들 어디에서나 계속 떨어져왔다.[14] 그
림 3은 1997년부터 2011년까지 미국 국민건강면접조사National Health
Interview Survey에 대한 응답률을 보여준다. 영국 사례처럼 두드러지진
않지만, 하강 경향은 여기서도 명백하다.

하강 경향은 전염병학 연구에서도 분명하게 드러난다. 행동위
험요인조사Behavioral Risk Factor Surveillance Survey는 건강 위험요인, 건강검
진 및 의료 서비스 이용 실태를 연구하기 위해 미국에서 전국적으
로 이루어진다. 이 조사의 응답률 중앙값은 1993년의 71퍼센트에서
2005년에 51퍼센트로 떨어졌다.

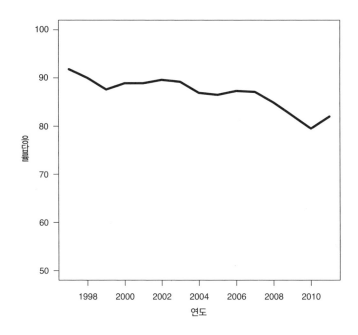

그림 3. 1997~2011년 미국 국민건강면접조사에 대한 응답률

여기서 핵심 질문은 이것이다. 응답률이 몇 퍼센트라야 설문조사
가 유용하지 않을 정도로 신뢰도가 낮다고 할 수 있는가? 설문조사
결과가 전체 인구의 의견을 대변한다고 볼 수 없으려면 다크 데이
터의 비율이 얼마나 높아야 하는가? 90퍼센트 응답률이라면 신뢰할
만한 결과를 내놓기에 충분히 높은가? 그렇다면 80, 50, 20퍼센트는
어떤가? 그리고 무응답자를 포함할 수 있게 결과를 조정하는 방법(8
장에서 설명할 방법이다)은 얼마나 효과적인가?

안타깝게도 그런 질문에 보편적인 답은 존재하지 않는다. 설문조
사의 주제가 무엇인지, 질문이 구체적으로 무엇인지와 더불어 어떻

게 그리고 왜 데이터가 빠졌는지에 따라 답이 달라지기 때문이다. 어떤 경우에는 빠진 기록이 적더라도 입수한 데이터가 전체 인구를 대표하지 못할 수 있다. 성전환 수술에 관한 태도를 묻는 전체 인구 대상의 설문조사가 있었는데, 일부 질문이 트랜스젠더에게 심한 모욕감을 주어서 트랜스젠더는 전부 답변을 거부하고 나머지 사람들은 개의치 않았다. 이러면 무응답자 비율이 낮더라도 오해의 소지가 큰 결과를 내놓을 수 있다. 이와 달리 어떤 경우에는 빠진 기록의 비율이 높더라도 결론에 영향을 적게 끼칠 수 있다. 앞에서 나눈 표본 크기와 무작위 표본추출의 중요성에 관한 논의에서 알 수 있듯이, 무응답자가 어느 특정 패턴에 해당하지 않는다면 무응답자 비율이 높더라도 문제될 것이 없다.

어쨌든 여러 사례에서 보듯이 무응답 형태의 다크 데이터는 증가하고 있다. 무응답 다크 데이터가 결론에 부정적인 영향을 끼치지 않을 수도 있지만, 어떤 상황에서는 매우 심각한 영향을 끼칠 수 있다. 여러분이 한 나라 또는 대기업을 운영하고 있다면, '영향을 끼치지 않을 수도 있다'고 해서 개의치 않겠는가?

한편 인터넷을 이용하면 설문조사를 저비용으로 쉽게 할 수 있다. 다시 말해 인터넷을 통해 방대한 조사 대상자로부터 막대한 크기의 표본을 얻을 수 있다. 하지만 단점도 뒤따른다. 특히 누가 질문에 응답할지를 제대로 통제하지 못한다. 대체로 인터넷 설문조사 응답자들은 자기 선택적이어서, 설문조사에 참여할지 다크 데이터의 장막 뒤로 숨을지를 스스로 결정한다. 이러한 자기 선택은 어떤 종류의 설문조사에서도 명백히 큰 지장을 초래할 수 있다. 왜냐하면 설문조사에 참여하는 사람에 따라 응답이 천차만별로 달라질 수 있기 때문이다. (1장에서 "잡지 설문조사에 응답하시겠습니까?"라고 묻는 가상의 잡지 설문조사를 상기하기 바란다.) 애초에 해당 웹페이지를 누가 보느냐는 데서 생기는 왜곡이 결국에는 위와 같은 문제를 낳고 만다.

다른 극단에서 보자면, 한 사람이 한 웹 설문조사에 여러 번 응답할 수도 있다. 설상가상으로 어떤 이는 휴대전화기로 설문조사 요청이 올 때마다 다섯 살배기 아들한테 답변하라고 전화기를 건넨다고도 했다(이 책을 집필하면서 알게 된 사람의 이야기다). 게다가 근본적인 문제점을 꼽자면, 모든 사람이 인터넷에 접속하지는 못한다. 랜던/루스벨트 선거에서 전화기의 역할이 문제의 소지가 되었듯이 말이다. 2013년《인터내셔널 저널 오브 인터넷 사이언스International Journal of Internet Science》에 발표된 한 네덜란드 논문은 이렇게 보고했다. "노령 세대, 비서구권 이민자 그리고 1인 가구는 인터넷 이용률이 적다."[15] 하지만 그다지 큰 문제는 아닌데, 인터넷 이용률은 시간이 지나면서 그리고 기술이 발전하면서 달라지기 때문이다.

이쯤에서 왜 사람들이 갈수록 설문조사에 답변하기를 꺼리는지 궁금해진다. 투란고와 플루스는 이 질문을 고찰하여 무응답하는 이유가 시간이 흘러도 크게 바뀌지 않음을 알아냈다.[16] 주된 이유는 응답 대상자들이 별 관심이 없거나, 바빴거나, 답변하는 데 시간이 너무 많이 걸리기 때문이었다. 다른 이유로는 사생활 침해 우려가 있었거나, 조사 내용을 이해하지 못했기 때문이었다. 한편 부정적인 반응으로는 도중에 전화 끊기, 문을 쾅 닫아버리기, 심지어 적대적이거나 위협적인 행동도 있었다. 인터뷰어로 일하는 것은 분명 위험할 수 있다! 사람들은 그저 설문조사에 질려서, 그러니까 설문조사 요청을 너무 많이 받는 탓에 질문에 발끈한다는 의견도 있다. 그런 상황은 설문조사로 가장한 상업적인 판촉 행사 때문에 더욱 악화된다. 이 모든 현상 이면에 있는 메타 수준의 이유는 자기 선택, 곧 응답자들이 참여 여부를 스스로 결정한다는 것이다.

설문조사에 응답하지 않는 것은 꼭 응답자 때문이 아니다. 어쩌면 인터뷰어가 사람들에게서 긍정적인 태도를 이끌어내는 방법을 충분히 숙고하지 않았기 때문인지도 모른다. 부정직한 인터뷰어는 심지어 데이터를 꾸며내기도 한다(DD 유형 14: 조작된 합성 데이터). 이런 현상을 설명하기 위해 '커브스토닝curbstoning'(도로에 경계석 놓기라는 뜻 – 옮긴이)이라는 신조어가 생겼다. 설문조사자가 수고를 마다하지 않고 사람들에게 성실히 질문하는 대신 경계석에 앉아서 수치를 꾸며내는 모습을 희화화하여 표현한 용어다.[17] 하지만 분명히 말하건대 정교한 통계 방법을 이용하면 다른 데이터 사기에서와 마찬가지로 종종 이런 기만행위를 적발해낼 수 있다. 언어장벽과 단순한 데이터 손실 또한 데이터값의 누락을 초래할 수 있다.

민감한 조사 질문들(어쩌면 성행위나 금융이나 의료적 사안에 관한 질문들)은 특히 누락되고 불완전한 기록을 만들기 쉽다. 따라서 꽤 영리한 데이터 수집 방법들이 개발되었다. 덕분에 익명성을 유지한 채로 사람들이 민감한 질문에 답할 수 있게 되었고, 개별 답변을 공개하지 않고 전체 통계를 작성하는 일이 가능해졌다. 이에 관해서는 9장에서 살펴보겠다.

실험 데이터에도 다크 데이터가 끼어든다

이 장의 서두에서 설명한 데이터 수집 방식 중 두 가지를 살펴보았다. '모든' 데이터를 기록하는 방식, 그리고 데이터의 표본을 이용하는 방식이다. 그리고 특히 각각의 방식에서 얼마나 다른 다크 데이터가 생기는지를 깊이 들여다보았다.

이제 세 번째 데이터 수집 방식인 실험 데이터를 알아보자. 여기서는 대상(또는 사람)이 처하는 상황, 대우, 체험이 면밀한 통제하에서 달라진다.

두 치료법 중에서 어느 것이 더 효과적인지를 알고 싶다고 하자. 두 치료법을 치료법 A와 치료법 B라고 부르자. 가장 확실한 시작 방법은 한 환자에게 두 치료법을 함께 적용하여 어느 것이 더 효과가 있는지 보면 된다. 한 환자에게 두 치료법을 모두 적용하는 것이 가능하기만 하면 유용한 방법이다. 일례로 알레르기성 비염 증상을 완화하기 위한 투약의 효과를 연구할 경우 환자에게 한 해에는 치료법 A를 다음 해에는 치료법 B를, 또는 그 반대로 적용할 수 있다(꽃가루 수치가 그 두 해 동안 동일하기를 바라면서). 그러나 단일 환자에게 두 치료법을 적용하기가 불가능한 상황도 많다. 가령 평균수명을 연장하는 치료법들이 얼마나 효과적인지 연구할 경우, 첫 번째 치료법이 마무리되어 환자가 사망해버리면 다시 과거로 돌아가 다른 치료법을 쓸 수가 없다.

단일 환자에게 두 가지 치료법을 적용하는 대신 쓸 수 있는 유일한 대안은 한 환자에게 치료법 A를, 다른 환자에게 치료법 B를 적용하는 것이다. 물론 여기서 곤란한 점은 모든 환자가 특정한 치료법에 똑같이 반응하지는 않는다는 것이다. 한 환자가 치료법 A로 나아졌다고 해서 모든 환자가 나아진다는 뜻은 아니다. 더 심각한 점을 말하자면, 한 환자에게 동일한 치료법을 적용해도 시기에 따라 다르게 반응할 수 있다.

그래서 이제부터 더 깊게 살펴보자. 첫째로, 우리의 관심을 개별 환자에서 각각의 치료를 받는 여러 환자의 평균 반응으로 옮겨보는 것이다. 환자들이 평균적으로 치료법 A에 얼마나 잘 반응하는지를 환자들이 평균적으로 치료법 B에 얼마나 잘 반응하는지와 비교해보자는 말이다. 둘째로, 환자들을 두 치료법에 할당할 때 다른 요인들이 결과의 차이를 만들지 않도록 만전을 기하자. 우리는 남성 모두에게 어느 한 치료법을, 그리고 여성 모두에게 다른 치료법을 적용하는 것을 원치 않는다. 그랬다가는 결과의 차이가 치료법 때문인지 성별 때문인지 알 수 없기 때문이다. 마찬가지 이유로 우리는 증세가 심한 환자 모두에게 치료법 A를, 증세가 덜 심한 환자에게는 치료법 B를 적용하려고 하지 않는다.

그렇다면 치료법을 균형 있게 할당하는 방법이 있다. 예를 들어 남성의 절반을 한 치료법에, 나머지 절반은 다른 치료법에 할당하고, 여성도 마찬가지로 할 수 있다. 또 증세가 심한 환자들의 절반을 한 치료법에, 나머지 절반은 다른 치료법에 할당할 수 있다. 제한된 수의 요소들만 통제하고 싶다면 그렇게 할 수 있을 것이다. 다시 말해 성별, 나이, 질병의 심각성과 같은 요소들을 균형 있게 다루려고 시도할 수 있다. 하지만 곧 그런 일은 차츰 불가능해지고 만다. 아마도 고혈압과 체질량지수 26, 그리고 천식 이력이 있으면서 흡연자인 25세의 중증 남성 환자와 균형을 맞춰줄 동일한 조건의 25세 여성 중증 환자는 없을지 모른다. 설상가상으로 우리가 고려하지 않았던 온갖 종류의 요소가 분명 존재할 것이다.

이 문제를 극복하기 위해 사람들은 두 치료 집단에 무작위로 할당된다. 이를 가리켜 무작위 대조군 시험이라고 한다. 이 방법을 쓰면 우리가 피하고 싶은 불균형 상황이 생길 가능성이 매우 낮아진다. 이렇게 하는 까닭은 앞서 설문조사를 살펴볼 때 나왔던 무작위 표본추출을 하는 이유와 매한가지다. 여기서도 똑같은 원리가 작용하는데, 예외라면 단지 어떤 사람들을 설문 대상자로 선택하는 대신 정해진 환자들에게 치료법을 적용한다는 것뿐이다.

이런 식으로 두 집단만을 비교하는 것은 매우 단순하다. 이를 두 집단을 A와 B라고 표시하여 A/B 시험이라고도 하고, 챔피언/도전자 시험이라고도 한다. 여기서는 새 방법이나 치료법(도전자)을 표준 방법(챔피언)과 비교한다. 이런 설계는 의료, 웹 실험, 제조업에서 광범위하게 쓰인다. 무작위 대조군 시험의 장점을 꼽자면, 이 시험 결과를 만약 다른 방법을 썼다면 생겼을 결과와 비교할 수 있다. 반사실적 다크 데이터 문제점을 비껴갈 수 있는 것이다.

다크 데이터를 방지하는 이 방법은 오랫동안 사용되어왔다. 이후 큰 영향력을 끼친 초기의 현대적인 무작위 대조군 시험 중 한 사례는 스트렙토마이신으로 결핵을 치료한 1948년 연구였다. 이 연구에 관해 영국의 보건 연구자 이언 차머스Iain Chalmers는 다음과 같이 말했다. "영국의 의학연구위원회가 내놓은 1948년 보고서는 스트렙토마이신이 폐결핵을 치료하는 데 어떤 효과가 있는지 알아보기 위한 무작위 대조군 시험을 자세하고 명쾌하게 기술하고 있다. 이 무작위 대조군 시험은 임상시험 역사에서 기념비적인 업적이 분명하다."[18]

한편, 종종 그렇듯이, 우리는 역사 속에서 무작위 대조군 시험의 기본 발상, 또는 적어도 그 기원을 추적할 수 있다. 무작위로 집단을 나눴다는 초기의 기록은 1648년에 플랑드르의 의사 얀 밥티스트 판 헬몬트Jan Baptiste van Helmont가 사혈과 관장의 효과를 알아내려고 말했던 내용이다. "열병 또는 늑막염을 앓는 환자들을 200명이든 500명이든 (…) 병원에서 고릅시다. 그들을 절반으로 나눈 다음 제비를 뽑아서 절반은 내가 맡고 당신이 나머지 절반을 맡도록 하죠. 나는 사혈과 관장 없이 환자들을 치료하고, 아시겠지만 당신은 사혈과 관장을 해서 치료하는 겁니다. (…) 그러면 우리 둘이 몇 건의 장례식을 보게 될지 알 수 있습니다."[19]

여기까지는 괜찮다. 사람들이 어떻게 행동하는지에 관한 다른 두 데이터(관측 데이터) 수집 방식과 달리 이 새로운 접근법은 누가 어떤 치료를 받는지를 통제한다. 모든 환자가 치료 규정을 잘 지키면서 시험 끝까지 정해진 시간에 약을 먹는다면 가장 이상적일 것이다. 하지만 안타깝게도 그런 시험에서는 탈락자라는 다크 데이터가 종종 생긴다.

탈락자란 말 그대로 연구에서 낙오하거나 빠져나오는 사람이다. 사망하거나 치료 중 고약한 부작용을 겪거나 이사를 하거나 그저 차도를 보이지 않아서일 수도 있는데, 그러면 해당 치료법으로 시험을 계속하려는 동기가 줄어든다. 또는 우리가 본 적이 있는 다른 여러 이유 때문일 수도 있다. 여기서 핵심은, 측정이란 시간이 지나면서 또는 시간이 경과한 뒤에 이루어지는데, 서로 다른 시험들이 서로 다른 방식으로 다크 데이터의 영향을 받을지 모르는 위험성이 있다는 것이다. 이 사안은 DD 유형 7: 시간에 따라 변하는 데이터와 DD 유형 1: 빠져 있는지 우리가 아는 데이터를 잘 드러내준다.

가령 어떤 능동적인 치료법을 플라세보와 비교하는 연구에서는 능동적인 치료법에서 부작용이 생길 가능성이 더 크다. 왜냐하면 정의상 플라세보에는 애초부터 능동적인 치료 요소가 없기 때문이다. 따라서 능동적인 치료 집단에서 탈락자가 더 많이 생길지 모른다. 더 나쁜 점을 말하자면, 만약 치료의 효과가 없거나 심지어 더 나빠지는 환자들이 이탈할 가능성이 크다면, 그 연구는 치료에 효과를 보이는 이들만 남아서 불균형 상태가 된다는 것이다. 이것은 생존자 편향의 또 다른 예로서, '생존'하거나 시험이 끝날 때까지 남아 있는 사람들은 전체 집단을 적절하게 대표하지 못한다.

임상시험에서는 참가자 개인의 이익을 위해 윤리적으로 행동해야 할 필요성 때문에 상황이 악화되기도 한다. 2차 세계대전 동안 확립된 뉘른베르크 강령 9조는 참가자가 요구하면 언제든 임상시험을 중단해야 한다고 명시하고 있다. 사람들이 임상시험을 끝까지 하도록 강제할 수 없다는 말이다.

시험은 앞서 소개한 단순히 두 집단으로 나눈 사례보다 더 복잡한 경우가 종종 있다. 복수의 서로 다른 병원이 관여하거나 여러 가지 치료법을 비교하는 복수의 '군arm'을 대상으로 하는 경우가 이에 해당한다. 그림 4는 천식 환자에게 부데소나이드budesonide라는 약물의 효과를 알아보는 임상시험의 데이터를 보여준다.[20] 이 시험에는 다섯 집단의 환자가 참여했는데, 한 집단은 플라세보를 받았고(투약 없음), 다른 집단들은 부데소나이드를 각각 200, 400, 800, 1600마이크로그램 받았다. 폐 기능 측정은 임상 시작 때, 그리고 환자들이 연구에 참여한 2, 4, 8, 12주 후에 이루어졌다. 그래프는 매주 연구에 참여한 환자의 수를 나타낸다. 다른 이들은 중도에 그만두었다. 맨 아래 검은 실선은 각각의 측정 시기가 지날수록 탈락자가 많아졌다는 것을 확연히 드러내준다. 탈퇴 비율은 꽤 극적인데, 시험을 시작한 환자들의 75퍼센트만이 끝까지 남았다. 훨씬 더 놀라운 점은 탈퇴 비율이 시험 군에 따라 다르게 나타난다는 것이다. 특히 투약 양이 제일 많은 군에서는 98명 중 10명만 중도 포기했지만, 플라세보를 받은 군에서는 3분의 2에 가까운 58명이 포기했다. 누군가는 천식 증세가 심해지지 않은 사람들만 남았으니 약이 효과가 있다고 여길지 모르지만 그건 짐작일 뿐이다. 빠진 데이터는 임상 진행 상태에 관한 해석과 분석을 복잡하게 만들기 때문에 오직 입수한 데이터에 의존해 결론을 내린다면 몹시 그릇된 판단을 할 가능성이 있다.

나는 의료 사례들을 통해 설명했지만, 무작위 대조군 시험은 교육과 범죄 예방과 같은 사회 및 공공 정책 영역 등의 다른 분야에서도 매우 널리 사용된다. 비록 의료 분야만큼 길지는 않지만 사회 및 공공 정책 영역에서의 무작위 시험 또한 장구한 역사를 자랑한다. 1968년에서 1982년 사이에 미국의 연구자들은 무작위로 사람을 모집해 사람들이 적절하다고 여기는 최소한의 소득을 보장받는다면 일할 의욕이 없어지는지를 조사했다. (적절한 소득이 있으면 일하는

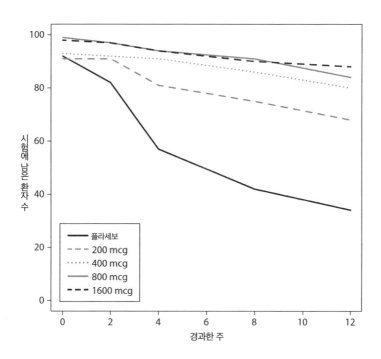

그림 4. 시간이 흐르면서 천식 임상시험에 남아 있는 환자 수

시간이 줄긴 했지만, 차이는 크지 않다고 밝혀졌다.[21]

교육 분야에서 무작위 시험의 흥미로운 적용 사례는 어린이 TV 프로그램인 〈세서미 스트리트Sesame Street〉가 어휘 및 인지 능력에 어떤 영향을 끼치는지 평가한 것이다. 이 연구는 사회과학에서 무작위 시험의 문제점 하나를 드러냈다. 현실적으로 일부 어린이에게만 〈세서미 스트리트〉를 보지 못하게 금지할 수가 없기 때문에 그 어린이들이 시청하지 않았다는 것을 보장할 길이 없었다. 연구자들은 마침내 이 문제를 비켜갈 방법을 찾아냈다. 케이블로만 그 프로그램이 방송되는 도시에서 무작위로 가정을 선정해 〈세서미 스트리트〉를 제공한 것이다. 그랬더니 〈세서미 스트리트〉 시청이 정말로 어휘력을 향상시켰다. 오스트레일리아의 정치인이자 작가인 앤드루 리Andrew Leigh는 이 시험을 비롯해 두 집단 무작위 시험의 여러 사례를 자신의 훌륭한 책《무작위 시험 지지자: 급진적 연구자들은 어떻게 세계를 변화시키는가Randomistas: How Radical Researchers Changed Our World》[22]에서 소개한다. 그는 최상의 책 제목을 찾기 위해 무작위 시험을 어떻게 설계했는지도 설명한다. 책이 출간되기 전에 4천 명에게 12가지 예상 제목 중 무작위로 선택된 제목 하나를 보여주었다. 그가 측정한 내용은 각 제목을 본 집단에서 더 자세한 정보를 얻기 위해 출판사의 웹사이트를 클릭한 비율이었다.

잘 알려져 있듯이 보통 사람들은 실제로 범죄를 당할 위험보다 범죄의 위험을 더 크게 느낄 수 있다. 무언가를 잘 모르면 실제보다 더 나쁘게 보이는 법이다(다크 데이터의 또 한 가지 측면이다). 이 사안에 대해 영국의 국립경찰력향상국이 실시한 연구가 하나 있다. 범죄와 치안에 관한 정보 제공이 대중들에게 긍정적으로 받아들여지는지 아니면 범죄에 대한 두려움을 키우는지를 알아보는 연구였다.[23] 연구 참가자를 네 집단으로 나누어 각 집단에 범죄와 치안에 관해 종류가 다른 정보가 제공되었고, 다크 데이터의 정도도 각각 달랐다. 한 집단은 거주 지역의 범죄율이 기록된 지도를 받았고, 두 번째 집단은 거주 지역의 치안에 관한 정보를, 세 번째 집단은 그 둘 다를, 그리고 네 번째 집단은 아무런 정보도 받지 않았다. 따라서 이 마지막 집단은 정보에서 완전히 배제된 상태였다. 결론은 긍정적으로 나왔다. "그 연구는 대중이 범죄 정보를 알면 '범죄에 관한 두려움'을 키운다는 근거 없는 믿음에 이의를 제기할 수 있었다. 실제로 정보가 사람들에게 이웃과 지역 경찰에 관한 인식을 향상시킨다는 것이 밝혀졌다."

물론 무작위 시험의 결과가 항상 긍정적이지는 않다. 무작위 시험의 가장 중요한 역할 중 하나는 실제로는 틀렸는데도 '자명한' 진리라고 여겨지는 대중의 신화를 무너뜨리는 일이다. 그리고 어떤 것이 옳다는 대중의 믿음이 군건한 상황에서 무작위 시험을 실시하려면 때로는 상당한 용기가 필요하다.

가령 엄격한 인신 구속 정책이 단기적으로 범죄를 줄이긴 하지만, 그 까닭은 범법자들이 자신의 잘못을 깨달아서가 아니라 단지 거리에서 사라졌기 때문일 수 있다. 또한 전과 기록은 출소한 뒤 사회 복귀와 정규직 직업을 찾는 데 도움이 되지 않으므로 단기 징역형은 장기적으로 범죄를 더 늘릴지 모른다. 따라서 정책의 타당성을 조사하기 위해서는 적절한 실험이 필요하다. 이런 예시는 또한 사회적 상황에서 무작위 시험을 하는 데 따르는 또 다른 어려움 하나를 잘 드러내준다. 형벌이 무작위로 결정되어야 한다는 데 동의할 판사는 거의 없을 것이다. 그럼에도 실제로 그런 실험이 범죄자들을 무작위로 선정해 형량을 경감하는 방식으로 시행되어왔다.[24]

심지어 결과가 긍정적이지 않을 때도 주의 깊게 파헤쳐보면 겉으로 보이는 것보다 더 많은 내용이 드러날 수 있다. 앤드루 리는 학교에 교과서를 무상으로 제공하면 시험 성적이 올라가는지를 조사한 네 건의 무작위 연구를 설명한다. 네 건 모두 교과서 공급 정책으로 성적이 올라간다는 것을 보여주지 않았지만, 그 이유는 연구마다 달랐다. 첫 번째 연구에서는 책을 학생에게 분배하지 않고 모아놓았다! 두 번째 연구에서는 배포된 공짜 책의 비용만큼 부모들이 지출한 교육비 총액이 줄었을 뿐이다. 세 번째 연구에서는 교사가 그 책을 이용할 인센티브가 없었다. 그리고 네 번째에서는 대다수 학생이 글을 읽을 줄 몰랐기 때문에 도움이 되지 못했다. 이런 이유를 들춰내지 않았다면(곧 다크 데이터로 남았다면) 그 결론은 틀릴 수 있었다.

무작위 시험은 경이로운 과학 기법이긴 하지만 늘 적합한 것은 아니다. 가령 비행기에서 뛰어내릴 때 낙하산을 사용하지 않는 것보다 사용하는 것이 더 효과적인지 알아보려고 비교 시험을 시행하지는 못한다.[25] 게다가 미묘한 문제가 생길 수 있다. 실업을 줄일 방법을 조사하는 연구를 살펴보자. 시험으로 인한 개입이 나의 구직 가능성을 높일 수도 있겠지만, 그로 인해 원래 직업을 얻었을 누군가가 취업 기회를 잃는다면 결과적으로 실업을 줄이지 못한다. 마찬가지로 어떤 개입으로 인해 소수의 정규 직원이 다수의 계약직 직원으로 대체될 수 있다. 이 경우 비록 많은 사람이 직업을 얻긴 했지만, 실직을 어떻게 정의하는지에 따라 성공적인 결과라고 볼 수도 있고 아닐 수도 있다.

게다가 '호손 효과Hawthorne effect'로 인해 더 복잡한 문제가 생긴다. 호손 효과란 사람들이 자신이 관찰당하는지를 알면 평소와 달리 행동하는 경향을 가리킨다. 그렇다면 사람들에게 사실을 숨긴 채 은밀히 연구해야 이상적일 것 같지만, 이는 미리 알려서 동의를 얻어야 한다는 윤리적 관점에 정면으로 위배된다. 임상시험에 관한 뉘른베르크 강령 제1조는 다음과 같다. "인간 피험자의 자발적 동의가 절대적으로 필요하다.”

치료 효과를 가장 잘 분석할 수 있도록 시험 대상을 치료법에 할당하는 방법을 다루는 통계학 분야를 가리키는 일반적인 용어는 '실험 설계'다. 두 집단 무작위 시험은 치료법, 정책, 개입의 효과를 조사하는 가장 단순하면서도 가장 널리 쓰이는 설계 방법이다. 두 집단 전략을 그대로 일반화하면, 앞에서 설명했듯이 서로 다른 치료를 받는 여러 집단을 대상으로 한 연구가 나온다. 또 결과에 영향을 줄 가능성이 큰 여러 요인을 통제하는 세심하게 균형 잡힌 설계가 나온다(8장에서 그 예로서 플라스틱 자동차 부품 사출성형 실험을 소개하겠다). 정교한 설계들은 부분요인설계fractional factorial design라든지 그레코라틴정방설계Greco-Latin square design처럼 명칭이 특이하다.

실험 설계의 원리들은 선구적인 영국 통계학자 로널드 피셔 경Sir Ronald Fisher이 집중적으로 개발했다. 그는 하트퍼드셔에 있는 세계에서 가장 오래된 농업 연구 기관인 로담스테드 실험농장Rothamsted Experimental Station에서 근무했다. 1935년에 그는 기념비적인 저서《실험 설계The Design of Experiments》를 출간했다. 이 책은 상이한 비료·토양 종류·관개·온도 등의 처치에 '실험 대상'을 최상으로 할당하는 방법, 그리고 상이한 처치의 조합을 가장 잘 탐색하는 방법을 기술한다. 그 주제는 이제 매우 발전했으며 꽤 수학적인 분야가 되었다. 그 분야에는 '적응적 할당'과 같은 전략이 포함되어 있는데, 실험이 진행되면서 얻어진 결과에 따라 어떤 처치를 선택할지 영향을 받는다. 다시 말해 결과가 축적되어나가면서 어느 특정한 취급법이 효과적인지를 알아내는 방식이다. 그러면 현재 최상인 듯 보이는 처치에 더 많은 대상(임상시험의 경우라면 사람들)을 할당해야 하는가, 아니면 결론에 더 확신을 갖기 위해 다른 처치에 자원을 할당해야 하는가라는 질문이 제기된다.

오늘날에는 웹 덕분에 사회적 개입을 실시하기가 매우 쉽다. 서로 다른 메시지를 받거나 한 웹사이트의 서로 다른 버전을 보거나 서로 다른 제안을 받도록 사람들을 무작위로 할당할 수 있기 때문이다(앤드루 리가 자신의 책에 맞는 최상의 제목을 알아보려고 했던 실험을 떠올려보라). 인터넷 회사들은 보통 이런 일을 상시로 한다. 이를테면 회사에 가장 이득이 되는 전략을 결정하기 위해 매일 수천 건의 실험을 자동으로 실시한다. 하지만 이런 식으로 다크 데이터를 이용하면 반발을 초래할 수 있다. 고객은 십중팔구 해당 사실을 모르지만, 혹시라도 알게 되면 불쾌하게 여길 수 있기 때문이다. 한 예로 상품이나 서비스의 가격에 무작위 시험이 적용된다면, 불규칙적으로 보이는 가격 변동은 고객에게 불편과 불안을 조장할 수 있다. 2000년 10월《워싱턴 포스트》는 아마존이 무작위로 가격을 조작하여 자사 고객들의 가격 민감도를 조사했다는 사실을 알게 된 시민들의 반응을 보도했다.[26] "고객들을 모은 다음에 붙들어두려고 그런 생각을 한 것 같았어요. 그런 식으로는 결코 충성 고객을 확보하지 못해요." 더 심한 피드백도 있었다. "그런 작자들한테는 더 이상 물건을 사지 않겠어요!"

고객이 얼마만큼 지불할지 알아내려고 무작위로 가격을 바꾼 행위는 애교일 수도 있다. 다른 웹 실험은 훨씬 더 미묘한 윤리적 선을 넘었다. 2014년 페이스북은 한 가지 실험을 한 뒤로 전 세계적인 질타를 받았다. 바로 '감정 노출이 사람들의 포스팅 행동을 바꾸는지' 알아내기 위한 실험이었다.[27] 그 연구에서 페이스북은 긍정적인 게시물 또는 부정적인 게시물의 양을 줄이는 방법으로 거의 70만 사용자의 피드에 올라오는 정보를 조작했다. 그러면 사용자들이 더 긍정적이거나 부정적으로 반응하는지 알아보기 위해서였다. 그 연구가 공개되자 추잡하다, 야비하다, 불쾌했다, 비윤리적이다, 심지어 불법일 수 있다는 비판이 쇄도했다. 참가자들에게 실험에 임할지 동의를 얻어야 한다는 뉘른베르크 강령 1조를 명백하게 위반하는 일이었다.

인간적 취약점에 주의하시라

지금까지 데이터 수집의 세 가지 근본적인 방식을 살펴보았다. 그렇게 수집된 데이터는 진실을 드러내어 새로운 세계를 조명해준다. 하지만 데이터 수집 전략은 인간이 고안하고 실시하며, 수집된 데이터도 인간이 해석하고 분석한다. 어떤 데이터를 수집할지, 그리고 분석의 결과가 무슨 의미인지 결정하는 일도 우리의 이전 경험에 바탕을 두므로 이런 결정은 장래에 이 세계의 상황을 대변해주지 못할지도 모른다. 더 깊은 수준에서 보면, 우리의 결정은 우리가 진화론적으로 어떻게 만들어졌는지에 달려 있다. 그런 모든 요인으로 인해 우리는 실수를 저지른다. 우리는 적절히 균형 있게 증거를 이용하지 못하고, 가장 합리적인 과정을 밟는 데 실패하고 만다. 한마디로 우리는 온갖 무의식적인 편향에 취약하다.

예를 들어 '가용성 편향availability bias'이 있다. 어떤 사건이 생길 가능성을 판단할 때, 그 사건을 우리가 얼마나 쉽게 떠올릴 수 있는지를 바탕으로 삼는 편향이다. 최근에 비행기가 추락했다는 뉴스를 봤다면 또 비행기가 추락할 가능성이 크다고 여기는 경향이 있다. 광고는 이런 효과를 이용해 돈을 번다. 그래서 여러분이 어떤 제품을 사고자 할 때 특정 브랜드를 쉽게 떠올리고 경쟁사 제품을 덜 알아차리거나 못 알아차리게 만든다. 그런데 이 효과는 세상 사람들의 주목을 받았을 때 특정 질병의 진단율이나 사회적 학대의 발생이 급증하는 이유 또한 적어도 일부는 설명해준다. 3장에서 우리는 2000년 이후로 어떻게 미국의 자폐증 진단율이 증가했는지 살펴본다. 그 이유 중 하나가 가용성 편향이다. 사람들이 어느 질병에 관한 소식을 유독 많이 들으면 당연히 그 질병의 증상에 바짝 신경 쓰게 마련이다. 연구에 의해 밝혀진 바에 따르면 어떤 질병에 걸린 사람 근처에 사는 부모들은 자기 아이들한테 그 질병에 걸렸는지 진단을 받게 할지 고민할 가능성이 크다.

가용성 편향은 '기저율 오류base rate fallacy'와 관련이 있다. 여러분이 희귀한 병에 걸렸는지 검사를 받고 있는데, 그 검사는 어떤 이가 해당 질병에 걸렸을 때 정확하게 진단해낼 확률이 100퍼센트이고, 어떤 이가 해당 질병이 없을 때 병에 걸리지 않았음을 정확하게 진단해낼 확률이 99퍼센트라고 하자. 만약 검사 결과 여러분이 그 질병에 걸렸다고 양성 판정을 받았다면 여러분의 결론은 무엇인가? 우선 여러분은 거의 확실히 병에 걸렸다고 여길지 모른다. 하지만 그 생각은 틀렸을 수 있는데, 왜냐하면 정확한 답은 기저율(전체 인구 중 얼마나 많은 사람이 그 병에 걸렸는지)에 따라 달라지기 때문이다. 가령 그 질병이 매우 드물어서 1만 명 중 한 명만 걸린다면, 검사에서 양성으로 판정받은 101명 중 한 명만이 실제로 질병에 걸렸을 것이다(평균적으로!). (1만 명을 검사하면 거짓 양성률이 1퍼센트이므로 100명은 잘못 양성 판정을 받은 사람이다. 따라서 양성 판정을 받은 101명 중에서 진짜 양성은 한 명뿐이다 - 옮긴이) 그 검사는 병에 걸리지 않은 사람들에게 오진을 거의 하지 않긴 하지만, 그 병에 걸린 사람보다 걸리지 않은 사람이 아주 많으므로 병에 걸렸다고 진단받은 사람들 거의 모두는 오진이다. 전체 인구의 대다수가 그 병에 걸리지 않는다는 사실을 무시하거나 모르면 실수가 벌어질 수 있다. 하버드대학교에서 의대생을 상대로 한 검사에서 학생들의 56퍼센트가 이 사실을 몰랐다. 놀랍게도 개업의를 대상으로 한 다른 연구들에서도 비슷한 결과가 나왔다. 기저율은 적어도 이 학생과 의사들에게 다크 데이터였다.

기저율 오류가 생기는 까닭은 사람들이 관련 데이터를 모르거나 무시하기 때문이다. '결합 오류conjunction fallacy'도 이와 비슷한 현상에서 비롯된다. 결합 오류란 매우 구체적인 조건이 일반적인 조건보다 발생 가능성이 더욱 크다고 여기는 경향이다. 일반적인 사례는 아래와 같은 형태를 띤다.

내 친구 프레드는 대학의 역사학 교수로서 빅토리아 시대 영국, 19세기 미국, 그리고 19세기의 세계무역을 가르친다. 한가한 시간에는 묵직한 전기를 즐겨 읽고 휴일에는 고고학이나 역사적 관심사를 충족시키는 곳에서 시간을 보낸다. 이제 여러분은 다음 중 어느 것이 더 타당하다고 생각하는가? ① 프레드는 턱수염이 있다. ② 프레드는 턱수염이 있고 지역 역사박물관의 이사다.

많이들 ②라고 말하지만, 잠깐만 생각해도 그럴 리가 없다. ②는 ①의 부분집합이므로 ①이 ②보다 타당할 가능성이 더 크다. 사람들이 이런 실수를 하는 까닭은 가용성 편향에서와 매우 비슷하게 프레드에 관한 설명에 따라 ①과 ②를 연결해서 결론을 내리기 때문이다. 프레드의 특징을 갖는 사람이라면 지역 역사박물관의 이사일 가능성이 꽤 클지 모르니 말이다.

확증 편향confirmation bias도 이와 관련된 또 하나의 편향이다. 기저율 편향과 가용성 편향이 전체 인구를 기술하는 데이터를 무시하는 데서 생긴다면, 확증 편향이 있는 사람들은 전체 인구를 적절하게 대표하지 않는 데이터를 무의식적이긴 하지만 적극적으로 찾는다. 특히 자신들의 관점을 뒷받침하는 정보만 찾고 뒷받침해주지 않는 정보는 무시하는 경향이 있다. 진 딕슨Jeane Dixon의 사례를 들어보자. 실제 이름이 리디아 에마 핀커트Lydia Emma Pinckert이고 1997년에 사망한 이 사람은 미국에서 가장 유명한 심령술사였다. 그녀는 대단히 인기가 많았던 신문 칼럼을 썼고, 그녀에 관한 전기인《예언의 재능: 경이로운 진 딕슨A Gift of Prophecy: The Phenomenal Jeane Dixon》은 300만 부 이상 팔렸다. 사실 그녀가 했던 엄청나게 많은 예언 중에서 다수는 틀렸다고 밝혀졌다. 하지만 그녀 스스로는 미래를 예언하는 능력이 있다고 믿었을 수 있다. 옳았던 예측은 계속 상기시키고 그렇지 않은 예언들은 무시한 결과였다. 많은 사람이 그녀의 능력을 믿어서 그녀가 우연히 맞힌 예언에 주목하고 다른 예언들은 덜 주목한 탓이다. 이는 결과적으로 데이터 일부에 그림자를 드리워서 다크 데이터로 만들고 말았다. 바로 DD 유형 3: 일부 사례만 선택하기의 사례다. 심리학 실험들이 입증해낸 바에 따르면, 우리의 믿음은 우리의 기억에 영향을 끼칠 수 있다.

확증 편향과 반대로, 사람들은 자신의 원래 믿음과 어긋나는 반박 증거를 잊는 경향이 있다.

데이터의 일부를 (아마도 무의식적으로) 무시하기 때문에 부적절한 결론을 끌어내는 다른 예로는 다음과 같은 것들이 있다. 부정 편향negativity bias은 사람들이 즐거운 사건보다 언짢은 사건을 더 쉽게 떠올리는 자연스러운 편향성이다. 묵인 편향acquiescence bias은 응답자가 면접자가 듣기 원하는 대로 응답하는 편향성이다. 편승 효과bandwagon effect는 사람들이 다수의 견해를 따라가는 경향이다. 믿음 편향belief bias은 응답자가 그 사안을 얼마나 믿느냐에 따라 특정한 응답이 정해지는 편향성이다. 기괴함 효과bizarreness effect는 흔한 내용보다 인상적인 내용이 더 잘 기억되는 효과다. 이 모든 편향에도 불구하고 우리가 무언가를 옳게 판단한다면 그것이야말로 얼마나 경이로운 일인가.

이 절에서 설명한 현상들은 종종 과도한 확신을 낳기도 한다. 만약 여러분이 떠올릴 수 있는 증거 대다수가 특정한 입장을 지지한다면, 그 입장이 옳다고 굳게 확신하기 십상이다. 그리고 이 문제는 5장에서 논의할 이른바 반향실echo chamber 효과로 인해 악화된다.

여러분은 이런 인간적 약점은 일단 알아차리고 나면 피할 수 있으리라고 여길지 모른다. 어느 정도까지는 맞는 말이기도 하지만, 깨달음은 예상치 못하게 살금살금 다가오는 경향이 있다. 설문조사 질문의 문구가 일관되지 않은 대답을 낳을 수 있다는 연구들이 그 점을 잘 드러내준다. 낯익은 예가 한 가지 질문을 긍정적 버전과 부정적 버전으로 물었을 때 생긴다(가령 "그 영화를 좋아합니까?" 대 "그 영화를 싫어합니까?"). 원리적으로 ('의견 없음' 항목은 없다고 가정할 때) 첫 번째 질문에 '아니요'로 대답한 사람과 두 번째 질문에 '예'로 답하는 사람의 수는 똑같아야 한다. 하지만 그렇지 않을 때가 많다. 질문에 답하는 사람들의 마음 깊숙이 내재한 어떤 종류의 표현 오류가 진실을 숨기기 때문이다.

3장

다크 데이터와 정의

알고자 하는 것이 정확히 무엇인가?

DARK
DATA

당연하게 들리겠지만, 강조할 말이 있다. 데이터가 유용하려면 애초에 알맞은 데이터를 수집해야 하고, 수집 과정에서 데이터에 왜곡이나 오류가 없어야 한다. 그런데 이러한 조건들은 제각기 너무나 많은 다크 데이터 리스크를 안고 있어서 전부 열거하기가 불가능할 정도다. 그렇기는 해도 조심해야 할 상황의 종류를 알아차리는 일은 다크 데이터를 다루는 데 핵심적으로 중요하다. 이 장은 어떤 데이터를 수집해야 하는지, 그리고 데이터 수집 과정이 얼마나 잘 이루어지는지 살펴본다. 두 사안 모두 다크 데이터 리스크의 관점에서 접근한다.

엉뚱한 것을 측정해버렸다: 정의가 달라질 때

다크 데이터의 근본적인 유형 하나는 부적절한 정의를 사용하는 것, 다시 말해 다루는 내용이 무엇인지 모르는 데서 생긴다. 몇 가지 사례를 살펴보자.

이민

설문조사는 목표 질문을 염두에 두고 구체적으로 기획되지만 행정 데이터는 전혀 다른 이유로 수집될지 모른다. 다시 말해 행정 데이터는 여러분이 관심 있는 답을 얻는 데 적절하지 않을지 모른다. 최근에 영국에서는 장기국제이주Long-Term International Migration, LTIM 통계의 정확성을 두고 논란이 일었다. 영국 통계청ONS이 국제여객조사International Passenger Survey, IPS를 바탕으로 수치를 하나 내놓았는데, 여기에는 2015년 9월부터 거슬러 1년 동안 영국으로 이민 온 사람의 수가 257,000명이라고 나온다. 하지만 그 기간 동안 영국의 국가보험번호National Insurance Number, NINo를 등록한 유럽연합 국민의 수는 655,000명이었다. NINo는 영국에서 경제활동을 하는 사람들을 위한 개인 계좌번호로서 세금 납부와 (의료 서비스, 연금 등을 위한) 국가보험 분담금이 적절하게 기록되도록 발급받는 것이다. 따라서 이 차이는 분명 이상해 보인다. ONS 수치가 한참 모자란 듯하다. 실제로 영국 정치인 나이절 패라지Nigel Farage는 이렇게 말했다. "우리 눈을 속이는 짓입니다. NINo는 이 나라에 있는 사람들의 진짜 수치를 알려주는 단순하고 확실한 값입니다. NINo가 없으면 합법적으로 일할 수도, 혜택을 요구할 수도 없으니까요."[1]

IPS는 영국으로 들어오는 모든 주요 공항, 항만 터미널 및 터널에서 1961년 이래로 꾸준히 실시되고 있다. 그리고 해마다 70만~80만 건의 인터뷰를 한다. 그 수는 영국으로 들어오고 나가는 사람들의 일부분을 나타낼 뿐이지만, 그 응답을 이용하여 이주자들의 총수를 추산할 수 있다. 하지만 추산치일 뿐이어서 필연적으로 불확실할 수밖에 없다. ONS는 실제로 이 불확실성을 ±23,000으로 제시하면서 수치가 234,000에서 280,000 사이라고 내놓고, 그 범위에 참값이 들어 있음을 95퍼센트 확신할 수 있다고 말한다. 하지만 (상당이 큰 편인) 이 불확실성으로도 NINo 수치와의 차이가 결코 설명되지 않는다.

결국 ONS는 이 추산치와 NINo 수치의 차이를 자세히 조사했다.[2] 그 결과에 따르면, 단기 이주(1개월에서 12개월 이내로 머무는 이주자)가 주된 이유였다. 장기 이주자들은 12개월 이상 머문다. 단기 이주자도 경제활동을 할 수 있고 NINo를 신청할 수 있지만, 공식 발표 수치headline figure는 LTIM(장기국제이주) 수치다. 급기야 ONS는 다음과 같이 언급했다. "이 두 가지 데이터는 근본적으로 정의가 서로 다르므로 LTIM 정의에 맞추려고 NINo 등록의 상이한 요소들을 단지 '더하거나' '빼서' 둘을 조화시키기기는 불가능하다. (…) NINo 등록 데이터는 LTIM의 좋은 측정값이 아니며……." 간단히 말해서 행정 데이터는 수집되는 목적에 부합할 뿐 다른 목적에는 적합하지 않을 수 있다. 부적절하거나 부적합한 정의는 결과적으로 해당 데이터를 모호하게 만든다. 여기서 DD 유형 8: 데이터의 정의가 등장하는데, 반드시 기억해야 할 점은 데이터가 다크 데이터인지 아닌지 여부는 우리가 무엇을 알고 싶은지에 달려 있다는 것이다.

범죄

정의의 차이로 인해 생기는 다크 데이터의 또 한 가지 예로 범죄 통계를 들 수 있다. 전국적인 수준에서 영국과 웨일스의 범죄 통계는 서로 꽤 다른 두 가지 상이한 출처에서 나온다. 하나는 영국 및 웨일스 범죄조사Crime Survey for England and Wales, CSE&W 통계이고 다른 하나는 경찰기록범죄Police Recorded Crime, PRC 통계다. CSE&W는 미국으로 치자면 전국범죄피해조사National Crime Victimization Survey에 해당한다. 1982년에 영국범죄조사British Crime Survey로 시작된 이 조사는 사람들에게 직전 연도 한 해 동안의 범죄 피해 경험을 묻는다. PRC 데이터는 영국과 웨일스의 43개 경찰대와 영국 교통경찰로부터 수집되며, 영국 국립통계청이 이를 분석한다.

정보를 수집하는 이 두 과정의 상이한 속성은 즉각 다크 데이터 문제를 낳는다. 정의상 CSE&W 조사는 사람들이 피해자로서 어떤 범죄를 경험했는지를 묻기 때문에 살인이나 마약 소지는 보고하지 않는다. 또한 요양원이나 학생 기숙사처럼 집단 거주시설에 사는 사람들을 다루지 않으며, 상업적 조직이나 공공기관에 대한 범죄도 취급하지 않는다. 따라서 다크 데이터가 생길 가능성이 크지만, 그래도 조사가 무엇을 다루는지 명확히 규정함으로써 위험이 있다는 것이 명백하게 드러나긴 한다.

PRC 통계에도 다크 데이터가 있지만 CSE&W의 다크 데이터와 보완적인 성격이 있다. 정의상 PRC 통계는 경찰이 아무 조치도 취하지 않으리라고 여긴 피해자가 경찰에 신고하지 않은 범죄는 포함되지 않을 것이다. 이것이 중요한데, 왜냐하면 추산에 따르면 범죄 10건 가운데 4건만이 신고가 이루어지기 때문이다. 하지만 이 수치는 범죄 유형에 따라 차이가 매우 크다. 게다가 경찰 통계에 올라오는 범죄 중 다수는 '신고해야 하는 범법행위', 곧 배심원(과 몇몇 다른 사람)이 기소할 수 있는 범법행위다. 더군다나 피드백 메커니즘 때문에 문제가 더 복잡해진다(DD 유형 11: 피드백과 게이밍). 가령 마약 소지 범죄의 수는 경찰의 활동 규모에 따라 달라지고, 경찰의 활동 규모는 마약 소지의 인지율에 따라 달라지고, 이 인지율은 다시 과 거 마약 소지 범죄의 수에서 영향을 받는다.

두 정보 출처가 보고한 범죄율에서 차이가 생기는 것은 상이한 정의 때문이다. 예를 들어 1997년에 PRC는 460만 건의 범죄를 보 고한 반면에 CSE&W는 1,650만 건의 범죄가 있었다고 추산했다. 그 차이는 또한 언론 전문가와 일반 독자를 당혹스럽게 만든 무언가 를 설명해준다. 1997년부터 2003년까지 PRC가 발표한 범죄 건수 는 (460만 건에서 550만 건으로) 늘어난 데 반해, CSE&W의 발표 는 (1,650만 건에서 1,240만 건으로) 줄어들었다.[3] 그렇다면 범죄는 늘어나는가, 아니면 줄어드는가? 언론이 어느 쪽을 부각했을지는 쉽 게 짐작할 수 있다.

의료

이민과 범죄는 우리가 포함하면 좋았을 사례나 유형을 정의 definition에서 누락하는 바람에 다크 데이터가 생기는 무수히 많은 분 야 중 단 두 가지일 뿐이다. 때로는 이런 문제 탓에 놀라운 결과가 생기기도 한다. 이를테면 정의로 인해 생기는 다크 데이터 사안은 왜 과거보다 요즘 알츠하이머 관련 질병으로 죽는 사람이 더 많은 지를 설명해줄 수 있다.

알츠하이머병은 치매의 가장 흔한 형태다. 진행성 질병이기에 초기 단계에서는 가벼운 기억 상실을 겪는 것이 보통이지만, 말기에 접어들면 정신착란이 생기고 주위에서 무슨 일이 벌어지는지 알아차리지 못하며 인격이 변한다. 전 세계에 걸쳐 약 5천만 명이 걸렸다고 추정되는데, 이 수치는 계속 증가하고 있어서 2030년이면 7,500만 명에 이를 것으로 예상된다. 그런데 다크 데이터가 적어도 두 가지 면에서 이 상승 경향을 설명할 수 있다.

첫째, 1901년 전까지는 아무도 알츠하이머병으로 죽지 않았다. 바로 그해에 독일 정신과 의사 알로이스 알츠하이머Alois Alzheimer가 처음으로 그 병의 사례를 기술했기 때문이다. 이후 자신의 이름을 따서 병명을 붙였다. 게다가 처음에는 알츠하이머병 진단이 치매 증상이 있는 45세에서 65세 사이의 사람들한테만 내려졌다. 한참 후인 20세기의 마지막 사반세기에 이르러서야 연령대 제한이 완화되었다. 정의를 넓게 내리면 그 병으로 진단받는 사람의 수가 늘어날 것이다. 이전에는 관련 없다고 취급되던 데이터가 포함되기 때문이다.

다크 데이터의 관점에서 볼 때, 알츠하이머 관련 질병으로 이전보다 더 많은 사람이 죽는 두 번째 이유는, 역설적으로 들릴지 모르지만, 의학이 발전하기 때문이다. 의학의 발전 덕분에 예전에는 젊어서 죽었을 사람들이 요즘에는 알츠하이머와 같은 퇴행성 질병에 걸릴 정도로 오래 살고 있다. 이는 온갖 흥미로운 문제를 제기하는데, 특히 수명 연장이 꼭 이로운 것인가라는 질문도 빼놓을 수 없다.

미국에서 자폐증 진단율이 2000년 이후로 두 배가 된 이유도 대체로 DD 유형 8: 데이터의 정의로 설명할 수 있다.[4] 2장에서 보았듯이 자폐증 진단율이 증가하는 한 가지 이유는 가용성 편향, 곧 질병에 대한 인식이 커졌기 때문이다. 하지만 또 하나의 매우 중요한 이유는 자폐증을 정의하고 진단하는 공식적인 방식이 달라졌기 때문이다. 특히 자폐증은 1980년에《정신질환 진단 및 통계 편람Diagnostic and Statistical Manual of Mental Disorders, DSM》에 포함되었지만, 그 진단 방식은 1987년과 1994년에 본질적으로 기준을 완화하는 방향으로 바뀌었다. 진단 기준을 완화했기에 더 접하기 쉬운 질병이 되었고, 이는 더 많은 사람이 기준을 충족하게 되었다는 뜻이다.

게다가 1991년에 미국 교육부는 자폐증 진단을 받은 아동에게만 특수교육 서비스를 받을 자격을 부여한다고 결정했으며, 2006년 미국 소아과학회는 모든 아동이 소아과 정기검진 때 자폐증 검사를 받도록 권고했다. 데이터 사용 방식을 바꾸면 당연히 데이터를 수집하는 행동도 바뀐다. 우리가 5장에서 자세히 살펴볼 피드백 현상이다. 동일한 종류의 효과가 2009년 2월 영국에서 전국적인 치매 제대로 알기 캠페인과 치매 진단율 및 치료 수준 향상을 목표로 발표된 '국가 치매 전략'의 결과에서 드러났다. 놀랄 것도 없이 치매 진단율이 증가했으며, 2009년에 비해 2010년에는 4퍼센트, 2011년에는 12퍼센트 올랐다.[5]

경제

일반적으로 시간이 지나면서 정의가 달라지면 수집되는 데이터의 속성도 달라진다. 이는 지난 데이터와의 비교를 어렵게 만들 뿐만 아니라 부정직하다는 비난을 초래할 수도 있다. 이를 명백히 보여주는 예가 실업의 정의다. 정의를 바꾸면 정부의 실적은 갑자기 훨씬 더 좋아 보일 수 있다.

경제 분야의 사례로 인플레이션의 측정을 들 수 있다. 인플레이션의 정의는 규정된 상품 및 서비스 집합[이른바 상품 및 서비스의 '바스켓basket(바구니)', 물론 진짜 바구니는 아니다]의 가격을 기록하고 평균 가격이 시간에 따라 어떻게 변하는지 살피는 것에 기반한다. 하지만 여러 가지 복잡한 측면이 존재하는데, 전부 DD 유형 8: 데이터의 정의에서 비롯된다. 그중 하나를 들자면 '평균을 어떻게 계산하는가'라는 문제가 있다. 왜냐하면 통계학자들은 평균을 여러 가지 방식으로 계산하기 때문이다. 평균을 계산하는 방법으로는 산술평균, 기하평균, 조화평균 등이 있다. 최근에 영국은 대다수 다른 나라들과 보조를 맞추기 위해 산술평균에 바탕을 둔 지수를 사용하는 관행에서 벗어나 기하평균에 바탕을 둔 방법으로 바꾸었다. 다른 방법을 사용한다는 것은 무언가를 다른 관점에서 본다는 뜻이므로 당연히 데이터의 다른 측면이 보이거나 보이지 않게 된다.

공식을 달리하면 그에 따른 효과는 물론이고 인플레이션 지수에 근본적으로 다크 데이터가 생긴다. 계산을 하려면 바스켓에 무슨 품목을 넣을지, 그리고 가격 정보를 어떻게 얻을지 결정해야 한다. 앞서 얘기한 사례들에서 일반적으로 드러났듯이, 우리는 데이터 수집 과정에서 선택을 할 때마다 다크 데이터가 생겨날 위험성을 반드시 알아차려야 한다. 여기서 바스켓에 무엇을 넣는가라는 질문이 문젯거리가 될 수 있는데, 왜냐하면 시간이 흐르면서 사회가 변하고 아울러 인플레이션 지수는 어떤 식으로든 생활비를 반영하도록 되어 있기 때문이다. 내가 '어떤 식으로든'이라는 애매한 표현을 굳이 쓴 까닭은 서로 다른 지수로 인플레이션 경험의 서로 다른 측면을 측정하기 때문이다. 어떤 지수는 가격 변화가 개인에게 어떻게 영향을 끼치는지를 측정하고, 다른 지수는 더 큰 경제 단위가 어떻게 영향을 받는지를 측정하는 식이다. 어쨌든 중요한 것은 품목 바스켓에는 서로 관련이 있는 것들이 담겨야 한다는 점이다. 다시 말해 바스켓은 사람들이 실제로 구매하는 상품과 서비스로 구성되어야 한다. 여기서 어려운 점은 200년 전에 물가지수 바스켓에 포함되었을 법한 것과 요즘에 포함될 법한 것을 비교하면 분명히 드러난다. 200년 전에는 양초가 바스켓에 포함되는 중요한 품목이었겠지만, 오늘날에는 지출액을 많이 차지하는 품목이 아니다. 대신 사람들은 휴대전화와 자동차에 지출을 많이 할 것이다. 이렇게 볼 때 원칙적으로 바스켓에 들어갈 수 있는 명목상의 품목 목록이 있다 하더라도 모든 품목을 다 넣을 수는 없을 것이다. 정확히 어떤 품목에 대해 가격을 기록해야 하는지를 특정하려면 매우 심사숙고해야겠지만, 아무리 신중하더라도 모호한 영역이 있어 임의적 판단이 끼어들게 마련이다.

바스켓에 담긴 품목에 대한 가격 정보를 얻는 전통적인 방법은 조사를 실시하는 것이었다. 조사팀을 상점과 시장에 보내서 상품의 가격을 기록했다. 미국 노동통계국은 매달 약 23,000개 사업체를 조사하여 소비자 품목 약 8만 가지의 가격을 기록한 다음, 이를 모아서 소비자물가지수를 내놓는다. 다른 나라들도 비슷한 과정을 밟는다.

짐작했을지 모르지만, 상품의 가격을 수집하는 이 전통적인 방식은 온라인 쇼핑을 무시한다. 온라인 구매가 지금은 영국 소비매출의 약 17퍼센트를 차지하고[6] 미국 소비매출의 거의 10퍼센트를 차지한다는 현실을 감안할 때,[7] 지수에 포함되어야 할 상품 가격의 상당수가 누락되었을지 모른다. (저 수치들은 '이 책을 쓰는 현 시점'의 값임을 밝혀야겠다. 왜냐하면 온라인 구매 추세는 가파른 상승세를 보이기 때문이다.) 그런 까닭에 많은 나라가 온라인 가격에 관한 웹스크래핑web-scraping(웹사이트상에서 원하는 부분에 있는 정보를 컴퓨터가 자동으로 추출하여 수집하는 일 – 옮긴이)에 바탕을 둔 측정 방식을 개발하고 있다. 이 측정 방식은 전통적인 측정 방식을 그대로 재현하려고 하지 않는데, 왜냐하면 바스켓이 다르기 때문이다. 10장에서 그런 방식의 한 예를 살펴보겠다.

사회는 늘 변하지만 요즘의 변화 속도는 과거의 어느 때보다 더 빠르다. 컴퓨터와 더불어 감시, 데이터 마이닝, 인공지능, 자동화 거래, 웹 같은 컴퓨터 기반 기술들이 지속적으로 영향을 끼치기 때문이다. 그런 급격한 변화율은 다크 데이터의 측면에서 데이터 분석에 중요하고 보편적인 의미를 갖는데, 미래에 관한 전망은 반드시 과거에 벌어졌던 일을 바탕으로 삼기 때문이다. 전문 용어로 시간 경과에 따른 일련의 데이터를 '시계열time series 데이터'라고 한다. 아주 적절한 명칭이다. 데이터 수집 방법 및 기술의 변화율이 크다는 것은 우리한테 필요한 시계열이 과거로 그리 멀리 가지 않는다는 뜻이다. 새로운 유형의 데이터는 역사가 짧게 마련이므로 데이터는 비교적 매우 가까운 과거에서 얻어질 것이다. 그 너머에는 다크 데이터가 놓여 있다.

'모든' 것을 측정할 수는 없다: 심슨의 역설

데이터 세트는 언제나 유한하다. 사건의 개수 측면에서 보면 이 말은 분명 옳다. 전체 인구에서 유한한 수의 사람들 또는 전체 횟수 중에서 유한한 횟수가 측정되기 때문이다. 하지만 무엇이 측정되는가 또는 관심 대상에 관해 어떤 데이터가 수집되는가라는 관점에서도 옳은 말이다. 만약 인간을 연구한다면, 대상인 사람의 나이·몸무게·자질·좋아하는 음식·소득, 그리고 여러 가지 다른 정보를 알아낼 것이다. 하지만 우리가 알아내지 못한 다른 특성이 언제나 무수히 남는다. 이 다른 특성들은 필연적으로 다크 데이터가 되며, 그에 따르는 영향을 남긴다.

인과관계

저명한 통계학자 로널드 피셔가 지적하듯이 인구조사를 통해 폐암과 흡연 사이의 관련성이 드러났다고 해서 흡연이 꼭 암을 일으킨다는 뜻은 아니다. 그는 여러 가능성 중에서도 특히 폐암과 흡연 성향 두 가지가 모두 어느 다른 요인(예를 들어 둘 다를 촉진하는 유전적 질환 같은 것)에 의해 유발되었을 수 있다고 언급했다. 이는 DD 유형 5: 중요한 것이 빠짐에 해당하는 다크 데이터, 곧 둘 다의 원인이 되면서 둘 사이의 (인과관계가 아니라) 상관관계를 유도하는 측정되지 않은 다른 변수의 대표 사례다. 이 사례에서 알 수 있듯이 다크 데이터를 찾아내기란 매우 어렵다.

사실 우리는 이런 식의 상황을 이 책의 첫머리부터 마주했다. 1장에서 언급했듯이 학교생활을 갓 시작한 어린이들은 키와 어휘 능력에 상관관계가 있다. 그래서 5세에서 10세 사이의 어린이들 표본의 어휘 구사량과 키를 측정하는 조사를 실시하면, 키가 큰 어린이일수록 평균적으로 구사하는 어휘가 더 많을 것이다. 그 결과를 보고서 우리는 어린이에게 단어를 많이 가르치면 키가 더 커진다는 결론을 내릴지도 모른다. 그리고 정말로 어린이들 집단의 키를 잰 다음에 집중적으로 새 단어를 공부시키고 난 뒤 그해 말에 키를 다시 재면, 키는 정말로 커졌을 것이다.

지금쯤 독자들도 어떻게 된 사정인지 알았을 것이다. 어린이들에게 키와 어휘 능력은 분명 상관관계가 있지만, 그것은 둘 사이의 인과적 관련성 때문이 아니라 제3의 변수와 관련이 있다. 조사에서 염두에 두지 않았던 제3의 변수는 어린이들의 나이이다. 이 연구에서 다크 데이터 변수인 나이를 측정하지 않으면 데이터가 가리키는 내용을 대단히 잘못 이해할 수 있다.

이 상황은 일부 사람들(더 일반적으로 말해 대상들)의 기록에 어떤 속성에 관한 값이 빠져 있는 상황과는 다르며, 일부 사람들(또는 대상들)에 대해 모든 속성이 기록되지 않은 상황과도 다르다. 이 경우는 특정한 하나 또는 몇몇 속성의 값이 데이터베이스 내의 모든 사례에서 빠져 있다. 만약 그 변수가 있었더라도 모든 기입란이 빈칸이나 무응답으로 기록되었을 거라는 말이다. 가령 한 설문조사에서 응답자가 몇 살인지 묻는 질문을 깜빡 잊고 포함시키지 않았다면, 응답자의 나이에 관한 정보는 아예 없다. 또는 어쩌면 나이가 조사와 관련이 없다고 여겨서 애초부터 그런 질문을 포함시킬 생각이

들지 않았을지 모른다. 이런 상황은 충분히 있을 법하다. 예컨대 설문조사가 너무 길면 응답률에 부정적인 영향을 끼치므로 어떤 질문을 포함시킬지를 심사숙고해서 결정해야 한다.

역설!

때때로 데이터에서 전체 변수나 특성이 빠져 있는 DD 유형 5: 중요한 것이 빠짐은 꽤나 당혹스러운 결과를 초래할 수 있다.

타이태닉호의 비극(침몰할 수 없는 여객선이 침몰한 사건)은 누구나 아는 이야기다. 하지만 승객과 승무원의 생존율을 면밀히 조사하면 흥미로운 내용이 드러난다.[8] 도표 2에서 보이듯이 배에는 승무원이 908명 있었는데 그중 212명, 23.3퍼센트만 생존했다. 그런데 삼등칸 승객, 그러니까 배의 맨 아랫부분에 있어서 빠져나오기가 가장 어려운 승객 627명 중에서는 151명, 24.1퍼센트가 생존했다. 이 두 집단의 생존율에는 그다지 큰 차이가 없긴 하지만, 그래도 승객이 승무원보다 생존할 가능성이 약간 더 컸음을 알 수 있다.

이번에는 도표 2(b)에서 남성과 여성의 생존율을 각각 살펴보자.

먼저 남성의 경우를 보자. 승무원 중에 남성은 885명이었고 그중 192명, 21.7퍼센트가 살아남았다. 그리고 삼등칸 승객 중에 남성은 462명이었고 그중 75명, 16.2퍼센트가 살아남았다. 따라서 남성 승무원이 삼등칸 남성 승객보다 생존율이 더 높았다.

그다음으로 여성의 경우를 보자. 승무원 중에 여성은 23명이었고 그중 20명, 87.0퍼센트가 살아남았다. 그리고 삼등칸 승객 중에 여성은 165명이었고 그중 76명, 46.1퍼센트가 살아남았다. 따라서 여

도표 2. 타이태닉호 침몰에서 살아남은 승무원과 삼등칸 승객 비율

(a) 전체

승무원	삼등칸 승객
212/908 = **23.3%**	151/627 = **24.1%**

(b) 남성과 여성 구분

	승무원	삼등칸 승객
남성	192/885 = **21.7%**	75/462 = **16.2%**
여성	20/23 = **87.0%**	76/165 = **46.1%**

성 승무원이 삼등칸 여성 승객보다 생존율이 더 높았다.

그러면 어떻게 된 것일까? 남성과 여성을 따로 볼 때, 승무원은 삼등칸 승객보다 생존율이 높았다. 하지만 전체로 보자면 승무원은 삼등칸 승객보다 생존율이 낮았다.

이건 속임수가 아니라 있는 그대로의 수치일 뿐이다. 하지만 거의 역설처럼 보이는데, 사실 이 현상은 '심슨의 역설Simpson's paradox'이라고 불린다. 1951년에 처음으로 한 논문에서 이 현상을 설명했던 에드워드 H. 심슨Edward H. Simpson의 이름을 딴 명칭이다(하지만 적어도 50년 전에 다른 이들도 그 현상을 설명했다).

이 역설은 심각한 의미를 지닐 수 있다. 만약 배에 탄 사람들의 성별을 기록해두지 않았더라면(곧 성별 데이터가 빠졌더라면) 우리는 삼등칸 승객들이 승무원보다 생존할 가능성이 크다는 분석 결과를 안심하고 내놓았을 것이다. 하지만 만약 남성에 초점을 둔다면 그 분석 결과는 틀렸다. 왜냐하면 남성에 관한 결과는 정반대이기 때문이다. 마찬가지로 여성에 초점을 두어도 틀렸다. 다시 말해 누구에게 초점을 두느냐에 따라 (승객 각자는 남성 아니면 여성이기 때문에) 결론이 틀릴 수 있다.

왜 이런 상황이 생기는지 조금 후에 살펴보겠지만, 이 사안이 초래할 수 있는 결과는 의심할 여지 없이 충격적이다. 타이태닉호에 탑승했던 사람들의 무수히 많은 특성은 기록되지 않았다. 그런데 그 특성 중 어느 것이라도 우리의 결론을 뒤집는 효과를 낼 수 있다면, 그 특성이 누락된 데이터는 오해의 소지가 매우 클 수 있다. 타이태닉호의 사례는 지나간 일이므로 접어두더라도 아래의 사례라면 이야기가 완전히 달라진다.

2장에서 논의했던 유형의 임상시험을 실시한다고 하자. A와 B라는 약을 비교하기 위해 한 집단에는 A를 주고 다른 집단에는 B를 준다. 두 집단 구성원들의 나이는 다양한데, 편의상 '젊은이'와 '나이든 이'라고 이름 붙이자. 나이 구분의 기준은 40세라고 하자. 시험을 구체적으로 진행하기 전에 약 A를 받는 쪽은 젊은이가 10명 나이든 이가 90명, 약 B를 받는 쪽은 젊은이가 90명 나이 든 이가 10명으로 정하자. 그리고 점수가 높을수록 치료가 더 효과적이라고 가정하자.

그 가상의 결과가 도표 3에 나와 있다.

도표 3(a)처럼 A 집단의 젊은이에 대한 평균 점수가 8이고, B 집단의 젊은이에 대한 평균 점수가 6이라고 하자. 8이 6보다 크므로 약 A가 약 B보다 효과가 더 높다.

도표 3. 약 A와 B의 평균 점수

(a) 젊은이와 나이 든 이 구별

	평균 점수	
	약 A	약 B
젊은이	8	6
나이 든 이	4	2

(b) 전체

평균 점수	
약 A	약 B
4.4	5.6

마찬가지로 도표 3(a)의 두 번째 줄에 나오듯이, A 집단의 나이 든 이에 대한 평균 점수가 4이고, B 집단의 나이 든 이에 대한 평균 점수가 2라고 하자. 나이 든 이에게도 약 A가 약 B보다 효과가 더 높다.

어느 약을 받든 간에 나이 든 이에 대한 평균 점수가 젊은이에 대한 평균 점수보다 낮긴 하지만, 젊은이와 나이 든 이 모두 약 A가 약 B보다 더 효과적이다. 따라서 우리는 약 A를 처방해야 한다고 권고해야 한다.

하지만 전체로는 어떨까? 약 A를 받는 모든 사람의 전체 평균 점수는 $(8 \times 10 + 4 \times 90)/100 = 4.4$이고, 약 B를 받는 모든 사람의 전체 평균 점수는 (6×90+2×10)/100=5.6이다. 도표 3(b)에 이 결과가 나와 있다. 환자의 나이를 무시할 경우 약 B가 약 A보다 점수가 높게 나온다.

따라서 환자의 나이를 기록하지 않았다면(곧 그 데이터가 빠졌다면) B가 A보다 약효가 더 낫다는 결론이 나올 것이다. 비록 젊은이에게 A가 B보다 낫고 나이 든 이에게도 A가 B보다 나아서, 결국 모두에게 A가 B보다 나은데도 말이다.

누가 봐도 이런 경우에는 데이터 수집할 때 나이를 기록해야 한다는 말이 나올 법하다. 지극히 타당한 말이다. 하지만 기록해야 할 다른 변수도 무수히 많은데, 그중 어떤 것도 위 사례와 똑같이 결과가 뒤바뀌는 효과를 초래할 수 있다. 하지만 있을 수 있는 모든 변수를 기록할 수는 없다. 따라서 어떤 변수는 불가피하게 다크 데이터가 되고 만다.

이 불가사의의 핵심은 전체 평균이 어떻게 계산되느냐에 달려 있다. 약 시험 사례에서 집단 A에는 나이 든 이가 젊은이보다 훨씬 많고 집단 B에서는 그 반대다. 그것이 전체 평균을 좌우한다. 8이 6보다 크고 4가 2보다 크지만, 8과 4의 평균을 계산할 때 4에 충분한 가중치를 두고, 6과 2의 평균을 계산할 때 6에 충분한 가중치를 두면 결과가 달라진다.

이제 우리는 왜 이런 문제가 생겼는지 알 수 있다. 두 집단에서 젊은이의 비율이 서로 달랐기 때문이다. 약 A를 받은 집단은 젊은이가 10퍼센트였던 반면에 약 B를 받은 집단은 젊은이가 90퍼센트였다. 만약 두 집단의 젊은이 비율이 동일했다면 이런 문제는 생기지 않았을 것이다. 약 시험은 몇 명의 환자에게 어떤 치료법을 적용할지 통제 가능하기 때문에 우리는 각 집단에서 젊은이의 수가 같게끔 비율의 균형을 맞추어서 그런 문제가 생기지 않게 할 수 있었다.

누가 어느 집단에 속하는지를 통제하면 그 방법이 통한다. 하지만 타이태닉호의 경우는 그런 통제가 가능하지 않았다. 승객은 승객이고 승무원은 승무원일 뿐, 누가 어느 쪽이 되도록 정한 것이 아니니까.

아래 내용도 누가 어느 집단에 속하는지를 통제하지 않은 또 하나의 사례다.

플로리다에서 살인범에 대한 사형선고에 인종이 어떤 영향을 끼치는지를 살펴본 1991년의 한 연구에서, 백인 피고인은 483명 중 53명이 사형선고를 받았고 흑인 피고인은 191명 중 15명이 사형선고를 받았다.[9] 다시 말해 도표 4(a)에서 보듯이 사형선고를 받은 백인의 비율(11.0퍼센트)이 흑인의 비율(7.9퍼센트)보다 높았다.

하지만 피고인뿐만 아니라 희생자까지 고려하면 꽤 다를 뿐 아니라 당혹스러운 양상이 펼쳐진다.

도표 4(b)에 나오듯이, 희생자가 백인일 경우 백인 피고인 467명 중 53명(11.3퍼센트)이 사형선고를 받았고, 흑인 피고인 48명 중 11명(22.9퍼센트)이 사형선고를 받았다. 그리고 피해자가 흑인일 경우 백인 피고인 16명 중 0명(0퍼센트)이 사형선고를 받았고, 흑인 피고인 143명 중 4명(2.8퍼센트)이 사형선고를 받았다. 따라서 희생자가 백인일 때 흑인이 백인보다 사형선고를 받을 비율이 더 높았다(22.9 대 11.3퍼센트). 또한 희생자가 흑인일 때도 흑인이 백

도표 4. 사형선고 비율

(a) 전체

피고인	
백인	흑인
53/483=11.0%	15/191=7.9%

(b) 인종별 희생자

		피고인	
		백인	흑인
희생자	백인	53/467=11.3%	11/48=22.9%
	흑인	0/16=0.0%	4/143=2.8%

인보다 사형선고를 받을 비율이 더 높았다(2.9 대 0퍼센트). 하지만 전체적으로는 흑인이 백인보다 사형선고를 받을 비율이 더 낮았다 (7.9 대 11.0퍼센트).

앞의 약 시험 사례와 마찬가지로 이유는 두 집단 간 비율의 불균형 때문이다. 백인 피고인에 대한 전체 비율(11.0퍼센트)은 467명의 백인 희생자와 16명의 흑인 희생자에 대한 결과를 평균해서 생긴 값이다. 하지만 흑인 피고인에 대한 전체 비율(7.9퍼센트)은 48명의 백인 희생자와 143명의 흑인 희생자에 대한 결과를 평균해서 생긴 값이다. 이 두 비율, 467:16과 48:143은 서로 반대 방향으로 작용하여 전체 평균을 왜곡시킨다.

다시 한번 이런 말이 나올 법하다. "좋았어. 분석 유형별로 결과가 달리 나오는데, 왜 그런지는 알겠어. 하지만 둘 다 옳은 것 같은데, 그렇다면 과연 어느 게 옳지?"

정답은 질문에 따라 달라진다. 특히 집단 간의 상대적 크기가 주어진 경우 전체 인구에 관한 질문을 하고 싶은지, 아니면 집단 간에 비교를 하고 싶은지에 따라 달라진다. 만약 전자라면 구분하는 변수는 무시해도 좋다. 하지만 후자라면 그 변수를 꼭 포함시켜야 한다.

약 시험 사례는 다른 두 사례와 조금 다르다. 이 사례와 같은 상황에서는 보통 각 집단 내에서 젊은이의 수와 나이 든 이의 수가 미리 정해져 있지 않을 것이다. 다시 말해 그 수는 실험자가 선택할 수 있다. 반대로 타이태닉호와 사형선고 사례에서 수는 고려된 대상자들 그대로(타이태닉호에 탑승한 사람들과 사형선고를 받았던 사람들)다. 그러므로 이 두 사례에서는 전체 집단을 놓고 이야기하는 것이 타당하다. 반면에 약 시험 사례에서는 실험자가 젊은이와 나이 든 이의 조합을 선택했고 그 조합을 다르게 할 수 있었기 때문에, 전체 집단을 놓고 얘기하는 것은 아마도 타당하지 않을 것이다. (한 치료법이 인구 전체에 얼마나 효과적인지를 알아보는 것이 목표인 시험도 있을 텐데, 이 경우에 젊은이와 나이 든 이의 조합 비율은 인구 전체에서의 비율을 따른다.)

지금까지 나온 모든 이야기를 요약하면 다음과 같다. 첫째, 우리가 무슨 질문을 하는지를 명확히 해야 한다. 둘째, 데이터가 다크 데이터인지 여부는 질문 내용에 달려 있다. 진부한 말 같지만 어떤 데이터를 수집해야 하고, 어떻게 분석해야 하며, 어떤 답을 얻어야 할지는 우리가 무엇을 알고 싶은지에 달려 있다.

집단 간에 아니면 집단 내에서?

심슨의 역설과 비슷한 사안들이 다른 겉모습을 하고서 생기기도한다. 가령 생태학적 오류ecological fallacy는 전체적인 상관관계와 대상집단 내의 상관관계기 어긋나는 상황을 설명해준다. 대표적인 사례가 1950년에 사회학자 W. S. 로빈슨W. S. Robinson이 설명한 내용이다.[10]1930년에 미국의 48개 주에서 외국 출생인 사람들의 비율과 글을읽을 줄 아는 사람들의 비율 사이의 상관관계는 0.53이었다. 이는외국 출생자의 비율이 높은 주일수록 문해율이 더 높다(더 많은 사람이 적어도 미국 영어를 읽을 수 있었다)는 뜻이다. 구체적으로 말해서 이 값은 외국 출생이면 글을 읽을 줄 아는 사람일 가능성이 더크다는 것을 시사한다. 하지만 주 내부를 살펴보았더니 꽤 다른 모습이 드러났다. 주 내에서 평균 상관관계는 −0.11이었다. 음의 부호는 외국 출생이면 글을 못 읽을 가능성이 더 크다는 뜻이다. 주 내부의 정보를 얻지 못했다면(곧 다크 데이터였다면) 출생국과 문해력의 관계에 대해 틀린 결론이 나올 수 있었다.

더 정교한 통계 기법에서 이와 관련된 문제인 누락 변수 편향omitted variable bias이 생긴다. 다중회귀multiple regression는 다수의 예측 변수를 한 반응 변수와 관련시키는 통계 기법이다. 일반적으로 다중회귀가 적용되지 않는 특수한 사례가 있긴 하지만, 예측 변수 중 무엇이라도 누락시키면 다른 예측 변수들과 반응 변수 사이의 관계가 달라질 것이다. 그리고 이전과 마찬가지로 있을 수 있는 모든 예측 변수를 포함할 수 없기 때문에 필연적으로 누락되는 변수가 있게 마련이다. 이때 존재하지 않는 다크 데이터로 인해 틀린 결론이 나올 위험이 뒤따른다. 물론 통계학자들은 이런 문제를 인식하고 그 위험을 완화할 수단을 개발해왔다.

질병 검진 프로그램의 취약성

통계학 연구 초기에 나는 골다공증에 걸릴 가능성이 큰 여성을 찾아내는 프로젝트에 참여했다. 골다공증은 골밀도가 줄어들면서 뼈가 약해져 골절이 잘되는 질병이다. 따라서 노년기에는 넘어지면 매우 위험할 수 있다. 골밀도를 측정하는 정교한 방법들이 있는데, 중심골 이중에너지 엑스선 흡수계측법central dual energy X-ray absorptiometry, central DXA이 그중 한 가지 방법이다. 하지만 이런 정교한 검사는 상대적으로 비용이 많이 든다. 따라서 골다공증에 걸릴 가능성이 큰 사람들을 찾는 (복잡한 검사 방법이 아닌) 검진 과정을 개발할 필요가 있었다. 내가 참여한 프로젝트의 목표는 알려진 위험 요인을 바탕으로 골다공증에 걸릴 가능성을 점수로 내놓는 간단한 설문지를 개발하는 것이었다. 설문지는 전문가나 기계의 도움 없이 손으로 기입할 수 있었다.

다른 검진 수단과 마찬가지로 우리의 설문지는 골다공증에 걸린 사람들과 그렇지 않은 사람들을 완벽하게 구분해내진 못할 것이다. 하지만 대다수의 고위험군과 저위험군을 합리적으로 구분해낼 수 있다면 불완전한 조치라 해도 굉장히 소중했다. 덕분에 골다공증에 걸릴 가능성이 가장 큰 이들에게 비용이 더 들더라도 더 정확한 검사를 진행함으로써 의료 서비스를 집중할 수 있으니까 말이다.

그렇긴 하지만 불완전한 시스템은 두 가지 오류를 저지를 수 있다. (위의 골다공증 설문지를 예로 든다면) 첫째, 골다공증이 있는 사람(골다공증에 걸렸지만 표준적인 위험 요인은 전혀 없는 사람)을 찾아내지 못할 수 있다. 둘째, 골다공증이 없는데도 걸렸을 가능성이 큰 사람으로 오판할 수 있다. 이 두 가지 오류의 비율이 낮을수록 더 나은 검진 수단일 것은 분명하다. 단순하게 보자면, 모두가 골다공증이 있는 집단으로 분류하면 첫 번째 오류를 0퍼센트까지 줄일 수 있지만 이런 검진은 무의미하다. 더군다나 그랬다가는 두 번째 오류가 커지고 만다. 골다공증이 없는 사람 모두를 골다공증에 걸린 사람으로 분류해버리기 때문이다. 마찬가지로 모두가 골다공증이 없는 집단이라고 분류하면 두 번째 오류를 0퍼센트로 줄일 수 있지만, 이 역시 무의미하다. 검진 수단이 완벽하지 않은 이상 우리는 적절하게 균형을 맞추어야 한다. 달리 말해서 우리가 사람들을 잘못 분류할 수 있음을 인정해야 한다.

검진 수단을 통해 어떤 질환이 있을 가능성이 있다고 판단된 사람은 더 면밀한 검사를 받을 것이다. 골다공증 사례의 경우 중심골 DXA를 이용한 검사를 받는다. 검사를 받는 사람들에는 질환이 없는데도 있다고 잘못 분류된 이들도 포함되므로, 이들은 정밀검사 후에 질환이 없음이 밝혀진다. 하지만 반대 경우의 사람들, 그러니까 검진을 통해 질환이 없다고 분류된 사람들은 더 자세한 검사를 받지 못한다. 적어도 그들의 질환이 더 진행되기 전까지는 어느 쪽이 틀렸는지 우리는 모를 수밖에 없다. 바라건대 (검진 도구가 꽤 효과가 있어서) 그런 사람들이 너무 많지 않으면 좋겠지만, 그들의 진짜 상태는 다크 데이터로 남고 만다.

질환이 있는 사람을 건강한 사람으로 잘못 분류하면 심각한 결과를 초래할 수 있다. 특히 잘 대처하면 쉽게 치료할 수 있으나 방치하면 치명적일 수 있는 질환일 때 더욱 그렇다. 하지만 질환이 없는 사람을 있다고 잘못 분류해도 불행일 수 있다. 가령 누군가에게 AIDS나 암 같은 심각한 병이 있다고 알렸다가는 분명 부정적인 심리적 결과를 초래할 수 있다. 비록 나중에 판단 실수였다고 밝혀지더라도 말이다. 게다가 정밀검사를 실시해야 하므로 불필요한 비용이 들기도 한다. '사람들이 확률과 통계를 어떻게 오해하는가'라는 주제의 전문가인 게르트 기거렌처Gerd Gigerenzer는 유방암 검진 프로그램의 사례를 제시한다.[11] 기거렌처에 따르면, 유방암 검진 프로그램에 참여한 여성 1,000명 중에 약 100명꼴로 추가 검사를 받아야 한다고 잘못 분류되는 바람에 고통스럽고 불편한 조직검사를 받는다고 한다. 심지어 유방암으로 진단받은 사람들도 치료 과정에서 병이 도리어 더 악화될지 모른다. 기거렌처는 이렇게 꼬집는다. "실제로 유방암에 걸렸지만 비진행성이거나 천천히 진행되기에 평생 모르고 살았을 여성들이 종종 아무 도움도 안 되는 종양 절제술, 유방 절제술, 독성 화학요법, 또는 그 밖의 치료를 받는다." 때로는 다크 데이터로 남는 것이 더 나을 수 있다.

검진 프로그램의 효과 측정은 시간에 따라 상황이 진행되면서 복잡해진다. 가령 앞서 보았듯이 알츠하이머병의 유행은 부분적으로 수명 연장의 결과이므로, 알츠하이머병 진단은 더는 드러나지 않는 다크 데이터가 아니다. '알츠하이머병은 오래 살면 걸릴지 모를 병'이 아니라 '실제로 걸린 병'에 관한 드러난 데이터가 되는 것이다.

검진 프로그램은 또한 기간 편향length-time bias이라는 다크 데이터가 미묘하게 나타나는 경우에도 취약하다. 아래와 같은 가상의 상황을 통해 어떤 내용인지 알아보자.

두 종류의 질병이 있는데, 하나는 하루 동안 지속되고 다른 하나는 1년을 간다고 하자. 각 질병에 걸린 사람들은 평소처럼 살다가 지속기간의 끝에 죽는다. 설명을 단순화하기 위해 날마다 두 질병 각각에 한 사람씩 걸린다고 하자(앞서 말했듯이 가상의 상황이다). 각 질병에 얼마나 많은 사람이 걸리는지 알고 싶다고 할 때, 단순한 (그리고 틀린!) 접근법은 어느 하루를 골라서 각 질병에 몇 명씩 걸려 있는지 보는 것이다. 그러면 하루짜리 질병에 걸린 사람은 단 한 명(당일에 감염된 사람)만 발견하게 될 것이다. 하지만 1년짜리 질병에 걸린 사람은 365명이 나올 것이다. 검사 당일로부터 거슬러 1년 동안 하루에 한 명씩 걸렸을 테니 말이다. 겉으로만 보면 1년짜리 질병에 걸린 사람이 하루짜리 질병에 걸린 사람보다 365배 많은 것처럼 보인다. 우리가 놓친 것은 검사일 전 1년 동안 하루짜리 질병에 걸린 다른 364명이다.

인위적으로 꾸며낸 사례 같지만 실제 암 검진에서 벌어지는 일일 수 있다. 느리게 자라는 악성 종양은 증세 발현 이전 단계가 긴 까닭에 생존 기간도 길다. 방금 설명한 유형의 연구에서는 빠르게 자라는 암보다 느리게 자라는 암에 걸린 사람들이 더 많이 나온다. 따라서 두 종류의 암이 전체 인구에서 발병하는 비율을 잘못 파악하게 된다.

사람들을 질병이 있는지 또는 없는지로 올바르게 분류하는 일이 검진 프로그램의 역할이라고 생각하기 쉬운데, 이런 식의 분류는 다른 여러 상황에도 적용된다. 앞서 우리는 신용평가 점수의 사례를 살펴보았는데, 거기서 목표는 사람들을 대출 상환 능력이 있을지 없을지에 따라 분류하는 것이었다. 인력 선발(일자리에 지원하는 사람들 선택하기)이 또 하나의 예다. 많은 지원자가 입사 지원서에 기재한 학력을 비롯한 이력 사항을 평가하는 1차 서류심사를 통해 걸러진다. 그다음에는 1차 서류심사를 통과한 후보자들에게 면접을 보러 오라고 알린다. 서류심사는 검진 수단과 마찬가지 역할을 한다. 면접은 봤으나 일자리를 얻지 못한 후보들은 거짓 양성이라고 볼 수 있을지 모른다. 다시 말해 이력서상으로는 적합해 보였지만 더 자세히 살펴보니 가장 적합하지 않은 사람이다. 하지만 해당 업무에 매우 적합한 입사 지원자들이 이력서를 바탕으로 한 서류심사에서 탈락하는 일도 많을 것이다. 의료계에서는 이를 가리켜 전문 용어로 거짓 음성false negative이라고 한다. 이 또한 다크 데이터다.

과거 성과를 보고 선택할 때의 다크 데이터

물건을 보낼 택배회사를 선택할 때 우리는 배달 속도가 가장 빠른 업체인지를 근거로 삼을지 모른다. 자동차 기종을 고를 때에도 지금까지의 안전 기록을 보고 선택할지 모른다. 식당을 고를 때에도 이전에 그곳에서 식사했을 때 만족스러웠기 때문일지 모른다. 이렇게 과거 성과를 토대로 미래의 성과를 예측하는 것은 타당해 보인다. 그 이상의 더 좋은 선택 기준이 별로 없기 때문이다. 하지만 안타깝게도 과거는 미래를 알려주는 좋은 기준이 아닐 수 있다. 특히 상황이 변할 때, 가령 경제 상황이 나빠지거나 자동차 제조사가 새 기종을 내놓거나 식당 주인이 바뀔 때 그렇다. 하지만 아무것도 변하지 않는데도 성과가 나빠질 수 있다. 우리는 그렇게 바뀌는 상황을 예상해야 한다.

이 이상한 현상(과정상 아무런 변화가 없는데도 좋은 성과가 나빠지고 나쁜 성과가 좋아지기도 하는 현상)을 가리켜 '평균으로의 회귀'라고 한다. 이것은 **DD 유형 3: 일부 사례만 선택하기**가 발현한 예다. 이런 현상이 존재한다는 것을 알고 나면 그런 사례가 자주 보일 것이다. 아래 내용이 그런 예다.

1970년과 1973년 영국의 12개 농업 지역에서 밀 수확량(킬로그램)이 기록되었다.[12] 도표 5는 그 기간에 수확량이 증가했는지 감소했는지를 보여준다. 1970년에 가장 수확량이 낮은 여섯 지역 중 다섯 지역은 1973년에 수확량이 늘었다. 반대로 1970년에 수확량이 가장 높았던 여섯 지역 중 다섯 지역이 1973년에 감소했다. 이 패턴에서 명확하고 인상적으로 드러나듯이, 1970년에 수확량이 높았던 지역들이 1973년에도 비슷한 양을 수확하리라고 예상했다면 그 결과에 실망했을 것이다.

왜 이런 패턴이 생기는지 알아보기 위해 능력과 성실성이 똑같은 학생들 한 무리가 있다고 가정해보자. 능력과 성실성이 똑같더라도

도표 5. 영국 12개 농업 지역의 1970년에 대비 1973년의 밀 수확량 변화

		1970년 수확량	
		낮음	높음
1970년과 1973년의 차이	증가	5	1
	감소	1	5

분명 누군가는 시험에서 다른 학생들보다 높은 성적을 받을 텐데, 이는 우연적인 조건에서 생겨나는 변동성 때문이다. 전날 밤에 잠을 잘 잤는지, 마음이 딴 데 팔려 있진 않았는지, 또는 시험 문제를 잘못 예측했는지 등에 따라 성적이 달라진다는 뜻이다. 우리는 그렇게 나온 시험 점수에 따라 순위를 매기고 최고 득점자를 가장 우수한 학생으로 정한다.

하지만 다음 시험의 결과는 어떻게 될까?

모든 학생이 실력이 똑같다고 가정했기 때문에, 첫 시험에서 우연히 상황이 좋은 쪽으로 맞아떨어진 학생들이 최고 점수를 받았다. 이런 상황(그리고 다른 학생들에게는 행운이 덜 따른 상황)은 다시 반복되기 어렵다. 다시 말해 첫 시험에서 최상위권 학생들은 다음 시험에서 아마도 성적이 내려가고 최하위권 학생들의 성적이 올라갈 가능성이 크다.

여기서 문제는 첫 시험의 결과(과거 데이터)는 우연한 영향과 결합된 학생의 타고난 능력을 보여준다는 것이다. 진짜 능력은 무작위성에 의해 가려져 있다.

물론 현실에서 능력과 성실성이 모두 똑같은 학생 집단을 만나기는 매우 어려우며, 실제로 학생들의 실력 수준은 다양할 것이다. 그렇긴 해도 첫 시험에서 특히 잘한 학생들은 두 번째 시험에서는 성적이 떨어질 가능성이 큰데, 왜냐하면 적어도 첫 시험 성적이 우수한 데는 어느 정도 행운이 작용했을 가능성이 크기 때문이다. 따라서 단지 최상위 성적만으로 선발된 입사자나 대학원 입학생은 장래에 실적이 떨어질 가능성이 크다.

이 사례에서 얻을 수 있는 실용적인 메시지는 무엇일까? 과거에 최상의 성과를 낸 사람들을 피해야 한다는 뜻일까? 대체로 그렇게 볼 수는 없는데, 왜냐하면 그들이 (과거의 성과를 보고 미루어 판단한 것만큼 잘하지는 못하더라도) 장래에도 여전히 잘할 수 있기 때문이다. 일반적으로 성과가 떨어지는 정도(또는 이전에 못했던 이들이 향상하는 정도)는 실제 능력의 크기보다는 측정의 무작위적 측면이 얼마나 큰지에 따라 정해진다. 만약 무작위적 측면에서 생기는 불확실성의 범위가 실력의 범위보다 크면, 그 효과는 매우 두드러질 것이다. 불확실성은 눈에 보이지 않으므로(우리는 불확실성과 실력의 조합이 낳은 결과만 볼 수 있다), 불확실성과 진정한 실력은 둘 다 다크 데이터에 속한다는 것을 알아두기 바란다.

'평균으로의 회귀'라는 용어를 처음 만들어낸 사람은 빅토리아 시대의 박물학자 프랜시스 골턴Francis Galton이다. 골턴에 따르면, (평균적으로) 키가 큰 부모의 아이들은 평균보다는 크지만 부모만큼 크지는 않았으며, 키가 작은 부모의 아이들은 평균보다는 작았지만 부모만큼 작지는 않았다.

이 장에서 우리는 (충분히 조심하지 않거나 진짜로 알고 싶은 것이 무언지를 진지하게 생각하지 않을 때) 예상치 못한 다크 데이터로 인해 잘못된 판단을 내릴 수 있는 몇 가지 경우를 살펴보았다. 다음 장에서는 우리가 알고 싶은 것이 확실한데도 틀리는 경우를 살펴보겠다.

4장

의도하지 않은 다크 데이터

말과 행동이 따로 놀 때

DARK
DATA

어디까지 정확해야 하지?

측정은 무한정 정확할 수가 없다. 한 가정 내의 자녀 수라든지 바다에 떠 있는 배의 수와 같은 것은 0을 포함한 자연수로 쉽게 셈할 수 있지만, 길이와 같은 측정은 어느 지점에서 반올림(반내림)을 해야 한다. 소수점의 개수를 무한히 취하기는 불가능하므로 가장 가까운 센티미터, 밀리미터, 마이크론(1미터의 100만 분의 1), 1마이크론의 10분의 1 등으로 반올림(반내림)을 해야 한다. 달리 말하자면 어느 지점에 이르면 더는 자세한 값을 파악할 수 없게 되고, 큰 그림 big picture에 만족해야 한다(여기서 '큰'이라는 게 실은 아주 작을지도 모르지만!)는 얘기다. 따라서 누락된 자세한 값은 필연적으로 다크 데이터로 남는다.

이 '반올림(반내림)'은 데이터 도표에 자주 등장하는데, 가령 70.3이나 0.04 또는 41.325와 같은 수가 그런 예다. 때로는 76.2± 0.2와 같은 수가 나오는데, 여기서 ±0.2는 기반이 되는 참값이 위치할 범위를 가리킨다. 이런 표기법은 우리가 다크 데이터와 마주하고 있다는 사실을 매우 명시적으로 드러내준다.

반올림(반내림)은 필요할뿐더러 매우 흔히 쓰이기 때문에 우리는 종종 그것이 데이터를 숨기고 있음을 알아차리지 못한다. 가령 사람들의 나이는 가장 가까운 햇수 단위로 기록될 때가 많다. 나이는 햇수뿐만 아니라 날 수(그리고 시, 분까지)를 포함하는데도 말이다. 그렇기는 해도 출생은 정확한 순간보다는 일정한 시간 간격 동안 발생하는 내재적으로 불확실한 사건이므로 더 이상의 정확성은 얻어낼 수가 없다. 나이를 말할 때는 관례상 가장 가까운 자연수의 햇수로 반내림하므로 사람들의 나이는 자연수를 기준으로 나뉘게 된다. 따라서 사람들이 말하는 나이는 실제로 살아온 시간보다 적다.

때로는 나이를 가장 가까운 5년 단위로 반올림(반내림)하거나, 25세와 65세를 기준점으로 삼아 크게 젊은 층·중년층·노년층으로 구분하기도 한다. 후자는 어떤 목적에서는 완벽하게 적절할지 모르지만, 정보가 누락된다. 나이 집단 내에서 어떤 일이 벌어지는지를 감춰버리는 것이다. 이런 문제가 가장 명확히 드러나는 예는 가령 사람들을 35세보다 나이가 적은지 많은지에 따라 극단적인 두 범주, 젊은이와 나이 든 이로 나누는 것이다. 이런 식으로 요약된 데이터를 통해 우리는 나이 든 집단이 젊은 집단과 다른 특성이 있는지 찾아볼 수 있다. 이를테면 나이 든 집단의 평균 소득이 젊은 집단보다 큰지, 또는 기혼자 비율이 더 큰지를 알아볼 수 있다. 하지만 더 미묘한 관계를 찾는 능력은 잃고 만다. 예를 들어 평균 소득이 아주 젊은 연령에서 증가하기 시작해 중년에 최고점에 이르렀다가 노년을 향해 갈수록 다시 감소하는지는 알 길이 없다. 데이터의 가림 또는 '뭉뚱그리기coarsening'가 그런 잠재적 발견의 가능성을 차단하는 바람에 우리의 시야에 커튼이 드리우고 만다.

반올림(반내림)으로 처리함으로써 생기는 다크 네이터 문제는 사람이 데이터를 직접 수집할 때 특히 위험하고, 심지어 그릇된 결론과 행위를 초래할 수도 있다. 시몽 드 뤼지냥Simon de Lusignan 연구팀은 85,000개의 혈압 수치를 연구했다.[1] 현실에서는 혈압 수치 마지막 자리에 특정한 숫자가 다른 숫자보다 더 흔하게 나올 타당한 이유가 없다. 다시 말해 0으로 끝나는 것이 10퍼센트이고, 1로 끝나는 것도 10퍼센트이고, 2로 끝나는 것도 10퍼센트, 이런 식일 것이다. 하지만 연구 결과에 따르면, 수축기 혈압 수치 64퍼센트와 확장기 혈압 수치 59퍼센트의 마지막 자리 수가 0이었다. 그뿐 아니라 0이 아닌 값 중에서도 짝수로 끝나는 혈압 수치들이 홀수로 끝나는 혈압 수치들보다 훨씬 더 흔했으며, 홀수로 끝나는 수치 중에서는 5가 가장 흔했다. 실제 혈압은 이처럼 이상하게 특정한 수 위주로 측정될 리가 없다! 이 혈압 수치들은 편의상 반올림(반내림)을 하는 경향이 낳은 결과였다.

이게 왜 중요할까? 영국 고혈압 가이드라인British Hypertension Guideline은 혈압 문턱값을 제시하면서, 그 수치를 넘으면 약물 처방을 권고한다.[2] 그 값 중 하나는 수축기 혈압 140mm 이상이다. 하지만 끝자리 수를 0으로 맞추기를 좋아하는 관례상(가령 137을 140으로 반올림) 이 수치를 기록한 환자 중 상당수가 사실은 수축기 혈압이 140 미만이다.

분명 이 사례에서 반올림(반내림)은 측정 수단의 특성 때문에 생기는 결과다. 만약 학생들이 사용하는 줄자처럼 눈금이 매겨진 물건 형태의 측정 도구로 수치를 잰다면, 편리한 값으로 반올림(반내림)하는 경향이 자연스레 생길 것이다. 하지만 디지털 형태의 전자 눈금으로 수치를 잰다면 더 많은 소수점 자리까지 기록될지 모른다 (여전히 유한수이긴 하지만 반올림/반내림의 수준이 더 정밀해진 다). 이것이 갖는 한 가지 의미는, 오늘날 자동화되고 더 정교한 디 지털 눈금으로 계측하는 것은 적어도 다크 데이터 관점에서는 좋은 일이라는 점이다.

위의 사례는 다크 데이터가 언제 드러난다고 예상해야 할지를 귀 띔해준다. 우리가 줄자나 각도기, 눈금판과 같은 측정 도구로 값을 측정할 때면 언제든 반올림(반내림)에 의한 다크 데이터에 특별히 주의해야 한다. 하지만 셈하기에서도 그런 다크 데이터가 생길 수 있다. 존 로버츠 주니어John Roberts Jr.와 데번 브루어Devon Brewer는 마약 복용자들에게 지난 6개월 동안 약을 함께 복용한 사람이 몇 명인지 물었다.[3] 두 명은 9명과 함께 복용했다고 했고 네 명은 11명과 함께 복용했다고 했다. 하지만 무려 39명이나 되는 복용자가 10명과 함 께 복용했다고 했으며, 21명은 20명과 나눴다고 했다. 누구도 19명 이나 21명과 함께 복용했다고 하지 않았다. 아주 미심쩍은 대답이 아닐 수 없다. 사람들이 그렇게 말끔하게 반올림(반내림)한 몇 가지 수에 자연스럽게 끌리고, 게다가 그런 수치들이 조사 대상자들의 표 본에서 우연히 생기는 것은 대단히 이례적이다. 훨씬 그럴듯한 설명 을 해보자면, 응답자들은 두루뭉술한 답을 내놓고는 가장 가까운 수 인 10으로 반올림(반내림)했다고 봐야 옳다.

나는 이 현상을 반올림(반내림)이라고 불렀지만, 그것이 데이터 수집 과정에 인간이 개입한 결과일 때는 다른 여러 이름, 곧 모으기

heaping, 쌓기piling, 꼭대기 올리기peaking, 이산화하기discretizing, 숫자 선호 digit preference 등으로 불리기도 한다.

또한 이런 현상은 나올지 모르는 어떤 값들에 대해 의도적으로 정해놓은 최댓값 및 최솟값의 한계라는 형태로 생길 수도 있다. 예를 들어 임금에 관한 설문조사는 다른 방식으로 물으면 설문조사에 참여하길 꺼릴 수도 있는 사람들을 꼬드기기 위해서 최고 범주를 '10만 달러 이상'으로 할 때가 있다. 이 전략을 가리켜 톱코딩topcoding 이라고 하며, 이와 반대로 어떤 수치 아래의 값을 잘라내는 것을 보텀코딩bottomcoding이라고 한다.

그런 잘라내기의 함정을 무시했다가는 심각한 실수를 저지를 수 있다. 임금의 표본 평균을 구하고자 할 때 '10만 달러 이상'이 훨씬 더 많은 액수, 어쩌면 수천만 달러 이상을 뜻할 수 있다는 사실을 간과하면 대단히 잘못된 결과를 얻을 수 있다. 게다가 이런 식으로 가장 큰 값을 잘라내어 표시된 대로만 다루면 반드시 데이터 세트의 변동성을 과소평가하는 결과를 초래한다.

요약은 필연적으로 다크 데이터를 만든다

숫자가 많이 들어간 도표를 눈으로 보고 파악하겠다는 발상은 그리 생산적이지 못하다. 이런 종류의 과제에 대처하려면 값들을 요약해야 한다. 좀 더 정교하게 말하자면, 데이터를 분석해야 한다. 사람이 더 간편하게 파악할 수 있는 데이터를 간추려내야 한다. 예를 들어 우리는 값들의 평균과 범위뿐만 아니라 상관계수correlation coefficient, 회귀계수regression coefficient, 요인부하값factor loading 같은 더 정교한 통계 요약값도 계산한다. 하지만 정의상 요약은 세부사항을 희생시키는 것이므로 다크 데이터를 만들어낸다는 뜻이다(DD 유형 9: 데이터의 요약).

내가 미국 성인(20세 이상) 남성의 평균 체중이 195.7파운드(약 88.8킬로그램)라고 알려주면, 여러분은 유용한 지식을 습득한 셈이 다.[4] 여러분은 그 값을 과거 시기의 평균 체중과 비교하여 체중이 증가하고 있는지 알아볼 수 있지만 임의의 특정 체중을 초과하는 남성들의 수는 알아내기 힘들 것이다. 이 평균 체중이 과도하게 무거운 극소수 사람들의 체중을 평균 아래 사람들의 체중과 합해 나누어서 나온 값인지, 아니면 평균을 겨우 넘는 수많은 사람에게서 나온 값인지 여러분은 알 수 없다. 정확한 평균값과 그것에 가장 가까운 다음 수치 사이에 몇 명의 남성이 있는지도 알 수 없다. 이런 질문들을 포함하여 다른 여러 질문은 답을 얻을 수 없는데, 왜냐하면 평균이라는 단순한 표현은 데이터를 가려서 개별 값들을 숨기기 때문이다.

여기서 여러 가지 교훈이 나온다. 첫째, 단 한 가지 요약 통계, 또는 상이한 방식으로 데이터를 요약하는 적은 개수의 통계(이를테면 평균, 값들이 얼마나 널리 분포되어 있는지 알려주는 척도, 그리고 그 분포가 얼마나 치우쳐 있는지를 알려주는 척도)로는 데이터에 관한 모든 내용을 알 수 없다는 것이다. 요약값들은 다크 데이터를 만들어내어 중요한 정보를 숨길 수 있으므로 늘 주의를 기울여야 한다.

두 번째로 중요한 교훈은 여러분이 묻고 싶은 질문에 답을 얻으려면 요약 통계(들)를 조심해서 선택해야 한다는 것이다. 작은 회사에 근무하는 사람들의 소득의 평균값(산술평균)을 계산해보자. 만약 직원 중 아홉 명의 연봉이 1만 달러이고 한 명이 1천만 달러이면, 평균값은 100만 달러를 넘는다. 여러 상황에서 이런 평균값 통계는 그릇된 정보를 제공한다. 특히 그 회사에 입사하려는 사람한테는 십중팔구 그렇다. 이런 이유로 소득과 부의 분포는 종종 평균보다 중앙값median value으로 나타낸다(절반은 중앙값 위로 벌고 절반은 중앙값 아래로 번다). 더 나은 방법은 분포의 형태를 더 자세히 알려주는 것이다. 가령 연봉이 정확히 1만 달러인 사람들의 수라든가 최고 소득 등 더 많은 요약 통계를 알려주면 좋다.

인간이니까 생기는 오류

앞에서 논의한 반올림(반내림)하기를 꼭 '오류'라고 할 수는 없다. 사실은 일종의 근사치로서 세부사항을 숨기는 것뿐인데, 꽤 불규칙적으로 이루어진다(모든 혈압 수치가 0으로 끝나도록 반올림/반내림되지는 않는다). 하지만 인간의 오류는 훨씬 더 심각한 방식으로 다크 데이터를 만들어낼 수 있다.

2015년 영국 노섬브리어대학교 2학년생이던 알렉스 로제토Alex Rosetto와 루크 파킨Luke Parkin은 카페인이 운동에 끼치는 영향을 측정하는 연구에 실험 참가자로 참여했다. 하지만 그들은 '데이터 오류'

로 인해 평균적인 커피잔에 3배의 카페인을 받는 대신 각자 30배(약 30그램)의 카페인을 받았다(데이터 오류라는 말에 따옴표를 넣은 까닭은 오류를 저지른 것은 데이터가 아니라는 사실을 강조하기 위해서였다. 숫자를 적은 사람의 잘못이었다). 18그램만으로도 치사량이었다. 당연히 알렉스와 루크는 여러 날 동안 집중치료 시설에서 혈액 속의 카페인을 빼내기 위한 투석을 받았다.

과복용의 원인은 꽤 흔한 종류의 오류였다. 소수점이 틀린 자리에 찍히는 바람에 원래 의도했던 데이터의 내용이 잘못 표현되었다.

꽤 흔한 종류의 오류라고? 아일랜드의 십대인 칼 스미스Karl Smith는 열아홉 살 생일 이틀 뒤에 예상했던 196.36유로 대신 19,636유로를 지급받았다. 안타깝게도 그는 유혹을 견디지 못하고 그 돈을 써버리는 바람에 감옥에 갔다(이미 이런저런 범죄로 17번 유죄 판결을 받은 전력이 그에게 불리하게 작용했다). 마찬가지로 노스요크셔의 건설 노동자 스티븐 버크Steven Burke는 446.60파운드를 받아야 하는데, 잘못 찍힌 소수점 때문에 은행 잔고가 40,000파운드 이상이나 불어나 있었다. 이 사람도 그중 28,000파운드를 써버리고 싶은 유혹에 굴복하고 말았고, 그 결과 집형유예를 선고받았다. (여기서 공통적인 주제와 배워야 할 교훈이 하나 있는 듯하다. 은행 잔고가 뜻밖에 불어나 있다면, 그 돈을 써서는 안 된다!)

2013년 12월, 암스테르담 시의회는 시의 일상 활동으로서 약 1만 명에게 주택수당을 지급했다. 하지만 센트 단위를 유로 단위로 잘못 지급했다. 소수점을 오른쪽으로 두 칸 옮겨 찍은 셈이었다. 그 오류로 인해 시는 1억 8,800만 유로의 비용을 치렀다. 2005년 리먼

브러더스사의 한 트레이더는 300만 날러 내신 3억 달러어치 거래를 체결하고 말았다. 2018년 5월 26일자 《타임스》에 실린 약값 관련 보도에 따르면, 영국 슈롭셔에 있는 약국은 60.30파운드짜리 약을 6,030파운드에 팔았으며, 영국 그리니치에 있는 또 다른 약국은 74.50파운드짜리 진통제를 7,450파운드에 팔았다.[5]

반대 방향으로 벌어진 실수 사례도 있다. 2006년 알리탈리아 항공사는 토론토발 사이프러스 도착 비즈니스석 항공권을 3,900달러에 제공할 작정이었지만, 성가신 점을 잘못 찍는 바람에 좌석당 39.00달러에 제공하고 말았다. 그 결과 720만 달러의 손실을 보았다. 소수점을 잘못 찍어서 벌어진 대참사였다.

간절히 바라건대, 아마도 앞서 나온 사례들은 전부 단지 부주의해서 생긴 실수였을 것이다. 하지만 다음 사실을 알고 나니 기운이 빠진다. 2차 세계대전 당시의 유명한 영국 수상 윈스턴 처칠의 아버지 랜돌프 처칠Randolph Churchill은 소수점이 들어간 수치들의 열을 보고서 이렇게 말했다고 한다. "저 망할 점이 무슨 뜻인지 당최 모르겠네." 어이없게도 그는 당시 영국의 재무부 장관이었다.

소수점 잘못 찍기와 같은 기본적 오류는 때로는 '뚱뚱한 손가락' 오류라고도 불리는 데이터 입력 오류에서 비롯된다. 이런 사례도 무수히 많다. 2005년 일본의 미즈호 증권은 J-com 주식 610,000주를 주당 610,000엔이 아니라 1엔에 파는 바람에 3억 달러가 넘는 손해를 입었다. 2018년 4월에는 삼성증권의 직원 약 2천 명이 주당 0.93달러가량의 배당금을 받기로 되어 있었는데, 총액은 원화로 약 20억 원이었다. 하지만 불행히도 배당금 20억 원이 아니라 유령 주식 20

억 주가 발행되고 말았는데, 이는 그 회사 총 주식 수의 30배 이상, 약 1,050억 달러어치였다.

이런 식의 실수는 일어나는 즉시 신속하게 복구된다. 하지만 복구 시간이 충분히 빠르지 못한 경우도 종종 있다. 삼성증권 사례의 경우 37분이 걸려 오류를 복구했지만, 삼성증권 직원 16명이 그 틈을 타서 뜻밖에 굴러들어온 500만 주를 팔아버렸다. 그 바람에 삼성증권 주가가 거의 12퍼센트 하락했으며, 이 책을 쓰고 있는 현재 여전히 10퍼센트 하락한 상태다. 그 결과 삼성증권의 가치는 약 3억 달러 감소했다.

1,050억 달러어치 실수가 매우 끔찍하다고 여기는가? 그렇다면 2014년 도쿄 주식거래소에서 일어난 재앙에 가까운 오류를 살펴보자. 도요타 주식 19.6억 엔어치를 거래하려던 중개인이 실수로 주식 수를 적는 난에 거래액을 입력했다. 6,170억 달러에 달하는 액수였다. 쉽게 저지를 법한 실수였을까? 나도 이전에 엉뚱한 난에 잘못 입력한 적이 있긴 했지만, 위의 사례처럼 엄청난 결과를 초래할 정도는 아니었다. 다행히도 이 경우 주문은 거래가 체결되기 전에 취소되었다.

인간이 저지르는 오류의 또 한 가지 유형은 숫자 바꾸기다. 두 숫자가 잘못된 순서로 입력되거나(가령 98 대신 89), 한 숫자가 다른 숫자로 잘못 입력되거나(가령 2 대신 7) 수가 반복되는 경우(키보드를 너무 오래 눌러서 2 대신 222를 입력) 등이다.

이런 오류는 단순한 실수에 속하지만, 안타깝게도 인간은 무수한 방식으로 실수를 저지른다. 때로는 측정 단위를 혼동한다. 1998

년 화성 기후 궤도선Mars Climate Orbiter 사건에서는 영국의 아드파운드 단위로 계산한 힘을 국제표준인 SI 단위system of international units(국가별로 상이하게 적용하는 단위를 미터법을 기준으로 국제적으로 통일시킨 체계 – 옮긴이)로 변환하지 않은 바람에 우주선이 화성에 너무 가까이 접근해서 폭발하고 말았다. 1983년 에어캐나다 143편은 연료 석재량이 킬로그램 단위가 아니라 파운드 단위로 측정된 까닭에 추락하고 말았다.

인간이 저지르는 오류의 다른 유형 한 가지가 미항공우주국의 표본 채취 탐사선 제네시스호에 영향을 끼쳤다. 이 탐사선은 달 궤도 너머로부터 태양풍의 표본을 성공적으로 채취하여 지구로 가져오는 데 성공했다. 다만 최종 단계인 유타에서 착륙 도중 추락하기 전까지만. 이유는 이랬다. 탐사선의 가속계가 거꾸로 설치된 탓에 데이터 오류가 생겨 탐사선은 지구로 내려오면서 감속 대신 가속을 하고 말았다.

더 미묘한 문제는 데이터의 유용성이 시간이 지나면서 감소할 수 있다는 것이다. 과일이 부패하는 것처럼 데이터가 물리적으로 나빠져서가 아니라 세상이 달라지기 때문이다. 가령 여러분이 주의를 기울이지 않다가는 3퍼센트의 이자를 얻는다고 생각한 저축 계좌의 이율이 어느 날 통보도 없이 낮아졌다는 사실을 알고 기겁할지 모른다. 특히 인간을 대상으로 하는 데이터는 구식이 되기 쉬운데(DD 유형 7: 시간에 따라 변하는 데이터), 인간은 변하기 때문이다.

앞으로 자세히 살펴보겠지만, 설상가상으로 데이터는 의도적으로 왜곡될 수도 있다. 미국 인구조사국의 1986년 연구에서 추산한 바에 따르면, 3~5퍼센트의 인구 조사원들이 게으름을 피워 실제로 데이터 수집을 하지 않고는 어떤 식으로든 데이터를 조작했다(2장에서 언급했던 커브스토닝).[6] 미국 통계학자 윌리엄 크러스컬William Kruskal은 이렇게 썼다. "상식과 숫자 감각을 지닌 영리한 사람이 체계적이고 중요한 데이터 세트나 통계자료집을 찬찬히 살펴보면, 한 시간도 안 돼서 이상해 보이는 숫자들을 발견할 수 있다."[7] 언론 연구 분석가 토니 트와이먼Tony Twyman은 오늘날 '트와이먼의 법칙Twyman's law'이라고 알려진 법칙을 만들어냈다. 흥미롭거나 이상해 보이는 수치는 뭐든 대체로 틀리다는 법칙이다.[8] 게다가 매일 기록되는 숫자들이 너무 많기 때문에 어느 정도는 잘못 기록된다고 예상하지 않을 수 없다. 이를테면 2014년에 일일 금융 거래는 350억 건가량이었는데, 이 수치는 이후로 줄곧 커졌다. 나의 저서《신은 주사위 놀이를 하지 않는다Improbability Principle》에서 설명했듯이, 수치가 너무 많으면 잘못 기록된 수치도 많다고 예상해야 한다.

데이터 마이닝data mining(방대한 데이터 세트에서 흥미롭거나 귀중한 변이를 찾는 분야) 연구자들은 방대한 데이터 세트에서 특이한 구조가 생기는 이유는 다음과 같다고 말한다. 중요성이 큰 순서부터 말하면 (1) 데이터에 문제점이 있다(아마도 수집 과정에서 변질 또는 왜곡되었거나 일부가 누락되는 경우), (2) 구조가 우연한 변동에서 기인했다(우연히 생긴 드문 값일 뿐 전혀 중요한 정보가 아니다), (3) 이미 알려져 있던 것이다(가령 사람들이 종종 치즈와 크래커를 함께 산다는 사실을 알게 됨), (4) 흥미롭지 않은 것이다(가령 영국의 기혼자 중 절반이 여성이라는 사실을 알게 됨). 이런 모든 요인을 전부 고려하고 나서도 여전히 특이한 구조라면 진짜이고 흥미로우며 소중할 수 있다. 어쨌든 중요한 점을 한마디로 말하면, 대단한 발견처럼 보이는 대다수 정보가 데이터의 결함으로 인해 생긴 빈껍데기다.

앞서 말한 내용으로 볼 때, "미국은 질 낮은 데이터로 인해 약 3조 1,000억 달러의 비용을 치른다"라는 IBM의 추산도 놀랄 일이 아니다.[9] 하지만 이 추산치가 옳을까?

첫째, 이 수치는 나쁜 데이터로 인한 비용을 어느 정도로 정의하느냐에 따라 달라진다. 예를 들어 오류를 고치는 비용, 데이터에 문제가 있는지 확인하는 비용, 데이터가 나빠서 저지르는 실수에 따른 비용을 포함하는지에 따라 다르다. 둘째, 이 수치를 약 20조 달러인 미국의 GDP 관점에서 살펴볼 수도 있다. 그렇다면 3조 1,000억 달러는 굉장히 큰 액수인 듯하기에, 저 추산치 자체가 나쁜 데이터는 아닐지 몹시 의심스럽다.

측정 도구의 한계

인간은 흔히 오류를 저지르지만, 그 오류가 사람들만의 책임은 아니다. 물리적인 측정 도구의 고장도 뜻밖의 다크 데이터 문제를 초래할 수 있다. 도구의 고장이 곧바로 감지되지 않더라도 최소한 0이나 다른 수가 고정적으로 표시되어 출력되거나 할지 모른다. 텔레비전 의학 드라마에서 심장 모니터의 신호가 갑자기 평평해지는 장면을 떠올려보자. 환자와 연결된 센서가 빠져도 바로 그런 신호가 나온다.

내 대학원생 제자 한 명이 강풍이나 폭우가 통신망에 끼치는 악영향을 연구하는 프로젝트에 참여했다. 그는 데이터를 네트워크 결함과 복구의 세부사항, 그리고 기상관측소의 기록(사실은 다음 절에서 설명할 데이터 세트들의 연결)에서 얻었다. 영리한 학생답게 분석에 착수하기 전 그는 데이터를 요모조모 살피면서 이상한 값들을 찾아내고자 이런저런 식으로 그래프를 그려보았다. 그러던 중에 아주 이상한 것을 포착했다. 가공되지 않은 수치를 보니 자정에 강한 돌풍이 발생한 날이 많았다. 그런데 대단히 이상한 것이, 아무도 그런 돌풍이 분 것을 기억하지 못했다. 기상청 자료에도 자정에 돌풍이 불었다는 기록이 없었다. 무언가 희한한 일이 벌어지고 있었다.

자세히 파헤쳐보니 풍속을 측정하는 풍속계가 자정에 자동으로 리셋될 때가 몇 번 있었고, 그때 풍속계는 이따금 풍속이 급격하게 증가했다고 기록했다. 하지만 결코 진짜 돌풍 정보는 아니었다. 미리 데이터를 점검해야 한다는 생각을 하지 않았더라면 그 학생은 터무니없는 분석 결과를 내놓았을 것이다. 다행히 학생은 문제를 찾아내어 바로잡을 수 있었다.

도구 오작동은 값비싼 결과를 초래할 수 있다. 2008년에 USAF B-2 스텔스 폭격기가 괌에 추락했는데, 원인은 센서가 물에 젖어 틀린 데이터를 전송했기 때문이다. 승무원들은 비행기가 140노트의 속력으로 비행하고 있다고 믿었지만, 사실은 그보다 10노트 느리게 날고 있었다.

앞에서 보았듯이 값을 의도적으로 어떤 최솟값과 어떤 최댓값 사이로 제한하면 데이터를 숨기는 결과를 초래한다. 하지만 종종 이런 종류의 결과는 측정 도구 자체의 속성 때문에 생기기도 한다.

가령 욕실 체중계는 잴 수 있는 최댓값이 있다. 최댓값보다 무거운 사람은 자기 몸무게가 최댓값을 넘는다는 건 알더라도 정확한 몸무게는 다크 데이터로 남아서 알지 못한다. 이 상황은 앞에서 논의했던 톱코딩 전략과 비슷하지만, 의도적으로 선택한 것이 아니다. 이런 효과를 가리켜 천장효과ceiling effect라고 한다. 이와 비슷하게 다른 여러 맥락에서 아래쪽 한계가 있다. 어떤 문턱값 아래의 측정치는 기록되지 않고, 다만 측정 도구가 잴 수 있는 최솟값 이하라는 사실만 드러난다. 이것은 보텀코딩과 비슷하며, 누가 봐도 명백한 이유로 바닥효과floor effect라고 불린다. 또한 수은 온도계로는 수은의 어는점 아래의 온도를 잴 수 없다. 천장효과와 바닥효과로 인해 어떤 값이 있다는 것은 알지만 그 값이 뭔지는 모르는 DD 유형 1: 빠져 있는지 우리가 아는 데이터가 생긴다. 알 수 있는 것은 값이 어떤 한계 위나 아래에 있다는 사실뿐이다. 이것은 DD 유형 10: 측정 오차 및 불확실성의 사례이기도 하다.

천장효과와 바닥효과는 전혀 예기치 못한 방식으로 나타날 수도 있다. 우주에는 별이 약 10^{24}개가 있다고 추산된다(1 다음에 0이 24개 나온다). 그런데 육안으로 보이는 별은 고작 5,000개 정도다(그리고 지구가 하늘의 절반을 가리고 있으므로 우리는 어느 지점에서 보더라도 5,000개의 절반 정도만 볼 수 있다). 따라서 망원경이 발견되기 전까지 천체와 관련된 대다수 데이터는 다크 데이터였다. 천체의 밝기가 인간 눈의 해상도의 바닥 아래에 있었기 때문이다. 그러므로 우주의 속성에 관해 눈에 보이는 몇천 개의 별을 바탕으로 내린 결론은 엉터리이기 십상이다.

1609년 갈릴레오가 약 30배율 망원경으로 천체를 탐구하기 시작했는데, 이로써 이전에는 짐작도 못했던 별들의 존재가 드러났다. 이후로 기술이 발전하면서 우주에 관한 더 많은 정보를 얻을 수 있었다. 그렇기는 해도 먼 천체일수록 더 어두워 보이고 더 어두운 천체일수록 관찰하기가 어렵다는 근본적인 문제점은 여전히 남아 있다. 이 상황을 바꾸지 못하면 이른바 '말름퀴스트 편향Malmquist bias'이 생긴다. 1920년대에 활동한 스웨덴의 천문학자 구나르 말름퀴스트Gunnar Malmquist의 이름을 딴 이 편향은 여러 미묘한 의미를 내포하고 있다. 가령 별과 은하는 탐지 가능한 밝기 한계가 동일한데도 별이 탐지 문턱값을 초과할, 따라서 발견될 가능성이 더 크다. 별은 좀 더 동심원의 광원을 형성하기 때문이다. 일반적으로 이런 차이에서 오는 다크 데이터 효과를 무시했다가는 우주의 구조를 잘못 이해하게 된다.

망원경은 우리가 예전에는 상상도 못했던 세계의 존재를 드러내주는 기술 발전의 한 예다. 망원경은 데이터를 숨기는 그림자에 (비유적으로) 빛을 비춘다. 다른 도구들도 다른 영역에서 동일한 목적에 이바지한다. 현미경과 의료 검진 기술은 이전에는 감춰졌던 인체에 관한 진실을 드러내며, 지구의 항공사진은 고대의 벽과 건물을 알려줄 수 있으며, 지진 예측용 자기장 탐지 도구는 지구의 내부에 관해 알려줄 수 있다. 이런 도구를 포함해 무수히 많은 도구가 인간의 감각을 확장시켜 이전에는 숨어 있던 데이터를 드러낸다.

데이터 세트를 통합할 때의 문제

개별 데이터 세트는 인류에게 이로움을 줄 잠재력이 무궁무진하지만, 단일 출처에서 얻은 데이터 너머를 살펴서 데이터 세트를 연결하고 합치고 융합하면 특별한 시너지가 생길 수 있다. 한 데이터 세트 내의 기록은 다른 데이터 세트 내의 기록을 보완해주고, 서로 다른 유형의 정보를 제공해줄 수도 있다. 또는 어느 한 데이터 세트만으로는 대답할 수 없는 질문들의 답을 얻어낼지 모른다. 또는 삼각망기법triangulation과 대치법imputation을 통해 정확도를 높일 수도 있는데, 이때 한 데이터 세트에서 빠진 값을 다른 데이터 세트에 있는 정보를 사용해 채울 수 있다.

이런 개념을 활용하는 대표적인 집단이 법의학 통계학자들과 사기범을 검거하는 법 집행 기관들인데, 사실은 훨씬 광범위한 분야에 적용된다. 영국의 행정 데이터 연구 네트워크가 진행하는 프로젝트가 그런 데이터 연결의 위력을 잘 보여주었다.[10] 대학과 영국의 네 나라(잉글랜드, 스코틀랜드, 웨일스, 북아일랜드) 국립통계연구소의 컨소시엄으로 이루어진 이 네트워크는 사회과학 및 공공정책 연구를 목적으로 행정 데이터의 연결과 분석을 촉진하고자 설립되었다. 이 네트워크에서는 여러 출처에서 데이터를 모아서 주택수당이 노숙자의 건강 및 의료 서비스 이용에 끼치는 영향을 연구했다. 여러 데이터베이스를 결합시켜 연료 빈곤이 건강에 끼치는 영향을 살핀 연구도 있었다. 그리고 여러 데이터베이스를 융합해서 주류 판매점의 밀도와 해당 지역 주민들의 건강 사이의 관계를 살핀 연구도 있다.

이렇게 연결하고 합치고 융합하는 전략의 위력을 보여주는 사례가 있다. 미국의 사회복지 기관 여섯 군데에서 얻은 데이터를 결합해 진행한 프로젝트는 로스앤젤레스카운티의 노숙자 현황을 정확히 파악한 뒤에 20억 달러의 자금으로 주택 1만 채를 지어 정신장애를 지닌 노숙인들에게 제공했다.[11]

이런 전략의 무한한 잠재력은 현대 데이터 기술이 얼마나 이롭게 쓰일 수 있는지 증명해준다. 하지만 데이터 세트들의 연결과 통합에 문제점이 전혀 없지는 않다. 또한 다크 데이터 리스크도 있다. 데이터 세트를 합치려면 한 데이터 세트의 기록이 다른 데이터 세트의 기록과 일치되도록 해주는 공통의 식별자 또는 식별자 세트가 반드시 있어야 한다. 하지만 종종 공통 식별자의 형식이 동일하지 않아 불일치가 일어난다. 한 데이터베이스에는 포함되는 사람들에 관한 기록이 다른 데이터베이스에는 빠져 있는 경우가 거의 늘 존재한다. 기록을 그대로 복제하면 상황이 더 복잡해진다. 다크 데이터를 최소화하기 위해 데이터를 일치시키고 연결하는 방법이 중요한 연구 분야가 되었는데, 큰 데이터 세트들이 점점 더 많이 축적되면서 그 중요성은 더욱 커질 것이다.

지금까지 본 내용의 요점이 무엇일까? 2장에서는 데이터의 상이

한 종류들을 살펴보았고, 3장과 4장에서는 데이터 수집 과정에서 생기는 다크 데이터를 살펴보았다. 다크 데이터가 생기는 이유로는 모호한 정의, 변수 누락, 측정 과정의 무작위적 측면, 도구적 한계, 데이터 뭉뚱그리기, 뚱뚱한 손가락 오류 등 여러 가지가 있다. 하지만 그게 전부가 아니다. 다음 장에서 다크 데이터가 생길 수 있는 전혀 다른 유형의 방식을 살펴보겠다.

5장

전략적 다크 데이터

게이밍, 피드백, 정보 비대칭

DARK
DATA

게이밍: 빈틈을 이용해 이득을 얻다

유럽연합의 이른바 젠더 지침Gender Directive*은 보험회사가 보험료를 산정할 때 성별을 이용하는 행위를 금지한다. 다시 말해 보험회사가 보험료를 산정할 때 성별은 다크 데이터로 취급해야 한다.[1] 원칙적으로 다른 모든 조건이 동일하다면 남성과 여성은 똑같은 보험료를 지불할 것이다. 하지만 캐나다에서는 상황이 다르다. 1992년 캐나다 대법원은 성별이 위험 평가 모형에 계속 포함되도록 허용했다. 새로 산 쉐보레 크루즈 자동차에 납부할 보험료에 화들짝 놀란 앨버타 출신의 한 남성은 이 결정을 틈타 자신을 여성이라고 밝혀주는 새로운 출생증명서를 얻었다. 그는 "나는 100퍼센트 남성이지만 법적으로는 여성이다"라고 선언했다. 그는 이런 식으로 합법적으로 자신의 진짜 성별을 숨겨서 해마다 1,100달러를 아꼈다.

6장에서 논의할 '사기'는 속이려는 공공연한 시도로서, 무언가를 숨겨서 사람들이 실제 상황과 다른 것을 믿게 만드는 행위다. 반면에 (gaming the system 또는 playing the system처럼 사용되는 용어

---

* '지침'은 EU 회원국이 어떤 결과를 달성하도록 요구하지만 실행 방법을 제시하지는 않는다. 반면에 '규정'은 발표되는 즉시 모든 회원국에서 동시에 강제로 시행되는 법이 된다.

인) 게이밍gaming은 현실에서 오해의 소지가 있고 모호하고 의도치 않은 측면들을 이용하려고 한다. 게이밍에서 다크 데이터는 의도적인 은폐가 아니라 오히려 시스템이 구성되는 방식에서 비롯되는 우발적인 측면 때문에 생기며, 사람들은 그 데이터를 이용할 수 있다. 한마디로 게이밍은 대체로 불법이 아니다. 목표는 규칙을 지키면서도 규칙을 조작하여 이득을 얻는 것이다. 게이밍은 DD 유형 11: 피드백과 게이밍에 해당한다.

수학에는 매우 심오한 정리가 하나 있다. 발견자인 쿠르트 괴델Kurt Gödel의 이름을 딴 이 정리는 (아주 단순화해서 말하자면) 제아무리 충분히 풍부한 공리계라도 그 체계 안에서 증명도 반박도 할 수 없는 명제가 있다는 것이다. 하지만 좀 더 인간사회의 측면에서 보자면, 그런 사례는 필연적으로 빈틈이 있게 마련인 정교한 규정의 체계에서 생길 때가 많다. 그런 빈틈이 자주 드러나는 분야 중 하나가 세금 체계다. 합법적인 세금 회피 방안들은 세법의 모호성이나 세법이 간과한 점을 이용한다. 구체적인 방법은 세법마다, 그리고 세월이 흐르면서 바뀌는 법에 따라 달라질 것이다. 아래는 영국에서 횡행한 세금 회피 수법의 몇 가지 예다.

- 과세 가능한 자산(가령 주택)을 담보로 대출을 받아서 그 대출금을 숲이나 농장 같은 과세 불가능한 자산에 투자함으로써 상속세 회피하기.
- 외국인과 외국 회사는 영국에 세금을 납부하지 않는 점을 이용하여 해외 기업을 통해 부동산 구입하기.

- 전 세계를 관할하는 세금 당국은 존재하지 않는다는 점을 이용하여 다른 나라의 회사와 합병하거나 다른 나라의 회사를 인수함으로써 회사의 본부를 법인세율이 낮은 국가로 옮기기.

세금 체계의 빈틈은 사람들이 알아내서 집중적으로 이용하기 시작하면 곧 막힌다. 그러면 훨씬 더 정교한 세금 체계가 등장하지만, 새로운 세금 체계 역시 나름의 빈틈이 있게 마련이다.

이른바 본인-대리인 문제도 게이밍과 밀접한 관련이 있는 다크 데이터 문제의 한 예다. 이 문제는 한 사람(대리인)이 다른 사람(본인)을 대신하여 결정을 내릴 때 생긴다. 사실 이런 일은 아주 흔하게 벌어진다. 피고용인은 고용인을 대신하여 결정을 내리고 정치인은 유권자를 대신하여 행동한다. 문제는 대리인이 '본인'의 이익이 아니라 자신의 이익을 위한 선택을 할 때 생긴다. 자기만 아는 지식을 이용해서 피고용인이 고용인보다는 자신에게 이로운 선택을 하거나, 정치인이 자기에게 이로운 행위를 하기도 한다. 후자의 경우는 독재로 이어질 수 있는 위험천만한 길이다.

게이밍은 이른바 규제차익regulatory arbitrage에서도 생긴다. 이는 특정한 상황에 여러 가지 규제가 적용되는 경우, 조직(가령 금융기관)이 어느 제도의 적용을 받을지를 선택할 때(가령 본사를 다른 국가로 이전할 때) 생긴다. 분명 조직은 가장 이로운 제도를 선택할 것이며 심지어는 규제 기관을 바꾸기 위해 자신들의 활동을 때때로 재분류하기도 한다.

캠벨의 법칙Campbell's law은 공공정책 분야에서 게이밍의 위험을 잘 요약해준다. "어떠한 정량적 사회 지표라도 사회적 의사결정에 더 많이 이용될수록 부패의 압력을 받으며, 그 지표가 감시하려던 사회적 과정을 더욱 왜곡하고 부패시킨다." 굿하트의 법칙Goodhart's law도 내용은 비슷한데 표현이 좀 더 부드럽다. "어떤 조치가 목표가 되는 순간, 그것은 더 이상 좋은 조치가 아니다."

사회에서 의사결정을 내릴 때 사용되는 학교 내신성적을 예로 들어보자. 내신성적은 사회에서 여러 결정을 할 때 사용되는 학업성취도 지표다. 그런데 학생들의 평균 점수가 줄곧 높아졌다. 이른바 성적 인플레이션이다. 마이클 허위츠Michael Hurwitz와 제이슨 리Jason Lee가 실시한 2018년 미국 학교에 관한 연구 결과에 따르면, 미국의 SAT 시험에서 평균 점수 A를 받은 학생들의 수가 지난 20년 동안 39퍼센트에서 47퍼센트로 많아졌다.[2] 웹사이트 GradeInflation.com은 미국 대학교의 성적 인플레이션을 더 자세히 파고들었다. 이 웹사이트에 따르면, 평균 학점은 1983년 약 2.83에서 2013년 3.15로 높아졌는데, 그것도 해마다 매우 규칙적으로 높아졌다. 그런 경향이 생긴 까닭은 여러 가지일 수 있다. 사람들이 더 똑똑해지고 있거나, 시험문제에 답을 내놓는 데 능숙해지고 있거나, 그것도 아니면 시험제도가 부패하는 바람에 사람들이 더 높은 점수를 받아서일 수도 있다.

이런 경향은 영국의 고등교육 분야에서도 드러나는데, 세월이 흐르면서 학생 수가 많이 늘어났기 때문에 상황이 조금 복잡해졌다. 25세에서 29세 연령대의 학위 소지자 비율은 1993년 13퍼센트에서 2015년에 41퍼센트로 증가했고,[3] 2017년에는 영국 소재 대학교에서 공부하는 학생 수가 230만 명에 달했다.

따라서 진짜 학력 수준이 달라졌는지 알려면 다음을 고려해야한다. 첫째, 다양한 등급의 학점을 취득한 학생들의 절대 수가 아니라 비율을 살펴보아야 한다.* 둘째, 우리는 다음과 같은 가정에 근거해 높은 학점 등급을 받는 비율이 감소하리라고 예상한다. 예전에는 대학이 가장 유능한 학생, 대학 교육을 통해 가장 큰 혜택을 받을 수 있는 소수의 학생을 뽑으려고 애썼다. 그러니 각 연령 집단에서 더 많은 학생을 입학시킨다는 것은 덜 유능한 학생들이나 그런 교육제도에 덜 적합하여 결과적으로 상위 등급 학점을 받기 어려운 학생들을 뽑는다는 의미일 수밖에 없다. 하지만 실제 수치를 보면 어떨까? 전직 영국 대학·과학부 장관인 데이비드 윌레츠David Willetts가 쓴 《대학 교육 A University Education》이라는 아주 요긴한 책에 따르면, 2000년에는 1등급이나 2i등급을 받고 졸업한 학생들이 약 55퍼센트였는데, 2015년이 되자 그 수치는 74퍼센트로 올라갔다.⁴ 이 수치는 우리의 예상과 어긋날 뿐만 아니라 수치의 증가폭도 놀랍도록 크다.

이런 학점 인플레이션은 왜 일어날까?

대학의 수입은 입학하는 학생 수에 달려 있으므로 지원자가 많을수록 많아진다. 그리고 학생들은 취업이 잘될 것 같은 대학에 지원하려고 한다. 또한 취업이 잘되려면 우선 학점을 높게 받아야 한다. 영국의 대학들은 자체적으로 학점을 주고 학위를 수여하기 때문에 자연스레 높은 점수를 주어야 한다는 압력을 받게 마련이다. 따라서

---

* 영국의 대학 체계는 성적이 높은 순서에 따라 학점 등급을 1등급, 2i등급, 2ii등급, 3등급으로 구분한다

자체적으로 성적을 평가할 수 있는 교육기관들 사이의 경쟁이 인플레이션을 유발하는 것이다. 만약 대학이 하나의 공통된 시험제도를 이용하고 학생들도 단일한 기관에서 성적 평가를 받는다면 상황이 달라질 것이다. 현재의 체계에서 그런 기준은 다크 데이터인 셈이다. 학교성적비교표ₗₑₐgᵤₑ ₜₐbₗₑ가 학점 인플레이션을 심화시키는데, 이 비교표는 각 학점별 학생들의 수를 토대로 학교의 순위를 매긴다. 따라서 새로운 입학 지원자들은 자신이 더 높은 학점을 받을 것이라고 예상되는 대학에 더 지원하고 싶어한다.

공정성을 기하기 위해 나의 설명은 매우 단순화되었으며 위의 불공정한 상황을 완화하는 대책들이 시행되고 있음을 밝혀야겠다. 예를 들어 '외부 심사관' 제도가 있어서 원칙적으로 강의의 질과 학점의 수준이 다른 대학들의 감독을 받는다. 게다가 줄곧 학생들에게 1등급만 주는 대학이 일시적으로는 학교성적비교표에서 상위권에 오를지 모르지만, 그 대학에서 '좋은' 등급을 받은 많은 학생이 사실은 아는 게 별로 없다는 사실이 널리 알려지기 전까지만 그럴 것이다. 그런 사실이 알려지면 기업의 채용 담당자들은 다른 대학 출신을 찾게 될 것이고, 그 대학 졸업장으로는 취직이 안 되기 때문에 결과적으로 그 대학에 입학하는 학생들은 줄어들 것이다.

영국의 초중고등 학교들은 상황이 조금 다르다. 중고등 교육 과정이 끝나갈 즈음에 전국적인 시험을 치러 상급 학교 또는 대학에 진학할 학생을 결정한다. 하지만 서로 경쟁 관계에 있는 여러 위원회가 있는데, 위원회마다 시험 체계가 다르다. 시험에 참여하는 학생들이 많은 위원회일수록 돈을 더 많이 번다. 그리고 높은 점수를 받는 학생이 많은 학교일수록 학교성적비교표에서 더 높은 순위에 오른다. 이는 결국 학교들의 경쟁을 밑바닥으로(또는 학생에게 주는 점수로 보자면 꼭대기로) 몰고 가는데, 하지만 어떤 이들은 위원회마다 난이도가 다르다는 증거는 없다고 주장하기도 한다.

게다가 학교는 누구를 입학시킬지에 관해 재량이 있다. 그리고 일단 학생들이 입학하고 나면 학교는 어느 학생들에게 어떤 시험을 치르게 할지 결정할 수도 있다. 성적이 뛰어난 학생들만 시험을 보게 허용하면 학교는 시험의 효과를 확실히 왜곡시킬 수 있다. 이는 **DD 유형 2: 빠져 있는지 우리가 모르는 데이터**의 명백한 예다. 만약 한 조직의 실적이 성공률로 측정된다면, 가장 성공할 가능성이 큰 조건을 선택하면 그 조직이 나아 보일 수 있다. 《타임스》 2018년 8월호에서 영국인 기자 레이철 실베스터Rachel Sylvester는 이렇게 썼다. "점점 더 많은 학교가 학교성적비교표의 등급을 올리려고 시험제도를 이용하는 바람에 학생들이 위험에 빠진다. (…) 사립학교는 학생들에게 늘 상위 등급을 얻지 못할 것으로 예상되는 과목을 택하지 말라고 권장하는데, 이는 학교의 전체 평균 등급을 높게 유지하기 위해서다."[5] 성적이 나쁠 것으로 예상되는 학생들은 학교를 떠나라는 요구를 받을지도 모른다. 그래야 겉보기에 학교 성적이 나아지기 때문이다. 실베스터가 영국 학교 조사기관인 교육기준청의 자료를 인용해, 학생 19,000명이 GCSE 시험(16세에 치르는 전국 학력 시험)을 치르기 직전에 학생 명단에서 빠졌다고 말했다. 그런 행위는 명백히 학교의 순위와 학생 개인의 성적에 영향을 끼친다.

성적이 평가되는 어느 분야에서나 그런 게이밍의 예는 수두룩하다. 아래는 전혀 다른 분야들에서 나온 몇 가지 예다.

- 의과의사는 결과가 부정적이기 쉬운 중증 환자를 피하여 수술 성
  공률을 높일 수 있다. 더 일반적으로 말하자면, 누구를 수술할지
  를 공공연히 선택하지 않더라도 담당 환자들의 구성은 의사마다
  다를 가능성이 있다. 따라서 실력이 동등한 의사들이라도 성공률
  이 저마다 다르게 마련이다.
- 응급 서비스 대응 시간은 응급 상황의 속성을 재정의하는 방법으
  로 조작될 수 있다. 2003년 2월 28일자《텔레그래프》는 다음과
  같이 보도했다. "보건개선위원회에 따르면, 웨스트요크셔 메트로
  폴리탄 앰뷸런스 서비스 NHS 트러스트wymas는 등급 A 호출을
  받은 뒤 앰뷸런스 요원이 현장에 도착해서 등급 A 상황이라고 볼
  정도로 심각하지 않다고 판단한 경우, 호출 등급을 낮추었다. (…)
  또한 감독 기관이 적발한 바에 따르면, 전화를 받은 시각과 위탁
  업체가 대응 시간을 측정하기 시작하는 시각 사이에는 상당한 지
  연이 있었다."[6]
- 3장에서 언급했듯이, 실업의 정의가 바뀌면 수치가 조정될 수 있
  다. 상근직을 찾고 있는 임시직이나 시간제 노동자도 실업자로 간
  주해야 할까? 그런 조작의 극단적인 예는 2017년 2월 말 현재 미
  국 노동통계청이 내놓은 실업 추산치 4.7퍼센트와 도널드 트럼프
  대통령이 내놓은 42퍼센트의 차이에서 잘 드러난다.[7] 후자의 수
  치는 16세를 넘는 인구 중 노동력에 포함되지 않는 모든 사람(집
  에서 머무는 부모, 정규 학생, 은퇴한 조부모 등)을 실업자에 포

함시켜서 얻은 값으로, 경제학자들이 보통 사용하는 정의는 아니다. 일반적으로 그럴 경우 한 정의가 '옳고' 다른 정의가 '틀리다'의 문제가 아니다. 둘은 단지 서로 다를 뿐이며(DD 유형 8: 데이터의 정의) 특징 목적에 대해 더 유용할 수도 덜 유용할 수도 있다.

- 경찰이 범죄의 일부를 덜 심각하다고 재분류하면 실적이 나아진 것처럼 보일 수 있다. 가령《헤럴드》2014년 2월호에 따르면 "경관들은 범죄의 등급을 강등시켜 수치를 알릴 필요성을 느꼈다. 분류체계는 두 단계인데, '범죄'는 지난해에 13퍼센트 줄었고, '범법행위'는 조금 늘었다. 2012~2013년에 범죄는 273,053건이 기록되었지만, 범법행위는 거의 두 배였다."[8]

많이 알려져 있듯 웹사이트도 검색할 때 특정 이름이 먼저 나오도록 조작할 수 있다. 이를 통해 회사 매출을 올리거나 인터넷에서 눈에 잘 띄는 효과를 얻는다.

이 모든 사례는 무언가를 감추거나 다른 관점으로 표현하기 위해 정의를 조작하는 행위다. 알려지면 조직에 부정적인 결과를 끼칠 무언가를 숨기거나, 그냥 놔두면 드러나지 않을 내용을 특정 개인이나 조직에 도움을 주기 위해 의도적으로 드러낸다.

피드백: 피드백이 데이터를 바꿀 때

시험에서 좋은 성적을 받으면 학업에 더욱 충실하게 되어 더 좋은 성적을 받고, 또다시 더 노력할 수 있다. 최종 데이터는 물론 진짜 데이터지만, 측정되지 않았을 때 존재했을 데이터와는 다르다. 완전한 다크 데이터는 아니지만, 우리가 개입하기 전에 있었을 무언가를 숨기고 있다. '개입'이라고 말했지만, 우리의 개입은 의도적으로 수치를 바꾸려는 시도가 아니라 값이 무엇인지 알아내려는 시도일 뿐이다. 그런데 바로 이 시도가 수치를 바꾸기 때문에 우리는 애초에 측정하고자 했던 것과 다른 값을 얻게 된다.

위의 이야기는 피드백 메커니즘의 예로서, 우리가 측정했던 데이터가 거꾸로 영향을 끼쳐서 값을 바꾼다. 이런 피드백 메커니즘은 어디에나 있다. 물리계에서도 생기는데, 음향 시스템이 한 가지 예가 될 수 있다. 마이크가 스피커의 출력을 받아서 다시 스피커로 되먹이면, 그 스피커의 출력을 다시 마이크가 받아서 재입력하는 식으로 매번 소리가 커져서 으르렁거리는 소리가 나온다. 생물계에서도 생긴다. 혈액 응고의 경우 손상된 조직은 혈소판을 활성화시키는 물질을 방출하는데, 이로써 더 많은 혈소판이 활성화되고, 이는 다시 그 물질을 더 많이 방출하게 되는 결과로 이어진다. 그리고 심리 현상에서도 생긴다. 피실험자가 자신이 과제를 수행하는 과정을 누군가 관찰하고 있다는 사실을 알면 더 열심히 과제를 수행할 수 있다 (2장에서 언급한 호손 효과). 피드백 메커니즘이 특히 놀라운 결과를 초래하는 경우는 금융 분야에서 '거품'의 형태로 나타날 때다.

금융시장의 거품은 주식(또는 다른 자산)가격이 급등했다가 급락하는 현상이다. 이 경우 가격의 변동은 실질적인 내재가치의 변동을 전혀 반영하지 않으며, 자산의 내재가치에 대한 비판적 평가의 부재나 탐욕에서 생겨난다. 기본 가치가 실제로 증가했으리라는 잘못된 믿음 때문에 생기는 셈이다. 여기서 근본적으로 중요한 점은 이렇다. 기본 가치가 주식가격에 영향을 끼치는 요인들 중 하나이긴 하지만, 핵심은 사람들이 얼마나 기꺼이 자금을 투입하겠느냐는 것이다. 저명한 경제학자 존 메이너드 케인스John Maynard Keynes는 미인대회에 빗대어 이렇게 말한 적이 있다. "그것은 누군가가 어떤 이들[얼굴]을 실제로 가장 예쁘다고 판단해서 선택하는 행사가 아니며, 심지어 평균적인 의견이 어떤 이들을 진정으로 가장 예쁘다고 평가해서 선택하는 행사도 아니다. 우리는 평균적인 의견이란 무엇이어야 하느냐를 예상하느라 골몰하는 세 번째 단계에 도달했다. 그리고 내가 보기에 네 번째, 다섯 번째 그리고 더 높은 단계에 도달한 이들도 있다."9

역사는 금융 거품의 사례들로 가득하다.

중대한 사례는 18세기 초반, 프랑스가 종이 수표를 도입하면서 일어났다. 이전에 돈은 귀금속에 바탕을 두고 있었다. 수표의 발행은 금융 거품에 아주 극적으로 영향을 끼쳐서 프랑스 경제를 몰락시켰으며, 이후 80년 동안 종이 수표의 추가 도입이 지연되었다.

이 모든 일은 1716년에 시작되었다. 스코틀랜드 경제학자 존 로John Law가 프랑스 정부를 설득하여 방크 제네랄Banque Générale이라는 은행을 새로 설립했고, 그 은행의 금과 은 보유고를 바탕으로 종이 수표를 발행했다. 로는 이에 만족하지 않고 훨씬 더 원대한 계획을 실천에 옮겼다. 이듬해인 1717년 로는 프랑스 정부를 다시 설득하여 프랑스와 식민지 사이의 교역권을 따냈다. 식민지는 남쪽 미시시피

강에서 시작해 아칸소, 미주리, 일리노이, 아이오와, 위스콘신, 미네소타 그리고 캐나다 일부까지 약 5천 킬로미터에 걸쳐 방대하게 뻗어 있었다. 로는 회사에 자금을 대기 위해 주식을 팔아 현금과 국채를 확보했다. 식민지에 금과 은이 풍부하다는 소문이 나돌면서 로의 계획은 투자자들의 관심을 끌었다. 하지만 로는 거기서 그치지 않았다. 프랑스와 아프리카 사이의 담배 교역 독점권을 얻어냈고, 중국 및 동인도와 거래하는 회사들을 인수했다. 그리고 로의 '미시시피 회사Mississippi Company'는 프랑스 동전을 주조하는 권리와 더불어 프랑스 세금 대다수를 징수하는 권리도 샀다. 이 모든 행위에 드는 자금은 회사의 주식을 추가로 발행하여 얻었다.

미시시피 회사의 성장과 발맞추어 주식가격도 올랐는데, 1719년 한 해에 무려 20배가 올랐다. 주식가격이 급등하자 투자자들이 대거 몰려들었다. 주식을 사려고 떼지어 몰려오는 사람들을 통제하려고 군인들까지 동원되었을 정도였다. 그리고 투기성 거품이 늘 그렇듯이 잃는 돈을 감당할 수 없는 사람들조차 투자하기 시작했다.

속성상 거품은 실제로든 비유로든 터지게 마련이다.

미시시피 회사의 전환점은 1720년 1월에 찾아왔다. 그때부터 일부 투자자들이 차익 실현을 위해 주식을 팔기 시작했다. 일반적으로 처음에는 매도자들이 소수이지만 그렇더라도 주식가격의 가파른 상승세가 멈추거나 하락하기 시작한다. 그러면 이미 정점에 오른 가격이 더 크게 떨어지기 전에 현금화하고자 하는 사람들이 매도에 나선다. 이는 결국 더 큰 매도를 불러온다. 그러다가 갑자기 가격이 폭락하는데, 보통 상승한 속도보다 더 빠르게 떨어진다.

로는 과감하게 복구에 나섰다. 특히 금으로 지불하는 액수를 제한하고 회사의 주식을 평가절하했다. 하지만 1720년 12월 주식가격은 최고가의 10분의 1로 떨어졌다. 군중들은 로를 향해 비난을 퍼부었고, 결국 로는 프랑스를 떠나 베네치아에서 가난하게 죽었다.

존 로와 미시시피 회사의 사례도 정말 특별하지만 더 유명한 역사적 사례가 있으니, 바로 네덜란드의 튤립시장 거품이다.

16세기 말경 튤립이 터키에서 네덜란드로 들어왔다. 새로운 종류의 꽃이어서 처음부터 비쌌지만, 독특한 색깔의 튤립(실제로는 식물의 질병 때문에 생긴 것)이 개발되자 가격이 더 올랐다. 튤립 구근의 공급이 제한적이어서 경쟁이 붙었고, 선물先物 가격이 오르기 시작했다. 가격 상승은 사람들에게 매수를 부채질했다. 나중에 구근을 더 비싸게 팔 수 있다고 믿었기 때문이다. 가격은 계속 치솟았고 사람들은 수익을 내려고 예금을 인출하고 주택과 토지를 팔아 튤립 구근을 샀다. 엄청나게 부푼 가격은 튤립의 실제 내재가치를 전혀 반영하지 않았기 때문에 사람들이 차익을 실현하기 위해 현금화를 시작하면 필연적으로 거품이 꺼질 수밖에 없었다. 과연 튤립 가격의 파국적인 붕괴가 뒤따랐다. 사람들은 돈을 잃었고 집까지 잃은 사람도 있었다.

급등과 폭락에 관한 이런 익숙한 이야기를 듣고서 여러분은 순진한 사람들만 희생자가 된다고 여길지 모른다. 하지만 안쪽에서 보면 상황이 달라 보이게 마련인데, 아이작 뉴턴Isaac Newton과 남해회사 South Sea Company 거품 이야기가 대표적이다. 존 로의 미시시피 회사가 발전하던 시기에 영국 정부는 남해회사에게 남태평양 교역의 독점권을 주었다. 독점의 이점을 노린 투자자들이 몰려들기 시작했고, 주식가격이 급격하게 올랐다. 아이작 뉴턴도 일정량의 주식을 샀다가 1720년 초에 팔아서 꽤 수익을 올렸다. 하지만 안타깝게도 주식가격이 계속 오르자 너무 빨리 팔았다고 판단하여 다시 뛰어들었다. 주가는 계속 오르더니 정점을 찍은 다음 1720년 후반에 폭락했다. 뉴턴은 평생 번 돈을 거의 전부 잃었다. 아이작 뉴턴한테 생길 수 있는 일이라면 누구에게나 생길 수 있다.

이런 일들은 지나간 사례다. 하지만 금융 거품이 터지는 소리는 역사의 메아리로만 들리는 것이 아니다.

이른바 닷컴 거품은 인터넷이 발전하면서 첨단 IT 기업들에 대한 관심의 파도가 높아진 결과였다. 다수의 IT 기업은 가치가 수백억 달러에 달할 만큼 주가가 올랐다. IT 기업들의 주식 거래소들을 대표하는 나스닥 종합주가지수에 속한 주식들이 1990년에서 2000년 사이에 10배 치솟았다(미시시피 회사 수준은 아니었지만, 어쨌거나 깜짝 놀랄 만한 상승률이다). 그러다가 사람들이 주식이 과평가되었음을, 다시 말해 주가가 경제적 가치의 관점에서 현실을 적절히 반영하지 않은 환상임을 깨달으면서 붕괴가 일어났다. 2002년 10월이 되자 나스닥 종합주가지수는 이전의 5분의 1 수준으로 떨어졌다. 미시시피 회사 사태와 마찬가지로 심각한 연쇄반응이 일어나 미국은 경기 침체에 빠지고 말았다.

나스닥 거품에 뒤이어 미국 부동산 거품이 발생했다. 투자자들이 나스닥 주식을 팔고 난 후 안전하게 자산을 맡길 곳을 찾아 부동산에 돈을 투자했다. 집값이 급등하기 시작했고, 서브프라임 대출을 비롯해 거품을 시사하는 행위들이 속출했다. 적어도 2006년 정점에 이르기 전까지, 그리고 상황이 끔찍해지기 전까지는 그런 경향이 계속되었다. 집값이 정점을 찍은 뒤 3년이 채 안 되어 평균 집값이 3분의 1이나 떨어졌다. 미국의 부동산 거품 붕괴는 다시 전 세계에 불경기를 초래했는데, 1930년대 이후 최대 규모였다.

아래는 피드백이 왜곡하는 데이터의 마지막 사례다. 이번에는 피드백 현상이 대놓고 데이터의 일부를 은폐하는 역할을 했다.

2011년 잉글랜드와 웨일스는 온라인 범죄 지도 시스템을 내놓았다. 사용자들이 범죄가 어느 지역에서 벌어졌는지를 확인할 수 있는 시스템이었다. 당시 영국 내무부장관 (그리고 나중에 총리가 된) 테리사 메이Theresa May는 이렇게 말했다. "사람들은 자기가 사는 지역에서, 단지 거주지 근처만이 아니라 동네 전체를 통틀어서 어떤 범죄가 일어나는지를 실제로 알 수 있다는 사실을 반가워할 것입니다." 2013년 뉴욕 경찰청도 비슷한 상호작용형 지도를 내놓았다. 오늘날에는 흔히 볼 수 있는 시스템이다. 이 시스템의 명백한 장점은 사람들이 정보를 바탕으로 어느 집을 사거나 임대할지, 밤에 어느 거리를 산책할지 등을 결정할 수 있다는 것이다. 물론 어떠한 대규모 데이터베이스라도 다 그렇듯이 정보가 완벽하지는 않으며 때로는 오류가 끼어든다. "범죄 지도를 보면 [영국] 햄프셔주 포츠머스시의 서리가에는 12월에 강도, 폭력, 반사회적 행동의 범죄가 136건 있었다고 나온다. (…) 하지만 채 100미터도 안 되는 그 거리는 술집 하나, 주차장 하나, 그리고 공동주택 한 블록이 들어선 곳일 뿐이다."[10] 절대 얼씬거려서는 안 되는 거리이거나, 아니면 데이터에 문제가 있거나 둘 중 하나다.

하지만 데이터 오류는 제쳐두고라도, 범죄 지도 아이디어에는 다크 데이터와 피드백이 개입하는 더 미묘한 사안이 있다. 이것에 관심이 쏠리게 된 계기는 영국 다이렉트라인 보험 그룹Direct Line Insurance Group이 설문조사를 통해 다음과 같은 보도를 내놓았기 때문이다. "모든 영국 성인의 10퍼센트가 명시적으로든 암묵적으로든 범죄를 경찰에 신고하지 않으려고 하는데, 그 이유는 그런 사실이 온라인 범죄 지도에 올라오면 부동산을 임대·매도할 때 부정적인 영향을 받거나 부동산 가치가 떨어진다고 여기기 때문이다."11 범죄 지도는 어디에서 사건이 발생했는지를 보여주는 대신 사람들이 범죄를 신고하기를 꺼리지 않는 곳이 어디인지를 보여줄 위험을 안고 있었다. 이는 범죄 지도의 목적과는 완전히 배치되는 이야기이지만 이런 데이터에 기반해 의사결정을 하는 사람은 누구나 쉽사리 현혹될 수 있다.

피드백이라는 주제에 관해 마지막으로 말하자면, 거품을 조장하는 핵심적인 심리적 동기는 앞서 다루었던 '확증 편향'이다. 이로 인해 우리는 기존 관점을 지지하는 정보를 무의식적으로 따르고, 그런 관점을 뒷받침하지 않는 데이터는 무시해버린다. 다른 여느 곳과 마찬가지로 금융 분야에서도 사람들은 자신이 원하거나 이미 내린 결정을 지지하는 정보를 선호한다.

음향학의 세계에는 '반향실'이라는 용어가 있는데, 이제 이 말은 믿음이나 태도, 의견이 되먹임되어 다시 강화되는 상황을 가리키는 데도 쓰인다. 사회적 네트워크의 맥락에서 보면, 이 피드백은 지엽적인 믿음을 과장해서 양분화와 극단화를 초래할 수 있다. 원리는 단순하다. 누군가가 어떤 주장을 하고 다른 이들이 이를 퍼뜨리다 보면, 처음 그 주장을 한 사람의 귀에 들어간다. 이 사람은 자기 주장이 되돌아온 줄 모르고서 이렇게 생각한다. "옳거니, 내 생각대로네! 다른 사람들도 나랑 똑같이 생각하잖아!"

이런 식의 과정이 거짓 사실, 가짜 뉴스, 터무니없는 음모론을 전파하는 강력한 엔진이 된다. 그런 사이클이 우발적으로 생길 때도 종종 있지만, 소문이 점점 더 빠르게 도는 메커니즘을 악용해 개인들이 거짓 정보를 의도적으로 퍼뜨리기도 한다. 마찬가지로 정부들도 다른 정권을 불안정하게 만들기 위해 잘못된 정보를 퍼뜨리거나 일사불란하게 대처하지 못하도록 혼란을 야기하기도 한다. 의도적으로 부정확하거나 틀린 정보를 만들어 퍼뜨리는 것은 단지 진실을 감추고 다크 데이터로 은폐하는 것보다 훨씬 더 큰 피해를 끼칠 수 있다.

정보 비대칭: 중고차 시장에서 무슨 일이 일어났나

정보 비대칭은 한 당사자가 다른 당사자보다 더 많은 정보를 갖는 상황을 가리키는 일반적인 용어다(DD 유형 12: 정보 비대칭). 다른 방식으로 말하면, 당사자들 중 한쪽에게는 일부 데이터가 다크 데이터인 상황이다. 당연히 정보가 적은 쪽이 협상이나 갈등 상황에서 불리한 처지에 놓인다. 몇 가지 사례를 살펴보자.

노벨상을 수상한 경제학자 조지 애컬로프George Akerlof는 1970년 〈'레몬'시장: 품질 불확실성과 시장 메커니즘The Market for Lemons: Quality Uncertainty and the Market Mechanism〉이라는 인상적인 제목의 논문에서 어떻게 정보 비대칭이 심각한 결과를 낳을 수 있는지를 알려주는 멋진 우화를 하나 소개했다. 여기서 '레몬'은 구매해놓고 보니 품질이 나쁘거나 결함이 있는 자동차를 가리키는 은어다. 그 반대말은 품질이 뛰어나고 상태가 온전한 자동차를 가리키는 '복숭아'다.

중고차 구매자는 구매 당시에는 차가 온전한지 결함이 있는지 모른다. 다른 조건들이 동일하다면 구매자가 사는 차는 나중에 반반의 확률로 레몬 아니면 복숭아일 것이다. 그러므로 구매자는 레몬이나 복숭아의 평균 가격만 지불하려고 할 것이다. 하지만 판매자는 차의 상태를 아는 유리한 위치에 있다. 따라서 판매자는 복숭아를 평균 가격에 팔고 싶지 않을 것이므로 복숭아는 쟁여놓고 레몬만 팔려고 할 것이다. 레몬밖에 살 수 없다는 걸 알게 된 구매자는 더 낮은 가격을 지불하려고 하는데, 그러면 판매자는 복숭아를 내놓겠다는 마음이 더더욱 줄어든다. 이런 식으로 피드백 고리가 굳건해지면 복숭아 보유자들이 시장에서 쫓겨나고 중고차의 가격과 품질은 더 떨어진다. 최악의 경우 시장의 기능이 완전히 마비되어 작동하지 않을 수도 있다.

정보 비대칭은 군사적 충돌에서도 종종 핵심 역할을 한다. 만약 한쪽이 다른 쪽보다 상대편의 군대 배치 상태를 더 많이 알면 압도적으로 유리해진다. 이 개념은 정찰대를 보내서 적진의 상태를 알아내기에서 드론, 위성사진, 통신 도청 이용하기에 이르기까지 정보 수집 전략의 밑바탕이 된다.

스파이 활동도 마찬가지인데, 이 경우 한쪽은 다른 쪽의 기밀 정보를 알아내려고 시도한다. 기밀 정보를 알아내면 상대에게 엄청난 피해를 입힐 수 있기 때문이다. 2010년 미군 정보분석가 첼시 매닝 Chelsea Manning(성전환 여성으로 남성일 때 이름은 브래들리 매닝Bradley Manning이다)이 다량의 민감한 문서들을 위키리크스WikiLeaks에 유출하는 바람에 정치적 망명자들을 포함한 다수의 생명이 위험해지는 결과가 벌어졌다.

정보 비대칭 문제를 해결하고자 규제가 도입된 경우도 있다. 아르얀 로이링크Arjan Reurink는 금융계에서의 해당 규제에 관해 다음과 같이 말했다. "정보가 시장에 제공되도록 촉진하고 정보 비대칭의 문제를 개선하기 위해 금융 규제 기관들은 모든 발전된 금융시장에서 공시 의무disclosure requirement를 중심 과제로 부과했다. 공시 의무에 따라 금융상품 발행자와 금융 서비스 제공자는 시장과 상대방에게 모든 관련 정보를 시의적절하게 공개해야 하며, 모든 시장 참가자들이 이 정보에 동등하게 접근할 수 있도록 만전을 기해야 한다."[12] 달리 말해 이런 규제들은 투명성을 강화하고자 하는데, 그래야만 데이터가 숨지 않고 드러날 수 있기 때문이다.

일반적으로 이런 논의에서 얻을 수 있는 교훈이란 비대칭 정보를 조심해야 하며 다른 사람은 아는데 나는 모르는 것이 없는지 자문해 보아야 한다는 것이다.

다크 데이터가 알고리즘에 끼치는 영향

리치 카루아나Rich Caruana 연구팀은 기계학습 시스템을 하나 내놓았다. 폐렴에 걸린 환자들이 그 병으로 사망할 확률을 예측하는 시스템이다. 대체로 상당히 정확한데, 다만 천식 이력도 있는 환자의 경우는 예외였다.[13] 천식이 있는 환자는 다른 환자들보다 폐렴으로 사망할 위험을 낮게 예측했는데, 이는 분명 뜻밖의 발견이며 직관에 반하는 것 같다. 호흡을 방해하는 문제가 더 있는데 어떻게 상황이 더 좋아질 수 있을까? 어쩌면 이는 중요한 발견(천식에 뜻밖에도 폐렴을 예방하는 어떤 생물학적 메커니즘이 있다든지)일 수도 있는데, 어쨌거나 놀라운 일이다. 한편으로 어쩌면 예기치 못한 다크 데이터로 인해 우리가 틀릴 수도 있으므로 그 결론을 믿어서는 안 된다고 보아야 할지도 모른다.

실제로 면밀히 조사했더니 기계학습 시스템이 틀렸다. 그 시스템이 내린 결정은 그야말로 다크 데이터의 결과였다. 조사 결과, 당연히 천식 이력이 있는 환자는 실제로 사망 위험이 컸는데, 그것도 매우 커서 일등급 치료를 받는 집중치료실로 보내야 할 정도였다. 다행히 집중치료실에 입원한 환자들은 치료의 효과가 매우 좋아서 폐렴으로 인한 사망 위험이 줄었다. 그런데도 기계학습 시스템은 그런 환자들이 다른 치료를 받았다는 사실을 모른 채, 단지 천식 이력이 있는 환자들의 사망 위험이 줄어들었다고 결론을 내리고는 의사들에게 그런 '저위험' 환자들을 퇴원시키라고 지시하고 말았다.

여기서 근본적인 문제는 기계학습 알고리즘이 관련 데이터 중 일부를 누락했다는 것이다. 위의 사례에서 알고리즘은 천식 환자가 다른 치료를 받았음을 알지 못했다. 하지만 왜곡된 데이터 세트로 인한 알고리즘의 문제는 어디에서나 생길뿐더러 치명적이기도 한데, 때로는 최선의 의도에서 그런 결과가 나오기도 한다. 어째서 그런지 알아보자.

이 장 서두에 나오는 보험 사례에서 보았듯이, 많은 국가는 특정 집단에 대한 차별적이거나 불공정한 취급을 명시적으로 금하는 입법 규정이 있다. 영국에서는 2010년 평등법이 마련되었는데 목적은 다음과 같다. "각료 및 기타 인사가 자신의 담당 업무에 관해 전략적 결정을 내릴 때, 특정 상황에서 피해자가 발생하지 않도록 (…) 사회 경제적 불평등을 줄이는 것이 바람직하다는 것을 유념하고, 특정 직무를 수행할 때 기회의 균등을 증진하기 위해 (…) 차별과 그 밖의 금지된 행위가 없도록 요구한다."

이어서 평등법은 직접적인 차별을 다음과 같이 정의한다. "사람 (A)이 사람(B)을 차별한다는 것은 보호 특성protected characteristics(성별, 종교, 인종, 성적 지향 등을 가리킨다 – 옮긴이)을 이유로 A가 B를 다른 이들보다 덜 우호적으로 대우하는 경우를 말한다." 평등법은 여러 가지 보호 특성 각각에 대해 세부사항을 기술한다. 이 얘기는 곧 집단 분류(예를 들면 성별이나 인종)를 근거로 어떤 사람을 다른 사람보다 덜 우호적으로 대하는 것을 금지한다는 뜻이다. 이어서 법은 간접 차별을 정의한다. "A가 B에게 B의 보호 특성과 관련하여 차별적인 규정, 범주, 관행을 적용하면 간접 차별이다."

미국도 '불평등 대우disparate treatment'를 방지하기 위한 비슷한 법이 있다. 불평등 대우란 보호 특성 때문에 어떤 이가 의도적으로 다른 이들보다 덜 우호적으로 대우받는 것을 의미한다. 한편 '불평등 효과disparate impact'란 여러 집단을 평등하게 대우하는 것처럼 보이는 행위가 어떤 집단에게 다른 집단보다 더 큰 영향을 끼치는 효과다.

보호 특성은 나라마다 조금씩 다른데, 나이, 성전환자 여부, 결혼(이성 간의 법적 결혼)을 했는지 아니면 사실혼이나 동성혼 관계인지, 임산부인지 출산 휴가 중인지, 장애가 있는지, 젠더 재조정, 인종(피부색·국적·인종적 또는 민족적 기원), 종교, 신앙을 갖고 있는지 아닌지, 성별 그리고 성적 지향과 같은 특징들이다. 기본적으로 법은 보호 특성을 다크 데이터로 취급해야 한다고 명시한다. 보호 특성이 여러분의 결정에 영향을 끼쳐서는 안 된다는 말이다. 따라서 이 법이 영향을 끼쳤던 두 가지 분야를 살펴보자.

앞서 보았듯이 신용 평점표는 대출 신청자가 채무불이행을 할 가능성을 점수 형태로 산출하는 통계 모형이다. 이 모형은 고객 표본과 그들의 채무불이행 여부에 관해 알려주는 과거 데이터를 이용하여 구성된다. 과거에 채무를 불이행했던 사람들과 비슷한 특성이 있는 사람들은 위험성이 높다고 예상할 수 있다. 이런 신용 평점표를 작성할 때 우리는 최대한 정확하게 만들고 싶을 것이다. 가령 평점표가 어떤 특성값을 지닌 대출 신청자의 10퍼센트가 채무를 불이행하리라고 추산했다면, 우리는 대략 10퍼센트가 실제로 그렇다고 확신하고 싶을 것이다. 그런데 막상 신청자의 80퍼센트가 채무를 불이행한다면, 우리의 비즈니스 활동은 재앙이 되고 만다.

평점표가 최대한 정확하려면 입수할 수 있는 모든 정보를 사용하고 유용할 수 있는 정보를 무시하지 않아야 한다. 그런데 이 시점에서 독자들은 한 가지 문제점을 알아차렸을 것이다. 정확을 기하려면 앞서 열거했던 것과 같은 보호 특성을 포함시켜야 현명하겠지만, 법은 타당한 이유로 이를 금지한다. 법에 따라 우리는 보호 특성을 의사결정 과정에 포함해서는 안 된다.

분명 이런 제약을 빗겨나갈 방법이 있다. 나이를 평점표에 포함할 수 없다면 나이와 매우 상관관계가 큰 정보를 대안으로 선택할 수 있다. 하지만 입법자들은 보호 특성이 이런 식으로 뒷문으로 기어들어가는 문제에 지혜롭게 대처한다. 신용 평가에 관한 미국 의회 보고서에 다음 내용이 있다. "특히 이 연구를 위해 사용된 모형에서 얻은 결과가 보여주듯이 (…) 어떤 신용 관련 특성들이 부분적으로나마 나이에 대한 제한적인 대용물 역할을 한다." 아울러 보고서는 다음과 같이 지적했다. "이 제한적인 대용물을 사용하면 사용하지 않았을 때의 결과에 비해 나이 든 사람에 대한 신용 평점은 조금 낮고 젊은 사람의 신용 평점은 조금 높게 나온다."[14]

보호 특성의 사용 자체를 금지할 뿐 아니라 보호 특성이 이처럼 미심쩍게 사용되지 못하도록 입법자들은 보호 특성과 상관관계가 있는 변수들의 사용도 금지할 수 있다. 안타깝게도 이 해법에는 두 가지 문제점이 있다.

첫째, 의회 보고서가 밝히고 있듯이 "분석해보니, 모형에서 [나이와 상관관계가 있는] 이러한 신용 특성을 배제하는 방식으로 이 효과를 완화하려다가는 대가를 치르게 된다. 왜냐하면 이러한 신용 특성은 나이의 대용물 역할을 훌쩍 넘어서 강력한 예측능력을 갖기 때문이다". 다시 말해 상관관계가 있는 특성을 평점표에서 배제하면 합법적이고 유용한 정보가 희생될 수 있다.

둘째, 적어도 인간에 관한 문제인 한 대다수 사안은 어느 정도 상관관계가 있게 마련이다. 상관관계를 무시하다가는 예측능력이 있는 정보를 몽땅 내다버리게 될지 모른다. 그러면 모든 사람을 '위험성 측면에서 나쁨' 아니면 '위험성 측면에서 좋음' 둘 중 하나로 분류하는 평점표가 나오고 말기 때문이다.

훨씬 더 중요한 점이 또 하나 있다. 가령 우리가 성별과 더불어 성별과 상관관계가 있는 모든 특성을 배제할 수 있다면, 한 남성과 한 여성이 똑같은 특성을 가졌을 때 똑같은 평점을 받게 된다는 점에서 남성과 여성에 대한 예측은 공정해질 것이다. 그런데 사실은 일반적으로 여성은 남성보다 위험성이 적고, 다른 조건들이 똑같다면 채무를 불이행할 가능성이 작다. 다시 말해 기록된 데이터의 관점에서 특성이 동일한 남성과 여성이 동일한 평점을 받게 강제하면 결과적으로 여성은 채무불이행 확률이 과대평가되어 부당하게 손해를 입게 되고, 반대로 남성은 채무불이행 확률이 과소평가되어 부당하게 이익을 얻게 된다. 그리고 확률 산정은 보험금을 지불할 때에도 반영될 것이다. 공정하다고 보기 어려운 처사다.

관건은 '공정'을 정확히 어떤 의미로 규정하느냐에 달려 있다.

미국에서 실시한 한 연구에 따르면, 평균 신용평점은 850점 만점에 남성은 630점, 여성은 621점이었다. 이 차이는, 남성이 평균적으로 높은 임금을 받는 경향이 있듯이, 집단 간 차이의 관점에서 설명될 수 있다. 신용평점을 계산할 때 포함되는 요소 중 하나가 소득이기 때문이다. 신용평가 회사 크레딧 새서미Credit Sesame의 수석 전략관 스튜 랭길Stew Langille은 이 연구를 언급하면서 이렇게 말했다. "그 연구가 남성과 여성의 신용평점이 크게 차이 나지 않음을 보여준다는 면에서 좋은 일일 수는 있으나, 그렇다고 해서 공정하다는 느낌이 들지는 않는다."

은행의 신용평가가 이런 형태의 다크 데이터가 생기는 유일한 분야는 아니다. 보험에도 동일한 종류의 신용평가 체계가 있다. 보험 분야에서 이 체계의 목표는 사건(사망, 질병 발생, 자동차 사고 등)이 생길 확률을 예측하는 통계 모형을 세우는 것이다. 신용평가와 달리 유럽연합의 보험 예측은 최근까지 최상의 예측을 할 수 있도록 해주는 데이터를 바탕으로 이루어질 수 있었다. 하지만 이 장의 도입부에서 보았듯이, 2004년에 성별을 바탕으로 한 차별에 대처하기 위해 EU 젠더 지침이 도입됨으로써 EU 보험회사들은 보험금이나 지불금을 결정할 때 성별을 하나의 요소로 포함시켜서는 안 된다. 성별을 다크 데이터처럼 취급해야 한다는 것인데, 이는 신용평가와 마찬가지 입장이다.

하지만 EU 젠더 지침은 배제opt-out 조항을 하나 갖고 있다. 그 조항은 '개인들의 보험 납입금과 유사시 지급받는 보험금 간의 적절한 차이'를 허용했는데, 이 차이는 '관련된 정확한 사실과 통계 데이터를 바탕으로 위험 평가의 결정적 요소로서 젠더를 구별해서 적용했을 때' 생긴다. 따라서 통계 모형에서 다른 모든 특성이 동일한 남성과 여성이라도 데이터상 위험성이 다르게 나오면 보험 납입금이 다르게 부과될 수 있다.

전부 매우 타당한 이야기며, '공정'의 진정한 의미를 고려한 조치다. 하지만 2008년 벨기에 헌법재판소에 그 배제 조항이 남성과 여성을 평등하게 대우해야 한다는 원칙과 양립할 수 없다고 주장하는 소송이 제기되었다. 법적인 절차가 천천히 진행되다가 마침내 2011년 3월 유럽사법재판소European Court of Justice가 그 배제 조항은 2012년 12월 21일부터 효력을 상실한다고 결정했다. 따라서 성별 외에 다른 특성이 동일한 남성과 여성이라면 데이터상 위험성이 다르게 나온다고 해도 보험 납입금을 차이 나게 부과하는 것은 불법이다. 이후 성별은 다크 데이터로 취급되어야 했다.

가령 자동차 보험 납입금의 경우 이전에는 여성의 요율이 낮았다. 데이터상 여성은 사고 확률이 낮았기 때문이다. 하지만 법이 바뀐 뒤로 그런 차이는 더 이상 허용되지 않았다. 그 영향이 잘 드러나는 자료가 바로 2013년 1월 21일자《텔레그래프》에서 발표한 도표다.[15] 그 규정이 나오기 이전에 남성(더 위험성이 높은 집단)의 평균 보험 납입금은 658파운드였으나 그 규정이 나온 뒤에는 619파운드로 낮아졌다. 이와 반대로 그 규정이 나오기 이전에 여성의 평균 보험 납입금은 488파운드였는데, 그 규정이 나온 후에는 529파운드로 올라갔다. 위험성이 가장 높은 집단인 17~18세의 경우, 남성의 납입금은 2,298파운드에서 2,191파운드로 줄어든 반면에 여성은 1,307파운드에서 1,965파운드로 올라갔다.

이뿐만이 아니다. 새 보험 납입금으로 인해 위험성이 더 높은 집단인 남성이 보험에 가입하기가 더 쉬워져서 도로에 더 많이 나오는 반면에 위험성이 낮은 집단인 여성이 도로에 덜 나오게 된다. 사회에 별로 이롭지가 않다! 이번에도 관건은 '공정'에 대한 특정한 해석이다.

일반적으로 보험 납입금은 어떤 부정적 사건이 일어날 위험성에 대한 추성치를 바탕으로 정해진다. 이를테면 자동차 사고를 내거나 질병에 걸리는 바람에 보험금을 청구할 필요성이 생길 위험성에 따라 정해진다. 그리고 이런 위험성은 과거의 데이터에 바탕을 둔다. 건강을 예로 들자면 사람은 저마다의 특성(나이·성별·체질량지수·과거 의료 이력 등)을 바탕으로 여러 집단으로 분류될 수 있으며, 데이터는 동일한 특성을 지닌 각 집단이 병에 걸리는 비율을 알려준다. 이 비율을 근거로 동일한 특성을 지닌 특정 집단의 한 개인이 장래에 병에 걸릴 확률을 추산한 뒤 각 개인이 지불해야 할 보험 납입금을 결정한다. 그러면 동일한 집단 내의 개인들은 병에 걸릴 확률이 동일하다고 간주되므로 동일한 보험 납입금을 지불하게 된다. 보험계리인의 업무가 바로 이 과정을 거쳐 보험 납입금을 계산하는 것이다.

하지만 이제 시간의 경과와 함께 이 사람들의 집단을 살펴보자. 여러 이유로 집단의 구성원들이 달라진다. 가령 누구는 체중이 늘고, 누구는 금연을 하고, 누구는 보험을 중도 해지할 것이기 때문이다. 이에 따라 집단의 각 구성원이 병에 걸릴 위험성이 달라지는데, 그것도 제각각으로 달라진다. 집단의 평균 위험성과 비교할 때, 병에 걸릴 가능성이 어떤 이는 작아지는 반면 어떤 이는 커지므로 보험금을 청구할 가능성이 누군가는 커지고 누군가는 작아진다.

병에 걸릴 가능성이 작은 이들은 자신은 건강 상태가 좋은 편이므로 보험회사를 바꾸면 납입금을 줄일 수 있다고 여길 수 있다. 반면 건강이 더 나빠진 사람들은 원래의 보험금을 계속 낸다. 차츰 데이터가 누적됨에 따라 보험회사는 위험성이 높은 사람들이 지불하는 총 납입금으로는 보험 청구액을 충당하기 어려움을 알게 된다. 이때 보험회사는 납입금을 올린다. 이 사이클은 반복되어 보험 납입금이 자꾸만 올라가는 이른바 보험의 '죽음의 나선'이 생긴다. 조지 애컬로프의 레몬시장을 기억하기 바란다.

여기서 요점을 말하자면, 보험금은 평균을 바탕으로 정해진다. 원래 집단에 속한 모든 사람의 위험성을 똑같다고 여기는데, 실은 저마다 위험성이 얼마간 다르다. 모두를 본질적으로 똑같다고 취급하면 평균에서 각자 벗어나는 정도를 다크 데이터로 취급하는 셈이다(DD 유형 9: 데이터의 요약).

데이터를 평균으로 대체하는 것은 요약하기나 뭉뚱그리기로 값을 흐릿하게 만드는 한 가지 예이며, 가상적이거나 이론적인 현상이 아니다. 미국에서 2010년에 법제화된 건강 계획으로서 오바마케어Obamacare라고도 종종 불리는 적정부담보험법Affordable Care Act을 예로 들어보자.

이 법안의 이른바 의무가입 조항은 대다수 미국인이 어떤 특별한 상황을 제외하고는 의료보험에 가입해야 하며 어기면 벌금을 내도록 요구했다. 다시 말해 병에 걸려서 값비싼 의료 조치를 받을 위험성이 낮은 건강한 사람들도 의무적으로 보험에 가입해야 한다는 뜻이다. 이것은 다시 보험 가입자 전체 집단의 위험성이 평균적으로 낮아져서 보험 납입금도 적어질 수 있다는 뜻이다. 하지만 2017

년 상원 법안이 이 의무조항을 삭제함에 따라 사람들은 의료보험을 들지 않아도 된다(2019년부터, 이 모든 입법상의 변경은 그 법이 제정된 시기에 따라 앞으로 시행될 시기가 정해져 있는데, 다만 그사이에 법이 수정되지 않았을 때에 한한다). 그 결과 위험성이 높은 개인들보다 위험성이 낮은 개인들이 더 많이 의료보험을 탈퇴할 것으로 예상되므로 의료보험 가입자들은 평균적으로 더 많은 치료가 필요하고 보험회사가 부담해야 하는 의료비용은 더 늘어날 것이다. 그리고 이는 다시 보험 납입금 인상으로 이어질 것이다. 미국 의회예산처는 의무가입 조항의 삭제로 인해 2027년까지 1,300만 명이 보험에서 탈퇴함으로써 보험 납입금이 해마다 10퍼센트씩 오를 것이라고 예측했다. 이 추산치에 누구나 동의하는 것은 아니다. 스탠더드 & 푸어Standard & Poor는 더 낮은 수치를 내놓았는데, 10년 동안 300~500만 명이 의료보험을 탈퇴할 것이라고 추산했다. 어쨌거나 의료보험의 앞날이 썩 밝아 보이지는 않는다.

이런 상황은 다른 여러 문제를 불러일으킨다. 미국 보험회사들은 그 프로그램에 참여하지 않기로 선택할지 모른다. 이는 역선택(의사결정에 필요한 정보가 부족해 불리한 선택을 하는 것 – 옮긴이)의 또 한 가지 원인으로서, 데이터 및 전체 보험 시스템에 영향을 끼친다. 이 글을 쓰는 현재에도 그런 움직임이 커지고 있는데, 앞으로 어떻게 진행될지 살펴보면 흥미로울 것이다.

이번 장에서는 어떻게 모호한 규정과 간과한 사항이 유리하게 이용될 수 있는지, 관찰된 데이터값이 데이터 생성 과정에 어떻게 영향을 끼치는지, 정보 비대칭이 어떻게 누군가에게 다른 이들보다 이득을 줄 수 있는지, 그리고 다크 데이터의 그러한 측면들이 알고리즘에 어떤 영향을 끼치는지 살펴보았다. 설상가상으로 다크 데이터의 그러한 측면들은 보험의 죽음의 나선에서처럼 합쳐져서 작용할 수도 있다. 하지만 규칙을 조작하는 것과 의도적으로 데이터를 만들어내는 것은 완전히 별개다. 이 문제를 다음 장에서 살펴본다.

6장

고의적 다크 데이터

사기와 기만

DARK
DATA

사기의 세계: 핵심은 데이터 숨기기다

어떤 사기꾼들은 유명해진다. 빅토르 뤼스티그Victor Lustig는 에펠탑과 아무 상관이 없었는데도, 에펠탑을 파는 데 거리낌이 없었다. 1925년 그는 고철상들을 모은 다음에, 파리시가 유지 비용이 너무 비싸서 에펠탑을 고철로 팔기로 결정했다고 알렸다. 얼토당토않은 말로 들리지는 않았는데, 왜냐하면 에펠탑은 원래 1889년 파리 만국박람회를 위해 임시로 제작되었기 때문이다. 뤼스티그는 고철상들에게 에펠탑을 판매한다는 사실이 알려지면 당연히 세간의 비난이 쏟아질 테니 거래가 이루어지기 전까지는 반드시 비밀을 엄수해야 한다고 귀띔했다. 뤼스티그는 문서를 위조해 프랑스 체신부의 부국장으로 행세하면서 고철상들을 에펠탑로 데려가 입찰을 요청했다. 그러면서 그는 앙드레 푸아송이라는 사람을 적당한 먹잇감으로 점찍고 그와 단독으로 만났다. 그러고는 푸아송에게 자기한테 뇌물을 주면 에펠탑을 낙찰받을 수 있으리라고 미끼를 던졌다. 그 후 뤼스티그는 뇌물과 매수 대금을 모두 챙겨서 오스트리아로 도망갔다. 이후 그는 '에펠탑을 팔아먹은 사람'으로 알려졌다.

이 실화는 진실이 숨겨지고 겹겹의 속임수가 활약한 대표적인 사레다(DD 유형 13: 의도적인 다크 데이터). 하지만 또 한 겹이 더해졌다. 푸아송은 충격이 너무 큰 나머지 자신이 사기를 당했다는 사실을 알리지 못하고 상당 기간 비밀로 유지했다.

또한 뤼스티그는 '돈 찍어내는 기계'를 만든 사람으로도 유명했다. 100달러짜리 지폐를 찍어내는 듯 보이는 기계였다. 뤼스티그는 잠재적 구매자들을 모아놓고 지폐 두 장을 천천히 인쇄해서 기계의 성능을 직접 보여주었다. 안타깝게도 구매자들이 그 100달러짜리 지폐가 미리 기계 속에 진짜 지폐를 넣어두었다가 꺼낸 것임을 알았을 때, 뤼스티그는 (기곗값으로 3만 달러를 받아먹고) 이미 종적을 감춘 뒤였다. 피해자들은 자신들이 화폐 위조 기계를 사려다가 사기를 당했다고 경찰에 하소연할 수도 없었다. 이번에도 겹겹의 속임수가 제각기 진실을 감추었다.

뤼스티그의 속임수에서 알 수 있듯이 사기의 핵심은 진짜 상황에 관한 정보 숨기기, 곧 데이터 숨기기다. 하지만 그런 기만 행위는 종종 인간의 마음, 그러니까 수고스레 증거를 저울질하고 꼼꼼하게 데이터를 살피기보다는 성급하게 판단을 내리기 쉬운 성향을 먹고 자란다. 노벨상 수상자인 대니얼 카너먼Daniel Kahneman은 이 성향을 깊이 탐구하여 자신의 베스트셀러인《생각에 관한 생각Thinking, Fast and Slow》에서 설명하고 있다. 카너먼은 이른바 시스템 1 사고와 시스템 2 사고를 구분한다. 시스템 1은 빠르고 본능적이며 감정 상태에 따라 달라진다. 시스템 2 사고는 느리고 세심하며 논리적이다. 시스템 1 덕분에 우리는 이 세계에서 변하는 사건에 맞춰 빨리 반응하며, '이렇게 하는 게 맞겠지'라고 재빠르게 판단을 내린다. 하지만 이렇게 내린 판단은 2장에서 언급했던 것과 같은 여러 가지 무의식적인 편향의 지배를 받아 틀릴 수 있다. 반대로 시스템 2는 증거를 찾고 여러 사실을 저울질하여 심사숙고한 뒤에야 결론에 이른다. 시스템 2는 데이터에 겉보기와 다를 수 있다는 가능성과 무언가가 빠졌을 가능성을 고려한다.

《새로운 옥스퍼드 영어사전》의 공식적인 정의에 따르면, 사기fraud란 금전적 또는 사적인 이득을 얻을 작정으로 부당하게 또는 범죄적으로 속이는 행위다. 보통은 금전적 이익을 얻는 것이 목적이지만, 권력이나 평판 또는 성적인 호의를 얻거나 심지어 테러 공격을 저지르는 것이 목적일 때도 있다. 불행하게도 사기는 인간의 모든 활동에서 벌어질 수 있다. 앞으로 보겠지만 사기성 신용카드 구매부터 금융시장에서의 내부자 거래에 이르기까지 온갖 금융 거래에서 생긴다. 사람들은 위조를 통해 사기 행각을 벌이기도 하는데, 이때 목적은 (예술작품, 수표, 약품을 비롯해 핸드백과 옷 같은 소비자 상품 등 여러 분야에서) 진짜 속성을 숨겨서 모조품을 진짜로 여기도록 만드는 것이다. 인터넷에서도 사기가 벌어진다. 문학에서는 표절의 형태로 벌어진다. 선거에서도 벌어지는데, 여기서 목표는 권력을 얻거나 유지하려고 진짜 투표 결과를 숨기는 것이다. 그리고 7장에서 자세히 살펴보겠지만, 사기는 과학계에서도 생긴다. 과학계에서 벌어지는 사기의 근본 동기는 과학자 자신의 평판을 높이거나 자신이 옳다고 지나치게 확신하는 것이다(그런 믿음을 뒷받침할 진정한 데이터를 찾기 어려운데도 말이다).

베로니크 반 블라셀러Veronique Van Vlasselaer와 동료들은 사회보장제도 관련 사기 행위를 색출하는 방법을 소개하면서 사기를 이렇게 설명한다. "흔하지 않고, 머리를 잘 썼으며, 시간에 따라 진화하는, 꼼꼼하게 기획되어 감쪽같이 숨겨진 범죄."[1] 마지막 특성인 '숨김'이야말로 사기의 다크 데이터 속성을 잘 드러내준다. 사기꾼들은 적어도 잠시 동안은 속임수를 감추려고 한다. 바트 베이센스Bart Baesens와 공저자들도 《사기 분석Fraud Analytics》에서 이렇게 말한다. "사기꾼들은 최대한 많은 것을 주변 상황에 뒤섞어 넣으려는 경향이 있다. 그런 방식은 군대나 카멜레온이나 대벌레 같은 동물이 사용하는 위장 기술과 닮았다."[2] 사기가 꼭 인간만의 관행은 아니다. 사실 동물계도 꽤 보편적으로 사용하는데, 베이센스가 언급한 곤충들은 물론 별선두리왕나비와 긴집게발게(주변 환경에서 얻은 물질을 이용하여 자신을 위장하는데, 핀치새도 이 전략을 쓴다)도 이에 해당한다. 어떤 동물은 반대 전략을 써서 가려주는 것이 없는 장소에서 자신을 위장한다. 이를테면 독이 없는 왕뱀은 매우 위험한 독사인 산호뱀의 고리 무늬로 몸을 위장한다.

오늘날 사기는 가장 흔한 유형의 범죄라고 여겨진다. 〈잉글랜드와 웨일스의 범죄: 2017년 6월 말 이전 1년 동안〉이라는 경찰 보고서는 이렇게 언급한다. "가장 최근의 [잉글랜드와 웨일스에서 벌어진 범죄 조사] 추산치는 2017년 6월 말 이전 1년 동안 580만 건이었는데 (…) 하지만 이 수치에는 사기와 컴퓨터 부정사용 범행이 포함되지 않는다. (…) 사기와 컴퓨터 부정사용 범행을 포함하면 2017년 6월 말 이전 1년 동안 벌어진 범죄 사건은 1,080만 건으로 추산된다."[3] 사기와 컴퓨터 부정사용 사건의 수는 다른 모든 범죄 사건수와 맞먹는다. (적발된) 전자상거래 사기의 비용이 2007년에는 1억 7,800만 파운드였는데, 2016년에 3억 8,000만 파운드로 치솟았다. 2009년 영국에서 일어난 모든 종류의 사기 사건 총액의 추산치에 관한 메타 분석에서, 당시 나의 박사과정 제자인 고든 블런트 Gordon Blunt와 나는 그 액수가 70억~700억 파운드임을 알아냈다. 이렇게 추산치 범위가 넓은 까닭은 사기를 정확히 어떻게 정의하는지에 따라 액수가 달라지기 때문이다.[4]

웹은 전 세계적인 시스템이므로 사기율이 올라가는 것이 비단 영국의 문제만이 아님은 명백하다. 미국의 연방거래위원회의 보고서 〈소비자 불만 민원 네트워크 데이터 북 Consumer Sentinel Network Data Book〉

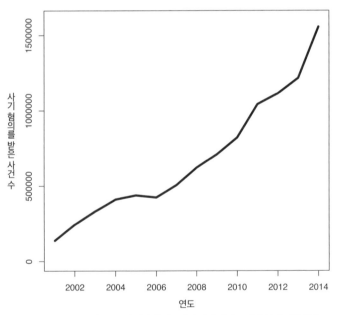

그림 5. 2001년에서 2014년 사이에 미국에서 사기 관련 소비자 불만 민원의 수

은 2001~2014년 사이에 미국에서 사기 관련 불만 민원이 증가하고 있음을 알려준다.[5] 그림 5에 나오듯이 경향은 자명하다.

사기에서 다크 데이터는 상보적인 두 가지 면이 있다. 첫째로, 사기꾼은 자신의 정체와 여러분이 직면하는 상황을 숨기길 바란다(뤼스티그와 고철상을 생각해보라). 둘째로 여러분은 사기를 막기 위해 어떤 데이터(가령 여러분의 암호)를 남들에게 비밀로 하길 바란다. 이번 장은 사기가 발생하는 몇 가지 제한된 영역에서 다크 데이터의 두 가지 면 중 첫 번째를 탐구한다. 두 번째는 9장에서 살펴본다.

신원 도용과 인터넷 사기: '자칼의 날'

피터 스타이너Peter Steiner가 그린 유명한 만화 하나가 1993년 《뉴요커》에 처음 실렸고 이후 전 세계에 퍼졌다. 이 만화에는 컴퓨터 앞에 개가 두 마리 있다. 한 개가 다른 개에게 말한다. "인터넷에서는 네가 개인지 아무도 몰라." 사실 정체를 손쉽게 숨겨주는 월드와이드웹에서는 각종 사기가 벌어질 수 있다. 게다가 인터넷에서는 다른 누군가의 신원을 도용하기도 수월하다.

사기꾼은 개인정보를 알아내기가 매우 쉬운 웹의 특성을 이용하여 다른 사람으로 가장한다. 하지만 이런 식의 속임수가 웹에서 시작되지는 않았다. 신원 도용이라는 용어는 1960년대에 처음 쓰였다. 웹이 출현하기 이전에 이용된 개인정보 획득 방법에는 단순한 전화 통화(인터넷의 발전 이전에 가장 흔한 수단)와 '쓰레기통 뒤지기'(쓰레기통을 뒤져서 오래된 청구서와 급여명세서 같은 버린 문서에서 정보를 찾는 방법)가 있었다. 그리고 웹이 등장했다고 해서 예전의 방법이 사용되지 않는 것은 아니다. 전화 사기는 여전히 흔한데, 종종 발신자는 거짓 전화번호로 사람들을 속여서 (가짜) 은행에 전화를 걸게 하여 암호와 다른 신원 관련 정보를 스리슬쩍 빼낸다.

예전에 신원 도용에 쓰인 또 하나의 수법이 '자칼의 날Day of the Jackal'이다. 프레더릭 포사이드Frederick Forsyth가 쓴 동명의 베스트셀러에서 사용된 방법으로, 사망한 자의 출생증명서를 입수한 뒤 이를 이용해 여권과 같은 개인용 문서를 손에 넣는 것이다. 이 경우 신원이 도용된 사람은 분명 피해를 입지 않지만, 사기꾼은 범죄에 그 신원을 마음껏 이용한다. 39세의 제럴드 더피Gerald Duffy는 이 사기 수법으로 앤드루 래핀Andrew Lappin의 신원을 도용했다. 앤드루 래핀은 고작 세 살 때인 1972년에 교통사고로 사망한 인물이다. 더피는 이 가짜 신분으로 은행계좌를 개설하고 신용카드를 발급받았다.

더 희한한 사례를 들자면, 뉴질랜드 국회의원이자 변호사인 데이비드 개럿David Garrett이 죽은 아이의 출생증명서를 얻은 다음에 그 아이의 이름으로 여권을 발급받은 것이다. 그는 포사이드의 책을 읽고서 실제로 가능한지 알아보려고 장난삼아 그 이름을 훔쳤다고 해명했다.

죽은 사람이나 심지어 자신이 죽인 사람 행세를 하는 것은 월드와이드웹 출현 이전에 신원을 도용하는 흔한 전략이었던 것 같다.

어린이 신원 도용이 특히 문젯거리인데, 왜냐하면 아이가 성인이 되기까지 오랫동안 적발되지 않을 수 있기 때문이다.《뉴욕타임스》

는 가브리엘 히메네스Gabriel Jimenez의 사례를 보도했다.[6] 가브리엘이 열한 살이었을 때 어머니가 어린이 모델인 가브리엘을 위해 세금 신고를 했더니, 그 아이의 세금은 이미 신고된 적이 있었다. 한 불법이민자가 아이의 사회보장번호를 도용했던 것이다. 이와 정반대 관점에서 의심을 잘하지 않는 아동은 신분을 은닉한 사람의 그루밍 성범죄에 노출될 수 있다.

신원 사기가 얼마나 심각한지는 미국의 금융 리서치 회사인 재블린 스트래티지 앤 리서치Javelin Strategy and Research의 2017년 연구에서 잘 드러난다. 연구에 따르면 2016년 신원 사기의 피해자는 미국 소비자의 6퍼센트, 약 1,500만 명에 달한다.[7] 미국 보험정보원은 미국 내 각 주의 신원 도용에 관한 도표를 제시한다.[8] 2016년의 상위 세 개 주(신원 도용이 가장 많았으니 밑바닥 세 개 주라고도 볼 수 있는 곳)는 인구 10만 명당 불만 민원이 176건인 미시간주, 167건인 플로리다주, 156건인 델라웨어주였다. 10만 명당 불만 민원이 가장 적은 주는 55건인 하와이였다.

신원 사기에 관한 보도는 매년 쏟아진다. 데이터실드Datashield 웹사이트는 '사상 최악의 신원 도용 사건'[9] 다섯 건을 설명한다. 물론어떤 신원 도용이 최악의 범주에 드는지 여부는 범주의 정의에 따라 달라지긴 하지만, 어떻게 보든지 간에 이 사건들은 당혹스럽기 그지없다. 가령 필립 커밍스Phillip Cummings는 이전 직장의 고용주한테서 33,000건의 로그인 정보와 패스워드를 훔쳐서 범죄자들한테 팔았고, 범죄자들은 그 정보를 이용하여 5천만~1억 달러를 빼돌렸다. 또한 두 아이의 아버지 맬컴 버드Malcom Byrd의 사례도 있는데, 코카인 소지 혐의로 체포되어 투옥된 그는 자기 이름이 도용되어 범죄에 사용되었음을 경찰에 입증해냈다.

신원 도용의 핵심은 다른 사람으로 가장하기다. 그들은 자기 정체를 숨긴 채 다른 사람으로 행세하면서 최대한 자신을 드러내지 않는다. 웬만해선 먹잇감인 대상을 직접 만나지도 않는다. 하지만 예외도 있다. 《선데이타임스》 2018년 3월 4일자 보도에 따르면, 데이팅 웹사이트 주스크Zoosk에 마틴이라는 사람의 사진과 소개글이 올라왔다. 마틴은 싱글벙글 웃는 표정에다 갈색 머리카락을 한 58세의 덴마크 출신 미국인 홀아비였다. 짝을 찾는 여성들이 호감을 가질 만한 매력적인 남성이었다. 하지만 흥미롭게도 그 사람은 또 다른 데이팅 웹사이트인 엘리트 싱글스Elite Singles에 올라온 크리스티안뿐만 아니라 페이스북에 등장했던 세바스티안과도 매우 닮았다. 그런데 세 사람이 닮은 것은 그리 놀랄 일이 아니었다. 사진과 소개글 모두 46세의 스티브 베이스틴Steve Bastin의 것이었으니 말이다. 스티브는 행복한 결혼생활을 하고 있고, 그런 웹사이트에 접속한 적이 없었다. 누군가가 수단과 방법을 가리지 않고 그의 사진과 인생 이야기를 긁어모았던 것이다. 짐작건대 그러는 편이 아무것도 없는 상태에서 일관성 있는 인물 하나를 만들어내기보다는 쉬웠을 것이다. 잠시이긴 하지만 여러 여성이 계책에 넘어갔고, 안타깝게도 이런 식으로 사기를 치는 일은 흔히 일어난다. 그런 사기꾼과 사랑에 빠진 사람들(대체로 여성들)에 관한 소식이 잊을 만하면 언론에 올라온다. 종종 그들은 사기꾼에게 거액의 돈을 주기도 한다. 사기꾼이 거짓으로 꾸민 일에 돈을 대준다거나 사기꾼이 유산을 물려받을 때까지

(설마!), 또는 있지도 않은 사업상의 거래가 체결되기 전까지 곤궁한 상태에서 벗어나게 해주려고 말이다.

신원 사기는 우리가 비밀로 하고 싶은 정보, 적어도 우리 자신과 우리가 사용하는 서비스 제공자를 제외하고는 다크 데이터로 남아야만 하는 정보에 접속하여 이용하는 행위라고 볼 수 있다. 이 다크 데이터가 드러나는 경우는 신원 도용과 같은 문제가 발생할 때다. 따라서 다크 데이터가 본질적으로 나쁜 것은 아니다. 9장에서 우리는 비밀로 삼고 싶은 데이터에 관한 보안을 강화할 방법을 살펴본다. 일단 우리가 신원 도용의 피해자가 될지 모를 신호는 다음과 같다. 주문하지도 않은 상품이나 서비스에 관해 신용카드 요금이 청구되었다든지, 신청하지도 않은 신용카드를 발급받았다든지, 누군가가 신용평점을 확인했다는 통지를 받았다든지. 아울러 더 명백한 사례가 있는데, 내 계좌에서 나도 모르게 돈이 빠져나간 사실을 알게 된 경우다.

오늘날 은행을 비롯한 금융기관은 의심스러운 행위를 적발해내는 매우 효과적인 수단을 갖추고 있다. 하지만 완벽할 수는 없어서 언제나 인간이 개입해야 하는 요소가 있다. 내 동료 한 명은 새로 산 메르세데스 벤츠를 도난당할 리가 없다고 확신했다. 보안이 확실한 전자키에서 도난방지 카메라, GPS 위치 송신기에 이르기까지 온갖 최첨단 도난방지 기술이 장착되어 있기 때문이다. 하지만 친구가 차에 타려는 순간 괴한의 습격을 받으면서 그 모든 기술은 무용지물이 되었다.

나는 지금껏 신원 도용의 예들에 초점을 맞추어 소개했지만, 인터넷 사기는 엄청나게 다양한 형태와 종류로 나타난다. 그리고 인터넷 사기는 모두 어떤 식으로든 정보 감추기에 바탕을 둔다. 여러분이 겪었을지 모를 한 예로 '선급금 사기'가 있다.

선급금 사기는 이런 속임수다. 피해자한테 어떤 거래를 하면 엄청난 금액의 수익이 예상된다고 유혹하는 이메일이 온다. 그런 거래를 하려면 물품 인도 또는 거래 체결 비용 같은 초기 비용을 선급금으로 내야 한다. 그러고 나면 보통 추가 비용을 계속 내야 하는데, 이는 피해자가 사기임을 의심하기 시작할 때까지 지속된다. 가장 유명한 사례는 '나이지리아 419 사기 사건'이다. 이 사건의 명칭은 나이지리아 형법의 일부를 따서 붙었다. 이 경우 피해자는 아프리카의 한 국가로부터 거액의 돈을 전달하는 일을 도와달라는 내용의 이메일을 받았다. 전 세계에 걸친 이 사기 사건으로 인한 총 피해액은 추산하는 기준에 따라 다르지만, 최고 30억 달러에 이르렀다. 이 모든 것이 정보의 은닉과 잘못된 정보 전달에 기반한 일이었다.

계속 진화하는 개인금융 사기

나는 사기 사건 적발에 관해 조사를 하곤 했는데, 특히 금융 분야에서의 사기 사건에 관심이 많다. 은행원들을 대상으로 신용카드 사기를 적발하는 방법에 관한 강연을 끝낸 뒤 고위급 은행원이 내게 다가오더니 이렇게 말했다. "제가 근무하는 은행에서는 사기 사건이 전혀 없습니다." 나중에 그 말을 곰곰이 떠올려보니, 아무리 생각해도 그건 농담이라고밖에 볼 수 없었다. 어쩌면 그는 의도적으로 기업의 기본 방침에 따라 얘기했을 뿐 상대방이 자기 말을 액면 그대로 받아들일 것이라 여기지 않았을 수도 있다. 어쨌거나 그의 은행이 사기 피해를, 그것도 어쩌면 심각하게 입었다는 사실이 널리 알려지면 은행의 평판이 실추될 것이다. 사기 사건을 떠벌리지 않는 (고객들한테는 별로 타당하진 않겠지만 적어도 그 은행원에게는) 타당한 이유가 있었던 셈이다. 은행으로서는 데이터를 숨기는 편이 이득이다. 물론 그가 그렇게 말한 데에는 더욱 곤혹스러운 이유가 있었을지 모른다. 자기 은행에서 벌어진 사기 사건을 알아차리지 못했다는 말이다! 어쩌면 그는 사기 사건이 전혀 없다고 진짜로 믿었을지 모른다. 그렇다면 적어도 그에게 데이터는 정말로 숨겨진 것이며, 그게 사실이라면 실로 우려스러운 일이 아닐 수 없다. 사기나 사기 시도를 겪지 않는 은행은 있을 수 없기 때문이다.

금융 사기에 관한 아르얀 로이링크의 다음 정의에 다크 데이터가 금융에 끼치는 핵심 역할이 잘 포착되어 있다. "금융시장 참가자들이 시장 내의 다른 참가자들에게 제정 규칙이든 성문법이든, 민법이든 형법이든 간에 어떤 합법적인 규정이나 법을 위반하여 금융 상품, 서비스, 투자 기회와 관련된 틀렸거나 불완전하거나 조작된 정보를 의도적으로 또는 부주의하게 제공함으로써 거짓 정보를 주거나 오해를 일으키게 하는 행위나 말."[10] 비록 로이링크는 금융시장을 주로 언급했지만, "거짓 정보를 주기" "오해를 일으키기" "틀린" 그리고 "불완전한"은 모든 형태의 다크 데이터의 공통적인 특징이다.

각양각색인 금융 사기 유형들의 한계를 규정할 수 있는 것은 그런 짓을 저지르고 싶은 자들의 상상력뿐이다. 하지만 모든 금융 사기는 사람들에게 거짓을 조장해 진실을 숨기는 행위에 바탕을 둔다. 온갖 사기 유형이 어떻게 생기는지 알기 위해 개인을 대상으로 한 사기부터 시작해보자. 신용카드나 직불카드 같은 카드 관련 사기가 이에 속한다.

카드 결제 기술은 계속 진화하고 있다. 초창기에는 실물 카드의 사본을 만든 뒤에 서명을 하는 방식으로 사용되었다. 그 후 카드의 마그네틱 띠에 사용자의 세부 정보를 부호화하는 시스템이 도입되었다. 이후 10여 년 전부터 유럽에서, 그리고 이어서 미국에서 카드에 칩을 심고 여기에 고객이 고객식별번호PIN를 기억해서 이용하는 방식으로 바뀌었다. 더욱 최근에는 이른바 비접촉 결제가 소규모 거래에 도입되었다. 이 기술은 무선주파수 식별 또는 근거리 통신을 이용하는데, 이를 통해 고객은 카드나 스마트폰 같은 장치를 카드 판독기에 대기만 하면 된다. 카드 사용자가 실제 카드 소유자인지를 증명할 필요가 없기 때문에 카드를 훔친 이는 카드가 사용 금지되기 전에는 (비록 소액이더라도) 돈을 훔칠 수 있다. 하지만 그런 거래는 PIN을 요청받기 전까지 제한된 횟수만큼만 가능하다.

신용카드 번호와 PIN은 우리가 알리기를 원하지 않고 오직 우리가 선택한 사람이나 기계만이 볼 수 있게 하는 데이터의 한 예다. 하지만 그 데이터야말로 범죄자가 읽어내려고 하는 정보다. 실물 카드를 훔치는 수고를 하지 않고도 카드의 정보 또는 카드로 거래할 때 사용되는 정보만 훔쳐내면 되기 때문이다. 도둑은 기술(예를 들면 실제 결제 단말기에 부착되어 단말기를 이용하는 사람한테서 데이터를 탈취해내는 장치인 '스키머skimmer')과 사회공학(예를 들면 누군가에게 PIN을 누설하게 만드는 책략)을 결합하여 이 정보에 접속한다. 이 전략을 이해하면 먹잇감이 될 가능성을 줄여주는 여러 수단을 확보할 수 있다. 그중 표준적인 방법은 입력할 때 PIN을 아무에게도 보여주지 않거나 아무도 내 카드를 보지 못하게 하는 것이다.

신용카드 사기는 종류가 다양한데, 각 종류의 영향력은 세월이 흐르면서 새로운 방지 기술이 나오면 달라진다. 근본적인 문제는 사기를 적발하고 방지하는 새 방법이 일부 범법자들을 막아주긴 하지만, 조직화된 범죄는 결코 막아내지 못한다는 것이다. 한 종류의 사기를 저지하는 수단을 도입하면 다른 종류의 사기가 증가할 수 있기 때문이다. 이 '물침대 효과'(한 분야에서 범죄를 감소시키면 다른 분야에서 범죄가 증가하는 현상)는 영국이 유럽의 다른 지역보다 먼저 칩과 PIN 기술이 도입했을 때도 분명 발생했다. 칩과 PIN 기술이 도입된 결과 영국 내에서는 훔친 카드로 인한 범죄가 줄었지만, 카드 정보가 영국해협을 건너가버리는 바람에 프랑스에서는 늘어나고 말았다.

가장 흔한 종류의 사기로 '카드 없이 하는 거래'가 있다. 용어에서 짐작할 수 있듯이 이 거래는 인터넷이나 전화 또는 우편 주문으로 이루어지며, 카드와 카드 소유자가 거래 시에 물리적으로 등장하지 않는다. 그런 거래의 위험한 속성 때문에 웹에서 물품을 구매해 새로운 주소로 보낼 경우 엄격한 보안 절차를 거쳐야 할 필요성이 커졌다. 엄격한 보안 절차는 거래 체결자가 보이지 않는다는 온라인 거래의 약점을 극복하기 위한 물품 공급자의 시도다.

안타깝게도 인간의 본성상 기술이 아무리 발전하더라도 사기가 완전히 근절되지는 않을 것이다. 해외에 있는 친구나 동료가 보낸 듯한, 돈과 서류를 도난당하는 바람에 귀국하려면 현금이 필요하다는 이메일을 받은 적이 있는가? 또는 피싱 공격의 피해자가 된 적이 있는가? 이런 이메일은 낯익은 은행 또는 신용카드 웹사이트와 똑같아 보이는 가짜 웹사이트에 접속하도록 유도하여 피해자의 카드 정보를 빼내가려고 한다. 불행히도 사기꾼들과 이들을 막으려는 이들 간의 전투는 실제 전쟁과 흡사하여, 양측은 시간이 흐를수록 더더욱 발전한다. 얼마 전까지만 해도 어설픈 철자와 부정확한 문법만 보고도 이메일 피싱인지 충분히 알아차릴 수 있었지만, 요즘은 그런 사기꾼들도 철자 쓰는 법을 제대로 배웠다. (어설픈 철자는 의도적인 것이라고 누가 귀띔해주었는데, 그런 어설픈 문장에도 넘어가는 사람한테는 정보를 훔쳐내기가 더 쉽기 때문이라고 한다. 내가 보기에 그는 사기꾼들을 너무 과대평가하는 듯하다.)

기술의 새 물결들은 저마다 사용자 편의를 향상시키고 보안을 개선하려는 시도이지만, 때로는 뜻밖의 불편을 초래하기도 한다. 가령 마그네틱 띠에서 내장 칩으로 바뀌는 바람에 카드 거래가 조금 느려졌고, 때로는 고객들이 그 때문에 격분하기도 했다. 서비스가 불편하면 잠재 고객이 다른 데로 가버릴 것이다. 이 장애는 여러 단계에서 일어날 수 있다. 패스워드, 이중키 신원확인, 그리고 지문·홍채·음성인식과 같은 생체인식은 잠재적 사기꾼들로부터 계정 정보를 보호하고 개인의 데이터를 드러나지 않게 만드는 수단들이다. 하지만 그런 것들 때문에 어쩔 수 없이 계정을 사용하기가 불편해진다. 자신의 돈에 접근하는 데 불편을 겪어야 할 뿐만 아니라, 은행이 사기로 의심되는 거래를 찾아내면 계정 소유자는 의심스러운 거래를 직접 했는지 물어오는 은행의 전화에 응대해야 한다. 그런 전화를 받으면 은행이 고객을 보호하기 위해 경계를 게을리하지 않는다는 것을 알고 안심할 수 있으니 어느 정도까지는 도움이 되지만, 그런 호의도 너무 많이 받으면 짜증이 나게 마련이다.

금융시장 사기와 내부자 거래

2011년 가나 출신의 주식 트레이더 크웨쿠 아도볼리Kweku Adoboli가 스위스은행 UBS의 영국 사무실에 있는 글로벌 신세틱 에쿼티스Global Synthetic Equities 트레이딩 팀에서 일하면서 장부 외 거래를 한 결과 약 23억 달러의 손실을 초래했다. 영국 역사상 가장 큰 무허가 거래 손실이었다. 하지만 전 세계를 통틀어 최대는 아니었다. 1990년대에 스미토모상사의 전직 수석 구리 트레이더 하마나카 야스오Hamanaka Yasuo는 무허가 거래를 통해 회사에 26억 달러의 손해를 끼쳤다. 그리고 안타깝게도 훨씬 더 큰 손실도 있었는데, 하지만 이는 전적으로 다크 데이터와 범죄 때문만은 아니었다. 하워드 허블러 3세Howard Hubler III가 2000년대 초반 미국에서 서브프라임 모기지에서 합법이긴 하지만 위험한 트레이드를 하는 바람에 모건스탠리에 약 90억 달러의 손해를 끼쳤다. 때때로 나쁜 상황이 생기는 까닭은 우연과 리스크의 기본 속성 때문이기도 하다. 그러나 허블러는 정보를 숨기고는 동료들에게 그들이 하는 금융 거래가 매우 안전하다고 속였다.

일부 사악한 트레이더들은 애초부터 사기를 칠 작정이었겠지만, 아마도 대다수가 그런 것 같지는 않다. 그들은 처음에는 최대한 돈을 많이 벌어야 한다는 조직 문화에 휩쓸려 허가된 한계를 넘는 거래를 했을지 모른다. 그러다가 돈을 잃기 시작하면서 사실을 시인하고 손해 보는 거래를 종결하는 대신, 상황이 좋아져서 아무도 자신들의 무허가 거래를 알아차리지 못하길 바라면서 거래를 더 늘렸을지 모른다. 그들은 리스크가 축적되고 상황이 악화되면서 더 공공연한 사기성 거래를 하도록 내몰린다. 거기서부터는 줄곧 내리막길이 펼쳐진다. 대표적인 예가 사기성 거래로 인해 10억 달러의 손실을 끼쳐 단번에 200년 전통의 영국 투자은행 배링스Barings를 몰락시킨 닉 리슨Nick Leeson의 행위다.

다들 수십억 달러 규모이니 얼마나 큰 액수인지 감이 오지 않을지 모른다. 일리노이주 상원의원 에버렛 더크슨Everett Dirksen이 말했다고 잘못 알려진 다음의 우스갯소리를 보자. "여기도 10억 달러 저기도 10억 달러라고 하는데, 여러분은 곧 진짜 돈 이야기를 하게 될 것이다." 그러니 10억 달러가 어느 정도인지 가늠해보자. 미국 인구조사국에 따르면 2016년에 미국 개인소득 중앙값은 31,099달러였다. 그러므로 모건스탠리의 90억 달러 손실은 거의 30만 명의 연간 소득에 해당한다.

내부자 거래라는 용어는 주식거래소에서 기밀정보를 이용하여 주식을 거래할 때 부당한 이득을 취하는 행위를 가리킨다. '기밀'이란 일반 대중에게 알려지지 않은 다크 데이터를 뜻한다. 그것은 또한 비대칭 정보이기도 한데(DD 유형 12: 정보 비대칭), 왜냐하면 5장에서 논의했듯이 거래의 한쪽 당사자만 알고 상대방은 모르는 정보이기 때문이다.

짐작하겠지만 내부자 거래를 적발하기란 어렵다. 하지만 특이한 행동 패턴을 살펴서 적발할 수 있는데, 가령 공식 발표보다 앞서 의심스러울 정도로 절묘한 시점에 다수의 거래를 하는 사람을 찾아내면 된다.

가장 유명한 내부자 거래 사건으로는 미국의 트레이더 이반 보스키Ivan Boesky의 사례가 있다. 1975년 그는 이반 F. 보스키 & 컴퍼니Ivan F. Boesky & Company를 설립했는데, 그 회사는 기업 인수를 통한 투기가 전문이었다. 그는 크게 성공해서 10년 만에 2억 달러를 벌었고 《타임스》의 표지에도 등장했다. 하지만 보스키가 1980년대의 대다수 주요 거래를 훌륭하게 예측해내자 미국 증권거래위원회는 그를 주목하기 시작했다. 보스키는 시간을 절묘하게 맞추어 거래했는데, 기업 인수로 주가가 급등하기 직전에 주식을 매수할 때가 종종 있었다. 그럴 수 있었던 까닭은 그가 선견지명이 있거나 뛰어난 예측 알고리즘이 있어서가 아니라 투자은행 직원들을 매수해서 인수가 임박한 기업의 정보를 미리 얻었기 때문이었다. 보스키는 드러나지 않아야 할 데이터를 부당하게 이용하고 있었다. 그는 징역살이를 했고 1억 달러의 벌금도 냈다. 영화 〈월 스트리트Wall Street〉의 고든 게코Gordon Gekko("탐욕은 선이다"라는 말로 유명한 인물)의 캐릭터는 어느 정도 보스키에 바탕을 둔 게 분명하다.

내부자 거래 사기라고 해서 모두가 보스키 사건처럼 금액이 엄청

난 것은 아니다. 오스트레일리아인 르네 리브킨Rene Rivkin은 임펄스에
어라인스Impulse Airlines의 회장인 게리 맥고원Gerry McGowan과의 비밀 대
화에서 콴타스Quantas항공이 임펄스에어라인스와 합병되리라는 사실
을 알아내어 콴타스항공 주식 5만 주를 샀다. 하지만 리브킨의 수익
은 고작 2,665달러에 그쳤다(수백만 달러가 아니라!). 물론 부정 거
래로 얻은 수익이 적다고 해서 사건이 무마될 수는 없었는데, 그로
선 불운하게도 내부자 거래로 유죄 판결을 받고 9개월의 징역형에
처해졌다. 그러고는 2005년 자살로 생을 마감했다. 나중에 밝혀진
바에 따르면 그는 거래가 금지되어 있었는데도 비밀리에 거래를 계
속했다.

　방금 설명한 범죄들은 이른바 빅데이터 및 데이터 과학 혁명 이
전에 발생했으므로 당국자들은 내부 고발자나 다른 규제 기관 또는
금융 거래소에서 의심스러운 행동이라고 신고해야만 범죄 사실을
알 수 있었다. 하지만 빅데이터 시대로 접어들면서 현대적인 기계학
습 및 인공지능 알고리즘이 특이한 행동을 찾아내고 감춰진 행위를
적발하는 데 중요한 역할을 하고 있다. 2010년 미국 증권거래위원
회는 수십억 건의 거래 기록을 분석하여 특이한 거래 행위를 적발하
는 '분석 및 적발 센터Analysis and Detection Center'를 설립했다.

　분석 및 적발 센터의 활동 덕분에 여러 건의 고발이 이루어졌다.
가령 2015년 9월 미국 증권거래위원회는 센터의 조사 내용을 바탕
으로 변호사 두 명과 회계사 한 명을 고발했다. 뉴저지 소재 제약회
사인 파머셋Pharmassett의 이사 한 명으로부터 이사회가 회사 매각을
협상 중이라는 기밀정보를 듣고 그 회사 주식을 매수한 혐의였다.

이 세 명과 더불어 이에 연루된 다른 사람 두 명은 이 혐의를 해결하기 위해 거의 50만 달러를 내기로 합의했다.[11]

내부자 거래는 남들이 모르는 무언가를 알기 때문에 가능하다. 그런 비대칭 정보가 한층 더 일반적으로 나타나는 경우는 회계장부의 허위 기장이다. 데이터를 감추어 회사의 진짜 상태를 숨기고 틀린 회계 정보를 발표하는 행위야말로 금융 사기의 세계에서 가장 횡행하는 다크 데이터의 사례에 속할 것이다. 회계에서의 다크 데이터로는 현재 또는 장래의 투자 건에 관한 진짜 상황을 숨긴 거짓 정보, 투자자들이나 규제 당국을 속이기 위해 부적절한 거래를 숨기는 행위, 소득이나 수익에 관한 거짓 정보, 또는 그 밖의 여러 거짓 정보가 있을 수 있다.

안타깝게도 회계 조작 사례는 부지기수다. 유명한 것으로는 2001년에 일어난 역대 최대 기업파산 사태인 엔론Enron 사례를 들 수 있다. (엔론 파산은 이듬해에 월드컴WorldCom이 몰락하기 전까지는 가장 대규모 기업 파산이었다.) 엔론은 1985년에 휴스턴 천연가스Houston Natural Gas와 인터노스Internorth Inc.의 합병으로 탄생했으며, 이전에 휴스턴 천연가스의 CEO였던 케네스 레이Kenneth Lay가 엔론의 CEO를 맡았다. 엔론은 세계 최대 에너지·통신·펄프제지 회사들 중 하나가 되었고, 매출액은 1,000억 달러가 넘었다. 최고운영책임자인 제프리 스킬링Jeffrey Skilling과 최고재무책임자인 앤드루 패스토Andrew Fastow는 회사 구조가 복잡한 데 따른 회계상의 허점을 이용하여 엔론을 금융 리스크와 차단시켜주는 회사들을 설립함으로써 이 사진에게 수십억 달러의 빚을 숨겼다. 하지만 2001년에 《포춘》이 어떻게 엔론은 수익을 벌어들이는지, 그리고 수익의 약 55배에 달하는 주식 가치가 어떻게 정당할 수 있는지 의심스럽다는 기사를 냈다. 차츰 다른 우려들도 제기되었는데, 스킬링이 한 기자와 전화 통화를 하면서 쓸데없이 공격적인 발언을 하고 그 통화가 녹음되는 바람에 상황이 더욱 나빠졌다. 결국 스킬링은 사임했는데, 처음에는 개인적인 사유라고 둘러댔다가 나중에야 회사의 주가가 50퍼센트 하락한 것 때문이라고 시인했다.

2001년 8월 15일 엔론의 기업 발전 총괄 부사장 셰런 왓킨스Sherron Watkins는 케네스 레이에게 익명으로 편지를 보내 엔론의 의심스러운 회계 관행을 이렇게 경고하고 있다. "우리가 회계 조작 스캔들의 여파로 파멸하지 않을까 나는 무척 노심초사하고 있습니다." 과연 그 말대로 되고 말았다. 회사는 어떻게든 회생하기 위해 고군분투했지만 여러 언론의 공격과 회사 운영의 불투명성에 관한 우려로 인해 투자자의 확신은 옅어져만 갔다. 엔론의 주가는 2000년 중반에 90.75달러에서 2001년 11월 1달러로 떨어졌다(주주들은 400억 달러 규모의 소송을 제기했다). 결국 레이의 힘겨운 노력에도 불구하고 엔론의 신용평점은 투자 부적격 수준으로 떨어졌고, 회사는 파산을 신청했다.

이렇게 어마어마한 사건이 벌어졌으니 규제를 강화하여 회사 운영 방식을 숨기기가 더 어려워졌으리라고 기대한 이들이 있을지 모르겠는데, 안타깝게도 그렇게 되지는 않은 듯하다. 2014년 《이코노미스트》는 놀랍게도 이런 기사를 실었다. "만약 2001~2002년 엔론과 월드컴이 몰락했을 때처럼 회계 조작 스캔들이 더 이상 표제기사를 도배하지 않는다면, 그 이유는 회계 조작 행위가 사라져서가 아니라 일상이 되었기 때문이다."[12] 이어서 기사는 몇 가지 다른 사례도 소개했다. 2011년에 기업을 공개할 때 금융 상태를 틀리게 발표한 에스파냐의 방키아Bankia, 수십억 달러의 손실을 숨긴 일본의 올림푸스, 2008년 미국 콜로니얼 뱅크Colonial Bank의 도산, 10억 달러 이상의 회계 부정을 저지른 인도의 IT 기업 사티얌Satyam 등이다. 회계 조작은 전 세계적으로 일어나며, 꼭 거대 기업한테만 해당되거나 수십억 달러 규모의 사기 사건만 있는 것이 아니다. 심지어 그런 엄청난 규모의 사건도 예전처럼 더 이상 표제기사에 오르지 않으니 더 작은 규모의 사건들은 얼마나 많단 말인가?

보험 사기: 고객을 속이거나 보험사를 속이거나

우리들 대다수는 돈세탁이나 기업 사기와 직접적인 관련이 없겠지만, 보험은 우리 모두가 관련되며 금융 사기가 매우 빈번하게 일어나는 분야다. 로마 신화의 신 야누스처럼 보험사기는 두 방향으로 일어난다. 하나는 보험회사를 대상으로 하는 것이고, 다른 하나는 보험 고객을 대상으로 하는 것이다. 둘 다 정보를 숨기는 데서 비롯되는데, 차이라면 누가 누구한테 정보를 숨기느냐 하는 것이다. 둘 다 의도적으로 계획될 수도 있고, 기회를 틈타 일어날 수도 있다. 계획된 사기와 기회를 틈타 벌인 사기를 각각 '경성hard' 사기와 '연성soft' 사기라고 부르기도 한다.

고객이 사기당하는 예를 하나 들자면, 존재하지 않는 보험증권에 납입금을 지불하는 것이다. 이런 증권은 고객이 보험금을 청구하기 전까지는 찾아내지 못하며, 증권 자체가 존재하지 않을지도 모른다. 더 심한 수준은 존재하지도 않는 회사의 보험증권을 구매하는 것이다. 분명 이와 같은 다크 데이터 사기 사건에는 조직이 필요하기 때문에 우발적으로 기회를 틈타 저지르긴 어렵다. 두말하면 잔소리겠지만, 인터넷이야말로 그런 사기 작업의 진실을 위장하는 데 이상적인 환경이다.

'과당매매churning'는 고객의 돈을 사취하는 또 다른 일반적인 전략으로서 정교한 조직이 필요하다. 이 경우 불필요하거나 지나치게 잦은 거래가 실행되고, 거래가 있을 때마다 수수료가 부과된다. 보험에서 과당매매를 할 경우 복수의 중개인이 관여하는데, 그들 각자가 수수료를 챙긴다. 개별 거래 각각은 문제가 없어 보이지만 큰 구도로 보면 사기라는 걸 알 수 있다. 사실 한 네트워크의 각 구성요소가 합법적으로 행동하는 것처럼 보일 때(실제로 행동한다) 사기를 적발하기란 쉽지 않다.

나는 어느 대형 은행의 컨설턴트로 고용된 적이 있다. 나의 업무는 모기지를 신청하는 네트워크 중에서 사기성이 있는 네트워크를 적발하는 도구를 개발하는 것이었다. 만약 다양한 사기꾼들이 결탁하여 가격을 조작한다면 사기가 벌어지고 있음을 알아차리기가 어려울 수 있다. (아직도 그런 짓을 하고 싶은 사람에게 경고하는데, 속임수를 찾아내는 현대의 데이터 마이닝 도구들은 갈수록 정교해지고 있으므로 적발은 시간문제다!)

아마도 더 흔한 사기는 다른 방향, 그러니까 고객이 보험회사한 테서 강탈해가는 것일지 모른다. 종종 보험증권 소유자들은 과거 청구 이력, 기존의 건강 상태, 차량 수리 상황 같은 사실을 허위로 기재하여 보험 납입금을 낮추려고 한다. 익숙한 사례가 부동산을 대상으로 실제 가치보다 더 높은 가격에 보험에 든 다음에 집을 불태워버리는 것이다. 분명 그런 사기에는 얼마간의 계획, 적어도 어느 정도의 예측이 필요하다.

훨씬 더 극단적인 사례는 사람들이 자신이나 다른 이의 죽음을 거짓으로 조작해 가짜 생명보험을 청구하는 것이다. 생명보험 사기에 관한 책을 쓴 엘리자베스 그린우드Elizabeth Greenwood는 그런 종류의 사건이 해마다 수백 건 벌어진다고 추산한다.[13] 생명보험 사기 사건은 사람들이 거짓 사망증명서를 얻기 쉬운 나라에 갈 때 일어나도록 기획될 때가 많다. 한 예로 플로리다주 잭슨빌 출신의 호세 란티구아Jose Lantigua가 부채에서 벗어나려고 베네수엘라에서 거짓으로 사망하여 660만 달러의 생명보험금을 탔다.[14] 다른 이름으로 살아가던 그는 노스캐롤라이나에서 체포되었다. 이보다 조금 약한 사례로, 영국 출신의 한 어머니와 아들이 14만 파운드의 생명보험금을 타내려고 가짜로 사망신고를 했는데, 사실 둘은 아프리카 동해안의 섬 잔지바르에서 휴가를 즐기고 있었다.[15] 이후 영국 외무부에서 그녀의 사망 기록을 찾을 수 없었던 보험 조사관들은 의심을 품었고, 캐나다로 건너간 어머니는 결국 덜미를 잡혔다.

물론 자신의 죽음을 거짓으로 꾸미면 자기가 정말로 사라져야 한다는 불이익이 뒤따른다. 그린우드가 말하듯이 여기서 질문할 것은 자신이 모든 사람, 인생의 모든 것으로부터 멀어질 수 있는지, 그리고 새로운 신분을 획득할 수 있는지 여부다.

이런 종류의 사기 중에 좀 온건한 예는 사람들이 식중독으로 휴가를 망쳤다고 보험금을 청구하는 경우다. 사유가 식중독이라고 해서 금액이 자잘하지 않을 수도 있다. 영국 리버풀 출신의 폴 로버츠Paul Roberts와 드보라 브라이튼Deborah Briton은 두 번의 에스파냐 여행에서 식중독에 걸려 휴가를 망쳤다며 2만 파운드를 허위로 청구했다. 불행히도 브라이튼은 SNS에 그 휴가를 가리켜 "태양, 웃음, 재미와 감동의 2주. 우리의 휴가를 멋지게 만들어준 온갖 멋진 친구들과 어울렸다" 그리고 "여태껏 가장 멋진 휴가를 보낸 후 집에 돌아왔다"라고 밝히고 말았다. 나로서는 그런 사람들을 불러놓고 데이터를 절대 드러내지 않아야 한다고 귀띔하고 싶은 마음이 굴뚝같다. SNS는 그런 사기의 정체를 드러내는 데 매우 위력적인 도구인 듯한데, 사기를 시도하는 사람들 또는 적어도 그런 짓을 하다가 붙잡힌 사람들의 상식에 관해 시사하는 바가 있다(물론 자신의 정보를 용케 숨긴 더 약삭빠른 사람도 많을 것이다). 로버츠와 브라이튼은 둘 다 감옥에 갔다.

최근 면밀하게 계획된 전략 하나가 영국에서 대중의 관심을 끌었다. 바로 일부러 사고를 내고는 자동차 사고로 부상을 당했다며 보상금을 받으려는 사기 수법, 곧 돈을 노린 자동차 사고 사기다. 때로는 다수의 승객이나 심지어 존재하지도 않는 승객들이 각자 부상 보상금을 청구하기도 한다. 목뼈 손상에 대한 보험금 청구가 특히 인기 있는 전략인데, 가짜로 꾸미기가 쉽기 때문이다. 평균적인 지불액은 1,500~3,000파운드다. 아비바보험Aviva Insurance의 톰 가디너Tom Gardiner에 따르면, 2005~2011년 사이에 자동차 사고 횟수는 30퍼센트 줄었지만 목뼈 손상에 대한 보험금 청구 수는 65퍼센트 늘었다고 하니, 의심이 생기지 않을 수 없다.[16]

가짜 자동차 사고는 영국에만 있는 게 아니다. 1993년 미국 뉴저지주의 보험사기 조사관들은 그런 사기꾼들을 적발하기 위해 모든 '승객'을 위장한 요원으로 태운 채 열두 건의 가짜 버스 사고를 일으켰다.[17] 조금 우스울지 모르지만, 이런 가짜 사고 중 한 건의 비디오 녹화 내용을 보면 17명이 '사고' 후 경찰이 도착하기 전에 버스에 뛰어들었다. 사고로 부상을 당했다고 주장하려고 벌인 짓이다. 설상가상으로 몇몇 의사도 실제로 있지도 않은 진료와 치료에 대한 병원비를 청구했다. 이 사건으로 100건이 넘는 고발이 이루어졌다. 인간의 본성에 탄식을 금할 수 없게 만드는 이야기다!

사고와 아무 상관도 없는 사람들이 기회를 틈타 보험금을 청구하는 범죄는 교통사고에만 국한되지 않는다. 2005년에 허리케인 카트리나가 지나간 뒤 청구된 보험금 중 약 60억 달러는 사기로 보인다.[18] 그리고 2010년 멕시코만에서 BP사의 석유 생산 설비인 딥워터 호라이즌Deepwater Horizon의 기름 유출 사고가 벌어진 뒤 100명이 넘는 사람이 회사를 상대로 사기성 보험금을 청구한 죄로 감옥에 갔다. 《파이낸셜타임스》에 따르면 "2013년에 BP사는 사기성 보험금 청구에 주당 최대 1억 달러를 지불했다고 추산했다".[19]

보험사기의 다른 변종도 많다. 2016년에 영국에서 보험사기로 적발된 보험금이 무려 총 13억 파운드에 달했는데, 적발된 청구 건수는 약 125,000건이었고 의심은 가지만 적발되지는 않은 청구 건수도 그와 비슷했다.[20] 그리고 FBI에 따르면, 건강 이외 사안의 보험사기 금액이 연간 400억 달러가 넘었다. (인구의 크기가 서로 다르다는 점을 감안하더라도 영국과 미국의 수치가 이렇게 크게 차이 나는 것은 아마도 관련 개념들의 정의가 조금씩 다른 데서 기인할 것이다!)

은행사기, 보험사기, 또는 다른 어떤 종류의 사기든지 사기 방지 비용은 사기가 성공했을 때의 손실에 맞게끔 정해져야 한다는 일반적인 원칙이 있다. 1달러 손실을 막기 위해 10억 달러의 비용을 댄다는 건 허튼짓이다. 하지만 사기의 규모를 줄일 기본적인 수단이 있는데, 이런 수단은 반드시 채택해야 한다. 가령 재무회계에서는 계정을 떠나는 자금이 소비된 금액과 일치하는지 확인하기 위해 계정조정reconciliation을 실시하는데, 특히 돈이 어디론가 새지 않도록 확인하는 과정이다. 이것은 모든 데이터가 드러나도록 검사하는 기본적인 방법이므로 많은 사람이 지출 기록을 은행의 월간 입출금 내역과 비교하는 과정을 거칠 것이다(안 하고 있다면 꼭 하시길!). 시간 지연 때문에 가끔 차이가 생기기도 하지만, 납득할 수 없는 차이는 사기의 결과일 수 있다. 마찬가지로 복식부기 체계를 통해 입출금이 맞는지 확인할 수 있다. 모든 거래를 투명하게 드러내는 방법이다. 복식부기 체계는 15세기 이탈리아에서 시작되었다고 알려진다. 1494년에 출간된 루카 파치올리Luca Pacioli의 저서 《산술, 기하, 비율 및 비례 총람Summa de arithmetica, geometria, Proportioni et proportionalita》은 오랜 역사를 가진 복식부기 체계를 설명한 최초의 서적으로 보인다.

보험사기와 관련하여 데이터 은닉 가능성을 가리키는 조짐으로는 다음과 같은 것들이 있다. 많은 건수의 보험 청구, 보험 청구의 특정한 패턴, 큰 보험금을 청구하면서도 청구인이 매우 차분한 태도를 보이는 경우, 분실 또는 도난당한 물품에 대한 수기 영수증, 청구 직전에 보험 납입금 증가, 계절노동자가 일을 그만두기 직전에 의료보험금 청구하기 등이다. 이런 징후들은 보험사기의 특징이므로, 이것들을 알아차리는 것이 다른 분야에서 사기를 적발해내는 데에는 소용이 없을지도 모른다. 바로 이 지점에서 다크 데이터의 DD 유형들이 유용할 수 있다. 10장에서 설명하겠지만, DD 유형들은 특정한 사례들이 어떻게 생길 수 있는지 알려준다기보다는 다크 데이터의 여러 서로 다른 특성을 설명해준다.

그 밖의 사기: 돈세탁, 다단계 사기, 횡령

돈세탁은 불법적으로 얻은 돈의 출처를 위장하려고 깨끗하게 만드는 과정이다. 출처는 마약 거래, 노예 노동, 불법 도박, 갈취, 세금 사기, 인신매매 등 온갖 불법적인 행위일 수 있다. 전부 데이터를 숨기고 싶은 범죄 행위다. 영국에 본사를 둔 다국적 회계경영컨설팅 회사 PwC(프라이스워터하우스 쿠퍼스Pricewaterhouse Coopers)의 2016년 보고서는 해마다 1조~2조 달러 규모의 돈세탁 거래가 전 세계적으로 이루어지고 있다고 추산했다.[21] 전 세계 GDP의 2~5퍼센트에 해당하는 금액이다.

돈세탁은 세 단계를 거친다.

- 배치placement: 돈을 금융기관에 넣기
- 반복layering: 돈의 실제 출처를 추적하기 어렵도록 정교하게 여러 차례 금융 거래를 실시하기
- 통합integration: 이 돈이 합법적인 출처에서 나온 돈과 뒤섞여서 깨끗하게 보이도록 합법적인 방식으로 사용하기

첫 번째와 두 번째 단계가 다크 데이터를 사용하는데, 특히 첫 번째 단계가 다크 데이터를 적극적으로 이용한다. 계좌에 거액의 돈이 마땅한 이유 없이 갑자기 들어오면 누가 보아도 의심스럽다. 따라서 큰 금액의 거래는 돈세탁 방지 규정에 따라 신고해야 한다. 이런 까닭에 돈세탁을 하는 이들은 보통 거액을 여러 건의 소액으로 분할한다. 가령 신고 기준이 1만 달러부터라면 1만 달러 미만으로 분할한다. 규제 감시망에 걸리지 않도록 이처럼 돈을 분할하는 행위를 가리켜 '스머핑smurfing'이라고 한다.

합법적으로 소득의 상당 부분을 현금으로 받는 업체를 이용하여 불법으로 얻은 자금을 금융 체계 속으로 옮길 수 있는데, 그저 불법 자금을 소득에 포함시키고서 그걸 전부 합법적으로 얻었다고 주장하기만 하면 된다. 이런 방법을 사용하기 쉬운 업체로는 식당, 카지노, 술집, 손세차장 같은 서비스 업종이 있다. 현금을 비접촉 전자 거래로 바꾸면 거래가 드러나고 추적이 가능하기 때문에 돈세탁을 하기가 어려워진다.

도박은 배치를 위한 또 하나의 흔한 전략이다. 이길 승산은 낮지만 베팅을 계속하다 보면 어떤 베팅은 이기게 마련이므로, 그걸 합법적인 도박 수익금으로 신고할 수 있다. 반면에 반복되는 베팅에서 필연적으로 생기는 작은 비율의 손실은 돈세탁을 위한 비용이라고 볼 수 있다.

다크 데이터는 또한 여러분도 들어봤을지 모를 투자사기 방법인 '폰지사기Ponzi scheme'의 핵심이기도 하다. 폰지사기라는 명칭은 1920년대에 그 방법을 사용한 찰스 폰지Charles Ponzi에서 왔다. 하지만 그런 아이디어를 처음 내놓은 사람은 폰지가 아니다. 그 투자사기 전략은 찰스 디킨스의 소설《마틴 처즐윗Martin Chuzzlewit》과《리틀 도릿Little Dorrit》에도 설명되어 있다. 폰지사기 기법은 투자자들에 고수익을 약속하지만, 사실은 자신들이 받은 돈을 전혀 투자하지 않는다. 단지 나중에 들어온 투자금 중 작은 금액을 이전 투자자들한테 돌려줌으로써 마치 수익이 생기고 있는 것처럼 보여줄 뿐이다. 이런 다단계 금융사기는 필연적으로 어느 시점에 잠재적인 장래의 투자자가 고갈되거나 (아마도 경제 형편이 나빠져서) 사람들이 자신의 돈을 돌려달라고 요구하면 고꾸라지게 마련이다. 그러면 현실의 냉혹한 불빛이 투자 회사의 진짜 모습, 그리고 어떻게 투자 결정을 내리고 있는지를 백일하에 드러낸다. 1장에서 언급한 매도프 사기가 폰지사기의 대표적인 예다. 2008년 금융 붕괴로 많은 투자자가 투자금을 찾아가려고 했지만 돈은 이미 증발하고 없었다. 폰지사기를 방지하려면 자금 흐름의 투명성을 높이고, 특히 투자자가 자신의 돈이 어떻게 운용되고 있는지 알 수 있도록 하는 규정이 있어야 한다.

앞서 내부자 거래를 살펴보았듯이, 내부자 도둑질이야말로 더 일반적인 종류의 사기이며 적발하기가 매우 어려운 범죄다. 내부자 도둑질은 직원이 회사 계좌에 접근하여 돈을 빼내 사용해버리는 것으로, 거액을 다루는 직원이 유혹을 이기지 못할 때 벌어진다. 사실 그런 사건은 직원이 경제적 어려움에 처할 때 종종 고용주 몰래 회삿돈을 '빌리면서' 벌어진다. 상황이 좋아지면 돈을 갚을 생각이었겠지만, 상황은 나아지지 않아 도둑질에 더 깊이 관여하다가 보통 감방 신세를 지는 것으로 막을 내린다.

하지만 내부자 절도는 더 큰 규모의 조직적인 범죄 형태로 생길 수 있으며, 여러 해에 걸쳐 진행될 수 있다. 나도 그런 식의 정교하고 슬픈 사례를 본 적이 있다. 한 가난한 학생이 작은 재단에서 장학금을 받아 학비와 숙소 임대료를 해결했다. 학생이 졸업했을 때 재단은 그가 은행에 취업하도록 도와주었다. 성실하고 믿음직한 그는 은행에서 착실히 일해서 마침내 상당한 금액을 주무를 수 있는 위치에 올랐다. 그러자 재단이 연락을 해서 어떤 기명 계좌에 많은 금액을 송금해달라고 부탁했다. 겉으로는 완전히 합법적인 거래처럼 보였다. 그 후 재단도 돈도 사라져버렸다. 결국 무고한 직원만 비난의 대상이 되고 말았다.

다크 데이터를 이용한 금융사기 유형의 목록은 끝이 없으며, 그런 유형들이 취할 수 있는 형태도 무한하다. 이미 논의한 유형들 외에 탈세(내야 할 세금을 불법적으로 알리지 않는 행위)도 포함된다(5장에서 언급한 교묘한 수단을 써서 합법적으로 세금을 피하는 세금 회피/절세와는 다르다). 그리고 '보일러실 사기'라는 것도 있는

데, 일종의 불법 텔레마케팅 사기다. 이 유형의 사기꾼들은 잠재적 투자자들에게 무작위로 전화를 걸어서 값을 비싸게 매긴 무가치한 주식이나 채권을 '매우 싼값'에 팔겠다고 유혹한다.

어떤 면에서 볼 때 이런 온갖 종류의 사기는 모두 정보를 숨기면서 벌어진다. 사기의 종류가 워낙 다종다양하다 보니 사기를 근절하려면 매우 다양한 전략이 많이 필요하다. 세부 기록을 일일이 힘겹게 확인하기(정교한 통계적 방법), 기계학습 및 데이터 마이닝 도구를 통해 비정상적으로 거래하는 전형적인 고객 행동 패턴을 모형화하기, 그리고 특정 종류의 거래가 발생할 때 경보 시스템 발동하기까지 온갖 전략이 필요하다. 다크 데이터에 관한 한 유념해야 할 교훈은 우리에게 이미 익숙한 것이다. '어떤 것이 사실이라고 하기엔 너무 좋아 보이면, 사실이 아닐 가능성이 크다.' 아마도 진실을 숨기고 있을 것이다.

7장

다크 데이터와 과학

발견의 본질

DARK
DATA

과학의 본질: 검증 체계로서의 과학

과학은 사물이 어떤 속성을 가졌는지, 어떻게 작동하는지 발견하는 일이다. 보이지 않는 것에 빛을 비추는 행위인 셈이다. 하지만 다크 데이터 또한 매우 실용적인 의미에서 과학의 밑바탕에 자리하고 있다. 과학적 실천의 핵심은 '검증 가능성' 또는 '반증 가능성'이라는 (과학철학자 칼 포퍼의 이름을 따서) 포퍼식 개념에 있다. 기본 요지를 말하자면, 연구 중인 현상에 대한 어떤 잠정적인 설명(이론·추측·가설)이 나왔다면, 그 설명에 따른 결과나 예측이 실제로 벌어지는 일과 얼마나 잘 들어맞는지 확인해서 그 설명을 검증할 수 있어야 과학이다. 만약 그 이론의 예측이 데이터로 드러난 현실과 맞지 않으면, 이론은 대체되거나 수정되거나 확장된다. 그 이론이 성공적으로 예측했던 과거의 관찰 결과뿐 아니라 새로운 관찰 결과도 예측할 수 있게 만들기 위해서다. 어떤 면에서 이것은 DD 유형 15: 데이터 너머로 외삽하기의 한 예이지만 검증이라는 목적을 염두에 두고 이론을 바탕으로 이루어지는 의도적인 외삽이다.

적어도 과학혁명 전까지는 (그리고 공공연히 언급되지는 않지만 그 이후로도 줄곧) 과학의 발전은 기존 이론을 반박할 수도 있는 데이터 수집을 (대체로 무의식적으로) 막아버리는 바람에 지체되었다. 앞서 언급한 확증 편향의 한 결과다. 다시 말해 과학의 발전이 막혔던 까닭은 다크 데이터를 드러내려고 하지 않았기 때문이다. 어쨌거나 만약 여러분이 오랜 세월 동안 인정된 군건한 이론(가령 질병에 관한 '미아즈마miasma' 이론. 전염병이 썩는 물질에서 나오는 독한 증기 때문에 생긴다고 여기며, 고대부터 19세기까지 유럽 전역·인도·중국에서 믿었던 이론)을 따르고 있다면, 왜 군이 그것에 반하는 데이터를 살펴보려 하겠는가?

과거에 이 문제를 간파한 인물 중에 17세기의 철학자 프랜시스 베이컨Francis Bacon이 단연 돋보인다. 그는 이렇게 썼다. "인간은 어떤 견해를 일단 채택하고 나면 (…) 그 견해에 들어맞고 그 견해를 뒷받침하는 온갖 것을 끌어들인다. 그리고 다른 쪽에서 그 견해와 다른 비중 있는 많은 사례가 나오더라도 무시하고 경멸하거나 어떤 판단 기준을 내세워 배제하고 거부한다." 베이컨이 데이터 무시하기의 위험성을 잘 보여준 이야기가 있다. 한 남자가 어떤 사람들을 그린 그림을 베이컨에게 보여주었다. 배가 난파할 때 기도를 통해 목숨을 건진 뒤 기도의 힘을 간증하도록 기도회에 초대받은 사람들이라고 했다. 그러자 베이컨은 기도를 했는데도 물에 빠져 죽은 사람들의 그림은 도대체 어디에 있느냐고 물었다고 한다.

이론을 검증하기 위해 데이터를 수집한 전형적이고 흥미진진한 사례는 아서 에딩턴 경Sir Arthur Eddington과 프랭크 다이슨Frank Dyson이 아인슈타인Albert Einstein의 일반상대성이론을 검증한 일이다. 아인슈타인의 이론은 빛이 무거운 물체에 가까이 지날 때 경로가 휘어진다고 예측했다. 무거운 물체의 이상적인 예는 태양이므로 먼 별에서 온 빛이 태양 근처를 지날 때 별빛이 휘어져 별의 위치가 달라 보인다는 뜻일 것이다. 하지만 태양이 너무 밝아서 별빛이 가려지기 때문에 육안으로 관찰하기가 불가능하다. 그렇지 않은 경우가 있다면 달이 햇빛을 가릴 때다. 이 점에 착안해 1919년 아서 에딩턴 경은 아프리카 서부 해안의 프린시페섬으로, 프랭크 다이슨은 브라질로 탐사를 떠났다. 5월 29일 일식을 관찰하기 위해서였다. 일식이 진행되는 동안 그들은 사진을 찍고 별빛의 겉보기 위치를 측정했는데, 이를 통해 아인슈타인의 예측이 옳다는 것이 확인되었다. 이는 뉴턴 역학이 단순화되거나 근사적인 이론일 뿐이며, 아인슈타인의 일반 상대성이론이야말로 실재를 더 잘 기술한다는 의미였다. 과연 진리에 한 줄기 빛을 비추는 사례가 아닐 수 없다!

과학의 작동 방식에 관한 이러한 설명에는 특별히 중요한 점이 하나 있다. 바로 어떤 현상에 관해 '절대적으로 옳은' 메커니즘을 찾아냈다고 확신할 수 없다는 것이다. 과학은 여러 가지 설명을 내놓는데, 설명들 각각은 자연을 더 잘 이해하게 되면서 더 강력해진다. 하지만 그런 설명들은 그것이 뭐든 간에 새로운 관찰 증거로 인해 틀렸다고 증명될 수 있다. 비록 새로운 이론이 설명해야 할 과거의 실험 증거가 더 많을수록 과거의 설명이 틀렸다고 증명되기가 더 어렵긴 하지만 말이다. 이런 '임시적' 속성, 곧 데이터가 많이 쌓임에 따라 이론이 바뀔 수도 있는 속성이야말로 과학이 증거와 무관하게 작동하는 종교와 구별되는 지점이다. 그렇긴 해도 편의상 나는 당분간 과학 이론을 '참된' 또는 '옳은' 것이라고 부르겠다. 하지만 언제나 이론은 추가 증거에 의해 반박되면 바뀔 수도 있음을 유념해야 한다.

그러므로 과학은 과정이다. 달리 말하자면 과학은 그저 이미 알려진 사실들의 모음이 아니다. 비록 종종 그렇게 가르쳐질 때가 있고, 때로는 간결함을 위해 그렇게 설명하기도 하지만 말이다. 가령 학교에서 과학을 배우기 시작할 때 아이들은 원소의 주기율표, 뉴턴 법칙, 무지개의 생성 원리 같은 내용을 배우지, 어떤 발상에 대해 관찰 결과 검증하기라는 주의 깊은 관념은 거의 배우지 않는다. 아이들이 세계를 이해해야 할 필요성은 인정하지만, 이런 식으로 교육한다는 것은 안타까운 현실이다. 과학 교육은 비판적 사고의 요람으로 기능해야 마땅하다. 장래 성인이 될 아이들에게 이미 알려진 사실을 가르칠 뿐 아니라 앞으로 듣게 될 내용을 더 잘 평가할 수 있는 소양을 갖춰주어야 한다.

과학에서 반증 가능성(이론에서 결과를 추론해낸 다음에 그 예측 결과를 실제 데이터와 비교한다는 개념)이라는 기준을 사용한 것은 꽤 오래전으로 거슬러 올라간다. 무거운 물체가 가벼운 물체보다 더 빠르게 떨어진다는 고대의 믿음은 관찰만 해보면 쉽게 깨진다. 갈릴레오가 피사의 사탑에서 서로 다른 질량의 공들을 떨어뜨려 땅에 동시에 닿는 것을 알아냈다고 하듯이 말이다.

마찬가지로 지구가 평평하다는 개념은 얼핏 보면 사실에 들어맞는 듯하다. 어쨌거나 자동차로 장거리 여행을 떠나보면 언덕과 계곡이 나오긴 하겠지만, 큰 규모에서 보면 우리는 굽은 곡면 위를 달린다는 느낌을 전혀 받지 못한다. 하지만 더 많은 데이터, 더 많은 증거를 살펴보면 세상은 그렇게 단순하지 않으며 사람들은 지구가 평평하지 않다는 것을 수천 년 동안 알고 있었다는 것이 드러난다. 증거를 하나 대자면, 먼바다로 나가는 배가 사라질 때는 먼저 선체가 보이지 않고 마지막으로 돛대 끝이 시야에서 사라진다.

요약하자면 과학의 근본적인 과정은 관측된 데이터로 이론을 검증하여, 이론과 데이터가 불일치하면 해당 이론을 버리거나 수정하는 일이다. 하지만 우리는 불일치가 새로운 통찰을 줄 수도 있다는 것을 깨달아야 한다. 만약 이론과 데이터가 일치하지 않으면, 데이터에 오류가 있기 때문일 수 있다. 내가 이 책에서 꼭 전해주고 싶은 말이다. 데이터는 언제나 오류, 측정의 불확실성, 표본 왜곡, 그리고 다른 여러 문제점을 안고 있으며, 따라서 데이터 오류는 실존하는 가능성이라는 것이다. 그래서 과학자들은 정확한 측정 도구를 제작하고 정밀하게 통제된 조건하에서 측정하려고 온갖 노력을 다 기울인다. 측정 대상이 질량, 길이, 시간, 은하 사이의 거리, 지능, 의견, 복지, GDP, 실업, 인플레이션이든 다른 어떤 것이든 간에 말이다. 정확하고 신뢰할 만한 데이터는 제대로 된 과학에 필수적이다.

검증 가능성은 과학과 사이비과학을 구분하는 기준이기도 하다. 누구나 설명을 내놓을 수 있지만(가령 '마법으로 일어난 일이다'), 엄밀한 검증 과정을 통과하지 못한 설명은 의심해야 한다. 뿐만 아니라 일어날 수 있는 임의의 결과를 예측하는 이론도 쓸모가 없다. 그것은 결코 과학이 아니다. 예를 들어 어떤 중력 이론이 있다고 하자. 그 이론은 물체가 어떤 때는 떨어지고 어떤 때는 올라가고 또 어떤 때는 옆으로 간다고 추측하며, 아무 방향으로나 떨어지더라도 그냥 예상되는 바라고 말한다면, 그런 이론은 아무짝에도 쓸모가 없다. 이와 반대로 질량이 있는 물체는 서로 끌어당기므로 물체는 땅을 향해 떨어진다는 뉴턴의 설명은 적절하게 과학적이다. 뉴턴의 이론이 예측한 내용은 검증할 수 있다. 일단 거듭된 관측을 통해 이론이 일반적으로 옳다고 확인되고 나면 지식의 정본에 포함되고, 우리는 그 이론을 바탕으로 예측하고 기계를 만들 수 있다.

과학적이거나 유용하다고 보기에는 너무 포괄적이라는 이유로 비판받는 이론이 있는데, 정신분석학이 그런 예다. 프레더릭 크루스 Frederick Crews가《프로이트: 환영 만들어내기Freud: The Making of an Illusion》에서 보란 듯이 밝혔듯이, 정신분석학의 기원은 다크 데이터 일색이었다. 크루스는 정신분석학의 기본 태도를 다음과 같이 꼬집었다. 선별된 집단으로부터 일반화하기(심지어 프로이트 자신이라는 1인 표본), 불편한 증거 수집을 꺼리기, 실제로 벌어지는 일을 보려고 하지 않는 태도(책에서 크루스는 이렇게 말한다. "모든 무대 마술가는 관객이 정확히 프로이트와 같은 목격자들이기를 바란다"), 어떤 일이 생겼음을 부정한 것을 그 일이 실제로 생겼다는 증거라고('아니요가 예라는 뜻'이라고) 여기기. 프로이트가 자신의 이론이 틀릴 수도 있다는 점을 인정하지 않았다는 사실이야말로 정신분석학의 문제점을 가장 잘 드러내준다. 자신의 이론이 틀릴지 모른다는 점을 인정할 준비가 되어 있지 않은 과학자는 잠재적 반증 가능성의 원리를 따른다고 보기 어려워 결코 과학자라고 불릴 수 없다. 프로이트 스스로 시인한 다음의 말이 그 점을 고스란히 드러낸다. "나는 결코 과학자도 관찰자도 실험가도 사상가도 아니다. 기질상 나는 정복자(탐험가)일 뿐이다."[1] 또 어쩌면 프로이트의 면제선언으로 볼 때, 적어도 문제의 일부는 프로이트에게 있는 것이 아니라 무비판적으로 한 사람의 의견을 사실인 양 간주하는 사람들에게 있는 듯하다.

내가 그걸 알았더라면!: 과학자들의 흑역사

과학적 과정은 실제 데이터를 놓고서 추측되는 이유들을 검증하는 일이므로, 후보에 오른 이유들은 종종 틀릴 때가 있다. 그렇지 않다면 과학이라는 행위 자체는 아주 단순할 것이다. 그리고 위대한 과학자들은 자신의 이론이 실제 현상을 잘 설명해내서 불멸의 영예를 얻은 사람들이지만, 그렇다고 해서 그들이 틀린 이론을 내놓지 않았다는 뜻은 아니다. 그래서 위대한 과학자들도 몰랐던 내용이 나중에 새로 발견되거나 새로운 데이터가 수집되기도 한다.

찰스 다윈Charles Darwin을 대놓고 비판한 가장 유명한 사람이 윌리엄 톰슨William Thompson, 나중에 켈빈 경Lord Kelvin이 된 사람이다(절대온도 단위는 그의 이름을 딴 명칭이다). 그는 당대에 가장 저명한 과학자 중 한 사람이었으며, 22세에 케임브리지대학교 수학 교수가 되었다. 또 아이작 뉴턴과 마찬가지로 사후에 웨스트민스터 사원에 묻혔다(가장 최근에 거기 묻힌 과학자는 스티븐 호킹Stephen Hawking이다). 이전의 물리학자들은 태양이 얼마나 오래 존재할지 추산하면서 태양이 석탄과 같은 화석연료를 태운다고 가정했지만, 켈빈 경은 그렇게 가정하면 태양이 고작 몇천 년 동안 탈 뿐임을 알아차렸다. 그래서 태양은 차츰 수축하고 있으며 이 수축으로 인해 방출되는 중력 에너지가 열과 빛으로 변환된다는 헤르만 폰 헬름홀츠Hermann von Helmholtz의 가설을 발전시켰다. 하지만 그의 계산에 따르면, 태양은 지구상에 생명체가 나타나는 데 충분할 만큼 오래 연소할 수가 없다는 결과가 나왔다. 따라서 켈빈은 다윈의 진화론이 실증 데이터에 들어맞지 않는다고 주장했다.

그러나 켈빈은 틀렸다. 그의 주장에는 중대한 데이터(나중에야 입수된 데이터)가 빠져 있었다. 태양 에너지의 바탕이 되는 메커니즘이 화학적 연소나 중력이 아니라 전혀 다른 종류의 과정, 곧 핵융합임을 보여주는 데이터였다.

핵융합은 두 원자핵을 강하게 결합시켜 더 큰 원자핵 하나를 만드는 과정이다. 이 과정에서 질량을 얼마간 잃는데, 이 질량이 에너지로 변환되어 방출된다. 이 변환 과정에서 아주 적은 양의 질량이 막대한 방출 에너지로 바뀌는데, 수소폭탄이 터질 때 생기는 엄청나게 큰 에너지가 바로 이 에너지다. 이런 반응을 일으키는 데 사용되는 연료는 중수소와 방사능이 있는 삼중수소다. 중수소는 원자핵에 양성자 하나와 중성자 하나가 있는 수소인데, 보통의 수소 원자핵에는 중성자가 없다. 삼중수소는 원자핵에 양성자 하나와 중성자 둘을 갖는 수소로서, 핵반응로에서 동위원소 리튬-6에 중성자를 충돌시켜 생성된다. 이 경우 전력은 얼마만큼 생성될까? 이론적으로는 욕조 절반의 물과 노트북 한 개 속의 리튬으로 석탄 40톤에 해당하는 전기가 생성된다. 이 정도의 에너지원으로 인류의 에너지 문제를 해결할 수 있다면 오염을 유발하는 화석연료 발전소는 필요 없을 것이다. 핵융합 반응은 방사능 폐기물이 생산되지 않는다는 점에서 '깨끗하다'. 태양 에너지가 생성되는 원리도 이와 같다.

하지만 지구에서 핵융합을 통해 에너지를 얻으려면 어려움에 봉착하고 만다. 막대한 압력을 가해서 원자핵들을 밀착시켜야 하는데, 그러려면 엄청난 힘과 매우 높은 온도가 필요하다. 현재 핵융합을 할 수 있는 가장 효과적인 방법은 중수소 한 겹을 핵분열로 작동하는 원자폭탄 주위에 두르는 것이다. 하지만 원자폭탄은 에너지를 안정적으로 공급하기 위한 편리하거나 실용적인 방법이 결코 아니다! 그러므로 전 세계의 여러 주요한 연구 프로젝트는 잘 통제된 핵융합을 일으키는 데 필요한 힘과 온도를 발생시킬 방법과 더불어 그렇게 해서 생긴 고에너지 플라즈마를 안전하게 보관하는 방법을 연구하고 있다. 플라즈마는 어떠한 물리적 재료에 닿아도 녹아내리기 때문에 물리적 용기의 벽에 닿지 않도록 조심스레 생성된 자기장 안에 갇혀 있다. 이런 프로젝트가 오랜 세월 동안 진행되어왔지만, 프로젝트에 투입된 에너지보다 더 많은 에너지를 생성하는 데는 아무도 성공하지 못했다. (이런 이유로 핵융합은 언제나 30년 이후의 사업이라는 놀림을 종종 받는다.)

켈빈이 핵융합 자체를 몰라서 실수한 경우라면, 틀린 데이터 때문에 핵융합을 오해한 이들도 있다. 1989년 두 물리학자 마틴 플라이슈만Martin Fleischmann과 스탠리 폰즈B. Stanley Pons는 원료의 온도를 어마어마하게 높이 올리지 않고서도 핵융합(이른바 상온 핵융합)을 일으키는 데 성공했다고 발표했다.

팔라듐 전극으로 산화중수소를 전기분해하기만 하면 핵융합 반응이 생긴다는 것이다. 산화중수소는 물의 한 형태(이른바 중수_{重水})이기 때문에, 이 발표대로 무한한 에너지 공급이 가능해지면 세상은 송두리째 바뀔 것이다. 이 발표는 당연히 엄청난 관심을 불러일으켰으며, 전 세계의 연구소들이 실험 결과를 재현하려고 시도했다. 성공한 듯 보이는 실험도 있었지만(모스크바에서 한 건, 텍사스에서 한 건), 대다수는 실패했다.

언론 보도 뒤 며칠 지나서 영국 하웰에 있는 원자력 에너지 연구기관에서 열린 강연에서 누군가가 플라이슈만에게 실험 설정을 통제 조건과 비교했는지 물었다. 폰즈와 플라이슈만의 사례에서 통제 조건이란 물 분자 속의 수소에 중성자가 들어 있지 않는 보통의 물로 진행한 실험이었을 것이다. 이상하게도 플라이슈만은 질문에 답하길 거부했다. 답을 거부한다는 것부터 미심쩍다(사실 그건 다크 데이터일까?). 분명 보통의 물을 이용한 병행 실험에서 결과가 없었다면, 데이터(정확하게는 폰즈와 플라이슈만의 결과가 어떤 메커니즘으로 생겼는지를 밝히는 데 결정적일 수 있는 데이터)가 누락된 셈이다. 그 뒤로도 폰즈와 플라이슈만의 원래 실험에 대한 비판이 꾸준히 제기되면서 그들이 성공했다고 주장했던 재현 결과 중 일부가 철회되었다. 오늘날 상온 핵융합은 불가능하다는 것이 공통 의견이다. 하지만 여전히 일부는 희망의 끈을 놓지 않고 있다. 어쨌거나 인류에게 새로운 여명을 가져올 과제이니 말이다.

데이터의 부족은 화학자 라이너스 폴링_{Linus Pauling}도 그릇된 길로 이끌었다. 그는 노벨화학상과 노벨평화상을 동시에 받은 인물이다. 단언하건대 역사상 가장 위대한 과학자 중 한 명인 폴링은 굉장히 넓은 분야의 화학 및 생화학 주제에 업적을 남겼고 논문을 1천 편 이상 출간했다. 20세기 중반에 DNA 구조를 알아내려고 했던 여러 과학자 중 한 명이기도 했다. 그는 전자현미경 영상을 연구하여 DNA 구조가 나선형일 것이라고 추측했다. 폴링으로서는 전혀 새로운 추측이 아니었다. 오랜 세월 힘겹고 꼼꼼한 작업을 통해 나선 구조가 다른 분자에도 존재함을 이미 설득력 있게 밝혀냈기 때문이다. X선 영상이라든가 원자 간격이나 원자들 사이의 결합각에 관한 하드 데이터가 없는데도 폴링은 DNA가 세 가닥 구조라고 제안했다. 계산을 해본 결과 그가 제시한 원자들의 위치가 자신이 수집한 데이터와 정확하게 일치하는 않음이 드러났는데도, 그것이 세부사항을 정리하다가 생긴 지엽적인 문제라고 여겼다. 다른 연구팀들, 특히 영국 케임브리지대학교 캐번디시 연구소에서 DNA 구조에 관해 연구하고 있다는 사실을 잘 아는 그는 다른 사람들보다 먼저 발표하기로 마음먹고는 1952년 12월 31일 그의 동료 로버트 코리Robert Corey와 함께 《미국국립과학원회보Proceedings of National Academy of Sciences》에 〈핵산 구조에 대한 제안A Proposed Structure for the Nucleic Acids〉을 제출했다.

캐번디시 연구소의 두 과학자 프랜시스 크릭과 제임스 왓슨James Watson도 한때 DNA 구조가 삼중나선이라고 추측했지만, 화학자이자 X선 결정학자 로절린드 프랭클린Rosalind Franklin이 제공한 데이터를 근거로 입장을 바꿨다. 크릭이 폴링에게 삼중나선 모형의 문제점 몇 가지를 지적하자, 폴링은 앞서 우리가 얘기했던 과학적 과정에 따라 자기가 해야 할 일을 정확히 했다. 바로 데이터와 일치시키려고 자신의 이론을 수정하려고 시도한 것이다. 하지만 그러는 사이에 크릭과 왓슨도 대안이 될 모형을 찾고 있었다. 그들은 수소결합 전문가인 제리 도너휴Jerry Donohue한테서 얻은 추가 데이터 덕분에 모든 데이터와 딱 들어맞는 모형을 찾아냈다. 유명한 이중나선 모형이다.

그런데도 폴링은 자기가 틀렸음을 시인하지 않고, 어느 모형이 옳다고 판명날지 지켜볼 일이라고 반응했다. 1953년 4월 케임브리지대학교를 방문했을 때 그는 크릭과 왓슨이 내놓은 구조와 함께 X선 사진을 살펴보았다. 두 학자와 함께 이중나선 모형에 관해 논의한 뒤 폴링은 드디어 답이 나온 것 같다고 인정했다.

가장 유능하고 저명한 과학자라도 틀릴 수 있다는 것이 과학의 근본 속성인데, 특히 모든 데이터를 갖고 있지 않을 때 그렇다. 앞서 언급한 켈빈 경은 비록 뛰어난 과학자이긴 하지만 틀린 견해를 연거푸 내놓았다. 빌헬름 뢴트겐Wilhelm Röntgen이 X선을 발견했다고 발표하자, 처음에 켈빈 경은 속임수가 틀림없다는 반응을 내놨다. 켈빈 경은 이런 글도 썼다. "열기구도 비행기도 사실상 성공하지 못할 것이다." 그리고 앨버트 마이컬슨Albert Michelson(아인슈타인의 특수상대성이론에 든든한 증거를 제공했던 유명한 마이컬슨-몰리 실험의 장본인)은 양자역학과 상대성이론의 발견이 있기 직전인 1894년에 이렇게 썼다. "[물리학의] 위대한 기본 원리들 대다수는 이미 확립된 듯하다."

이론에 따른 예측을 데이터와 비교해서 틀렸다는 결과가 나온 또하나의 사례가 저명한 과학자 프레드 호일 경Sir Fred Hoyle의 경우다. 호일은 우주의 속성을 밝히는 데 중요한 공헌을 했는데, 특히 무거운 원소의 기원을 밝히는 데 이바지했다. 한때 무거운 원소들이 우주 일생의 초기에 생성되었다는 이론이 있었는데, 그 과정에서 어떤 단계들이 가벼운 원소들이 결합하여 무거운 원소로 변환되기에는 너무 불안정하다는 계산 결과가 나오면서 그 이론은 무너졌다. 호일은 그 이론을 대체할 가설을 내놓았는데, 그 가설은 무거운 원소들이 핵융합(앞서 논의했던 바로 그 반응)에 의해 별 속에서 어떻게 합성될 수 있는지를 보여주었다. 호일의 주장에 따르면, 오래된 별의 중심부에서 합성된 원소들은 그 별이 거대한 초신성으로 폭발할 때 우주 전역으로 흩어졌다. 이렇게 흩어진 원소들이 서서히 뭉쳐서 행성과 위성 그리고 우리를 만들었다. 이 이론은 시간의 검증을 견뎌냈고, 덕분에 호일은 20세기 중반에 가장 위대한 업적을 남긴 영국 물리학자 중 한 명이 되었다. 하지만 호일의 이론이 전부 대단한 성공을 거둔 것은 아니다. 다음이 그런 예다.

지구에서 별까지의 거리에 관한 데이터를 통해 우주가 팽창하고 있음이 드러난 후 벨기에의 물리학자 조르주 르메트르Georges Lemaître 는 다음과 같이 논리적으로 추론했다. 아마도 우주는 수십억 년 전에 지극히 작은 초고밀도의 뜨거운 점에서 시작했으리라고 말이다. 검증 가능성이라는 개념이 과학의 핵심인데, 이 이론을 검증할 방법은 없는 듯했고 다른 경쟁 이론도 없어 별로 관심을 끌지 못했다. 그런데 호일은 자신이 르메트르의 '빅뱅 이론'이라고 명명한 이론에 대해 대안을 제시했다. 우주는 명확한 시작점이 있는 게 아니라 새로운 물질이 우주 전역에서 지속적으로 탄생함으로써 연속적인 창조 상태에 있다는 이론이었다(이른바 '정상상태론'). 서로 대립하는 두 이론이 존재하게 되자 둘 중 하나는 틀렸음을 확인하기 위한 데이터 수집이 탄력을 받았다. 그렇게 점점 축적된 증거는 빅뱅 이론의 손을 들어주었다. 하지만 호일은 포기하지 않았고 정상상태 가설의 여러 변형판을 고안해 자신의 이론을 지켜내려 했다. 하지만 종국에는 그의 이론에 반하는 증거가 압도적으로 많아졌다.

심지어 알베르트 아인슈타인이 내놓은 이론 중에도 추가 데이터에 의해 틀렸음이 밝혀진 것이 있다. 그의 일반상대성이론은 물질이 공간과 시간을 왜곡시킴을 밝혀냈다(앞서 논의했듯이, 이 현상으로 인해 별빛은 무거운 물체 근처를 지날 때 경로가 휘어진다). 아인슈타인이 일반상대성이론을 기술할 당시만 해도 우주가 정적靜的이라고 여겨졌다. 하지만 모든 물질이 다른 모든 물질을 끌어당기므로, 현재 존재하는 우주는 그 상태를 아주 오랫동안 유지하지는 못할 것이다. 다시 말해 우주는 자체적으로 붕괴되고 만다. 이 문제를 해결하기 위해 아인슈타인은 자신의 방정식에 여분의 항, 이른바 우주상수를 보탰다. 이 상수는 중력의 인력을 상쇄시키는 척력으로 작용한다. 아인슈타인에게는 애석한 일이지만, 이 여분의 항은 필요하지 않은 것으로 밝혀졌다. 이후에 수집된 데이터를 통해 우주는 정적이지 않고 팽창하고 있음이 드러났기 때문이다. 여분의 항을 추가한 행동을 가리켜 아인슈타인은 "인생 최대의 실수"라고 말했다고 한다. 어쨌거나 당시에 얻을 수 있었던 데이터를 바탕으로 그런 여분의 힘이 존재한다고 추측했다는 것은 매우 타당한 발상이었다. 일반적으로 이전에는 드러나지 않았고 짐작도 못했던 새로운 데이터가 어떤 이론과 맞아떨어지지 않았다고 해서 당시의 이론이 나쁜 발상이라는 뜻은 아니다. 하지만 공교롭게도 아인슈타인의 이야기에는 또 하나의 반전이 기다리고 있었다.

데이터가 더 쌓이자 우주는 그저 팽창하는 것뿐만 아니라 사실 점점 더 빠르게 팽창하고 있음이 드러났다. 이로 인해 우주상수 또는 적어도 그와 비슷한 것(오늘날 이른바 암흑 에너지)이 필요할지 모른다는 견해가 제시되었다. 여담이지만 천체물리학자 마리오 리비오Mario Livio는《찬란한 실수Brilliant Blunders》라는 훌륭한 책에서 아인슈타인이 실제로 "인생 최대의 실수"라고 표현했는지 묻는다. 리비오는 그 표현을 쓴 사람이 물리학자 조지 가모프George Gamow라고 본다.

순수과학에서 의학으로 눈을 돌리면, 고통을 줄이려는 시도는 인류의 여명기부터 줄곧 우리 곁에 있었다. 식물, 흙 그리고 마법이 이에 일조했다. 그리고 비교적 근래에 와서야 우리는 치료의 효과를 적절하게 평가할 수 있게 되었다. 생물학, 생리학, 유전학 등 의학의 바탕이 되는 관련 과학이 크게 발전하면서 이루어진 결과다. 그러므로 어쩌면 놀랄 것도 없는 일이지만, 평가받지 않은 일부 치료들이 의료 관행 전반에 얼씬거려왔다. 그렇다고 이 치료법들이 몸속에 피가 너무 많아서 사혈이 필요하다는 식의 발상이라든가 동종요법과 같은 신빙성 없는 개념이라는 말이 아니라, 의료계 전반이 효과가 있다고 간주하지만 적어도 최근까지는 무작위 대조군 시험 등을 통해 엄밀한 평가를 거치지 않은 치료법이라는 말이다.

전전두엽 절제술prefrontal lobotomy이 적절한 예다. 뇌의 전전두엽에 있는 연결 부위를 자르는 이 신경외과 시술은 조현병과 양극성장애 등의 정신질환을 치료하기 위해 널리 사용되었다. 처음에는 두개골에 구멍을 뚫은 뒤 에탄올을 주입해서 뇌의 일부를 작동하지 못하게 하는 방식이었다가 회전하는 전선 고리를 삽입하는 방식으로 바뀌었다. 훨씬 나중에는 기술이 발전하여 외과의사가 눈구멍을 통해서 전두엽에 접근했다. 포르투갈의 안토니오 에가시 무니스Antonio Egas Moniz는 이 시술을 고안한 공로로 1949년 노벨의학상을 받았다. 이 시술이 효과적이지 않다는 의심이 있는데도 말이다. 《미국의학협회 저널》은 1941년 사설에서 이렇게 말했다. "이 수술이 정신증적 성격을 정상으로 바꿀 수 있다고 여겨서는 안 된다. 현재는 우리가 전두엽에 관해 잘 모르긴 하지만, 그렇다 하더라도 정신증이 없는 사람의 전두엽을 제거하면 심각한 결함이 생긴다는 증거는 많다."[2] 분명 전전두엽 절제술은 구토, 요실금과 변실금, 무기력, 무감각을 비롯하여 여러 가지 부작용이 있었다. 하지만 또 한편으로 전전두엽 절제술을 받은 환자들은 더 조용해져서 가족이 돌보기 쉬워졌다. (인공두뇌학자 노버트 위너Norbert Wiener는 이렇게 말했다. "[그런 환자를] 죽이는 편이 돌보기가 더 쉬워진다고 지나가는 말로 던져볼까 합니다만."[3]) 다행히 지난 세기 중반에 치료 약물이 개발되면서 전전두엽 절제술을 사용하는 일은 줄어들었다. 요즘에는 뇌를 훨씬 더 잘 이해하게 되었고 신경외과적 개입도 세심하게 제어되는 정밀한 작업이 되었는데, 이는 정교한 진단 기술이 발전했기 때문이다. 그런 기술 덕분에 이제는 뇌의 삼차원 구조 내부가 훤히 들여다보인다. 이것은 본질적으로 뇌에 관한 데이터를 확보해가고 있다는 뜻이다.

더욱 최근의 의료적 사례는 무릎의 골관절염을 완화하는 관절내시경 수술이다. 관절내시경 무릎 수술은 일반적으로 고통스러운 증상을 완화한다고 간주되는 널리 쓰이는 시술이다. 하지만 브루스 모슬리Bruce Moseley 연구팀이 무작위 대조군 시험으로 위약과 비교하면서 그 시술의 효과를 조사했더니 "관절내시경 무릎 시술을 적용한 두 집단 중 어느 쪽도 위약을 투여한 집단보다 통증이 줄거나 무릎 상태가 나아지지 않았다".[4] 치료의 효과에 관한 맹목적 가설은 정당하지 않으며 그 치료법을 실시하지 않은 결과를 분명히 밝혀야 올바른 비교가 가능하다.

더 일반적으로 말해서, 의료계의 주변부에 효과 없는 '치료법들'이 부지기수라는 것은 놀랄 일도 아니다. 아주 최근의 중요한 메타 분석에서 김준석과 동료들은 다음을 확정적으로 알아냈다. "[종합비타민과 미네랄] 보충제는 일반 대중의 심혈관 건강 상태를 향상시키지 못한다."[5] 하지만 사람들을 설득하기는 어렵다. 사람들은 자신들의 믿음이 틀렸을지 모른다고 시인하기보다는 증거에 의심을 품는다. 이번에도 확증 편향이 작용하는 셈이다. 아마도 현재 이 현상의 가장 설득력 있는 예는 기후변화일 것이다. 의학 분야에 국한해서 보자면 존 번John Byrne 박사는 이렇게 말한다. "'연구를 통해 제대로 얻은 부정적 결과'라는 냉엄한 현실과 마주하면 많은 사람이 자연스럽게 그 진실을 거부한다. 많은 이가 자신이 선호하는 관행을 고수하려 든다. 지금도 감기에 걸리면 감기약과 더불어 비타민 C를 먹으라고 권장한다. 관절내시경 무릎 수술도 여전히 실시된다(일부는 열렬히 옹호한다). 고지혈증 약 페노파이브레이트Fenofibrate는 앞으로도 오랫동안 수십억 달러 매출액을 기록할 것이다. 회의적인 의사가 된다는 것은 증거가 가리키는 결과가 (언뜻) 마음에 들지 않더라도 증거를 따른다는 뜻이다."[6] 그리고 진실은 데이터로 드러난다.

우연히 만난 다크 데이터: 과학자들의 행운

때때로 우리에겐 행운이 따른다. 보통의 경우 다크 데이터는 문젯거리다. 다크 데이터는 우리가 알았다면 우리의 태도뿐 아니라 행동까지 바꾸었을 무언가다. 하지만 가끔 우리는 우연히 다크 데이터에 걸려 넘어지는데, 이때 뜻밖에도 세계의 실상이 우리 앞에 드러난다.

우주마이크로파배경복사cosmic microwave background radiation의 발견이 대표적인 예다. 잘 알려져 있듯이 1948년에 랠프 앨퍼Ralph Alpher와 로버트 허먼Robert Herman이 우주는 빅뱅 직후 우주 진화의 초기 단계에 저온 열복사로 가득 차 있었다고 예측했다. 16년이 지난 1964년 천문학자 아노 앨런 펜지어스Arno Allan Penzias와 로버트 우드로 윌슨Robert Woodrow Wilson이 6미터짜리 혼 안테나로 측정을 하고 있었다. 이 안테나는 원래 위성 신호를 검사하기 위해 만들었지만, 펜지어스와 윌슨은 전파 망원경으로 사용하고 있었다. 하지만 둘은 배경잡음을 없애지 못해서 애를 먹었다. 안테나의 온도를 내려도 잡음이 사라지지 않았다.

조사해보니 안테나 속에 둥지를 튼 새의 배설물이 잡음의 원인일 수도 있었다. 그래서 안테나를 청소했지만 잡음은 없어지지 않았다. 때마침 미국 물리학자 로버트 딕Robert Dicke이 둘의 연구실을 찾아왔다. 로버트 딕은 빅뱅에서 남은 열복사가 우주 어딘가에 존재한다는 개념의 증거를 찾고 있던 참이었다. 로버트는 펜지어스와 윌슨과 대화를 한 뒤 깨달았다. 자신이 찾고 있던 것을 두 사람이 발견했으며,

더구나 소 뒷걸음치다 쥐 잡듯이 다른 일을 하려다가 발견했음을 말이다. 펜지어스와 윌슨은 1978년에 노벨물리학상을 공동 수상했다. (이때 표트르 레오니도비치 카피차Pyotr Leonidovich Kapitsa도 저온물리학 분야의 연 ↑ 업적으로 노벨물리학상을 함께 수상했다.)

이 이야기의 교훈은 이렇다. 비정상적이고 결함 있는 데이터는 대다수가 실험 오차 또는 측정의 부정확성에 따른 것이지만 개중에는 근본적인 돌파구가 될 것도 있을지 모른다. 아래에 나오는 내용도 그런 몇 가지 예다.

수바 라오B. C. Subba Rao가 57가지 물질을 검사했더니 한 가지 물질에서 이상한 반응이 포착되었다. 수바 라오는 그 한 가지 결과는 무시하고 나머지 56가지의 일관된 결과만 발표하고 싶었다. 그도 그럴 것이 56가지 물질은 세심하게 통제된 방식으로 실험을 했던 반면에 57번째 물질은 다른 방식으로 실험을 했기 때문이다. 하지만 동료인 영국 출신 미국 화학자 허버트 브라운Herbert Brown은 다시 철저히 살펴봐야겠다는 느낌이 들었다. 그 결과 브라운은 수소화붕소 첨가 반응hydroboration이라는 화학반응을 발견하여 노벨상을 받았다.

독일의 기계공학자이자 물리학자 빌헬름 뢴트겐은 진공 유리 전구 속의 두 전극 사이에 고압 전류를 흘리면, 약 3미터 떨어진 바륨-시안화백금산염barium platinocyanide 스크린에 빛이 난다는 사실을 발견했다. 심지어 전구를 두꺼운 검은색 마분지로 감쌌는데도 말이다. 이렇게 해서 뢴트겐은 X선을 발견했다.

천왕성도 우연히 발견되었다. 독일 태생의 영국인 천문학자 윌리엄 허셜William Herschel이 맨눈으로 밤하늘을 바라보다가 흐릿한 천체가 별들 사이에서 위치를 바꾸는 모습을 포착한 것이다.

알렉산더 플레밍Alexander Fleming은 포도상구균이 든 배양접시들을 정리하다가 우연히 접시 하나에서 곰팡이 자국이 있는데도 세균이 없는 영역을 찾아낸 덕분에 페니실린을 발견했다.

철학자 토머스 쿤Thomas Kuhn은 기념비적인 지시 《과학혁명의 구조 The Structure of Scientific Revolutions》에서 이렇게 썼다. "근본적으로 새로운 사실과 이론은 바로 이렇게 탄생한다. 한 벌의 규칙 아래 진행되는 게임에서 뜻밖에 출현하지만, 그것들이 과학에 흡수되려면 정교한 또 다른 규칙이 필요하다. 과학의 일부가 되고 나면, 과학은 (…) 결코 이전과 같지 않다."[7] 하지만 조심해야 한다. 새로움, 비정상, 놀라움 또는 충격이 이전에는 숨어 있던 다크 데이터를 드러내는 한 줄기 빛이어서 더 깊은 지식으로 가는 출발점이 될지 모르지만, 그런 것들은 데이터를 흐릿하게 만드는 측정 불확실성이나 실험상 결함의 결과일 수도 있다.

반복 실험을 통한 재현: 과학 연구의 다크 데이터

나중에 유명해진 한 논문에서 스탠퍼드대학교의 의학 및 통계학 교수 존 이오애니디스John Ioannidis는 이렇게 주장했다. "사실을 발견했다는 연구 내용 대다수가 거짓임은 충분히 입증될 수 있다."[8] 이 대담한 주장 덕분에 그는 가장 널리 인용되는 과학자 중 한 명이 되었다.

그의 주장에 깔린 이유는 충분히 수긍할 만하며, 사실 수십 년 동안 타당하게 여겨졌다. 이오애니디스가 관심을 불러일으키기 전까지 잘 몰랐던 점은 그 주장이 과학 및 의학 연구문헌에 대단히 큰 영향을 끼쳤다는 사실이었다. 또한 그 주장이 촉발한 엄청난 관심과 우려도 예상하지 못했다. 하지만 이 모든 결과보다 훨씬 더 놀랍게도, 이후의 논의에서 과학 과정의 속성에 관한 기본적인 오해가 널리 퍼져 있다는 사실이 속속들이 드러났다. 따라서 다음 질문들이 제기될 수밖에 없다. 왜 과학은 재현 가능성이라는 기본적인 기준을 충족시키지 못하는가? 과학은 망가졌는가? 과학은 정말로 재현 가능성 위기를 겪고 있는가?

아래는 이오애니디스의 주장을 뒷받침해주는 몇 가지 수치인데, 다만 학문 분야마다 상당한 차이가 있음에 유념하기 바란다.

생명과학 벤처 캐피털 회사인 아틀라스 벤처Atlas Venture의 공동 출자자인 브루스 부스Bruce Booth는 이렇게 말했다. "초기 단계 벤처 캐피털 종사자들의 '암묵적 규칙'에 따르면, 발표된 연구의 적어도 50퍼센트는 비록 최고 등급 학술지에 나오는 내용이라도 업계의 연구소에서 동일한 결론을 재현해낼 수 없다." 현재 아틀라스 벤처는 추가 투자의 선결 조건으로 별도의 확인을 요구한다.[9]

《네이처》의 설문조사에 따르면, 1,576명의 응답자 중 70퍼센트 이상이 다른 과학자의 연구를 재현하려고 시도했지만 실패했다고 한다.[10] 이런 보고를 액면 그대로 받아들여야 할지 의문이 들지도 모른다. 어쩌면 다크 데이터에 의해 왜곡된 결과일 수도 있다. 아마도 과거의 어떤 연구를 재현하는 데 실패한 과학자들이 성공한 과학자들보다 설문조사에 더 잘 응답했을 것이다. 또 어쩌면 비정상적인 결과가 나온 어떤 한 연구에 많은 응답자가 도전해서 결과를 재현하는 데 실패했을지 모른다(상온 핵융합의 경우를 떠올려보라). 그럼에도 70퍼센트는 현저하게 큰 수치다.

극단적인 경우이긴 하지만, 글렌 베글리C. Glenn Begley와 리 M. 엘리스Lee M. Ellis는 임상 전 암 연구에 관한 53가지 '기념비적' 논문의 결과를 재현하는 연구들을 기술한다. 베글리와 엘리스가 알아낸 바에 따르면 53건 중 6건의 연구 결과만이 재현에 성공했다. 성공률이 11퍼센트였다.[11]

레너드 프리드먼Leonard Freedman과 동료들은 근거 자료를 통해 재현 불가능한 임상 전 의학 연구의 비율을 51~89퍼센트라고 추산했다. 이어서 그들은 이러한 연구를 하는 데 드는 경제적 비용이 연간 약 280억 달러로 추산된다고 발표했다.[12]

이런 유형의 결과에 착안하여, 버지니아대학교의 브라이언 노섹Brian Nosek이 재현 가능성 프로젝트Reproducibility Project라는 유명한 연구를 추진했다. 2008년 심리학 문헌에 발표된 연구 100건을 재현하고자 한 프로젝트였다.[13] 노섹 연구팀은 원래 통계적으로 유의미한 결과를 내놓았던 97건의 연구 중에서 오직 35건에서만 똑같은 결과를 얻었다. 이는 논란의 여지가 있는 연구 결과여서, 일부 연구자들은 노섹의 프로젝트에 중대한 약점이 있다고 주장한다. 가령 재현하고자 했던 100건의 연구를 선별하는 과정이 문제일 수 있다. 다시 말해 다크 데이터에 관한 조사조차도 다크 데이터 사안으로 인해 곤경에 처할 수 있다. 두말할 것도 없이 다크 데이터는 어디에나 있기 때문이다.

이런 식의 결론은 분명 놀랍긴 하지만, 과학은 쭉정이를 걸러내는 과정임을 결코 잊어선 안 된다. 많은 비평가가 과학을 이상적으로만 보는 듯하다. 그들은 실험을 어떤 현상의 존재를 '증명'하거나 '반박'하는 단 한 번의 과정으로 본다. 과학은 훨씬 더 복잡하며, 또한 그래야만 한다. 정의상 과학 연구는 불확실성이 지배하는 지식의 경계에서 진행된다. 과학자는 잡음 무더기에서 지극히 작은 신호 하나를 구별해내려고 하므로 잡음 때문에 연구가 잘못된 방향으로 가기 쉽다. 한 술 더 떠서 이렇게 말할 수도 있다. 만약 우리가 재현 가능성 검사를 통과하지 못한 실험 결과를 볼 수 없다면, 그건 과학자들이 제 역할을 하지 못하며 지식의 경계를 시험하는 일에 적극적이고 창의적으로 나서지 않는다는 뜻이라고 말이다.

이 논의의 요점은 과학적 과정이 망가지지 않았다는 것이다. 재현 가능성은 과학이 작동하고 있고, 과학적 주장들이 검사되고 있으며, 옳지 않은 주장들은 결국 기각되리라는 신호다. 핵심 요점은 과학이 증명 가능한 방식으로 작동하고 있다는 것이다. 자연에 관한 지식의 증가, 그리고 물질·기계·의약품 등의 분야에서 일어나는 기술 발전만 봐도 훤히 드러나는 사실이다.

설령 과학이 망가지지 않았다 해도 애초부터 잘못된 결론이 적게 나오는 편이 분명 더 나을 것이다. 단 옳은 과학 이론이 너무 자주 기각되지만 않는다면 말이다. 그렇게 되려면 연구를 더 잘 설계해야 한다. 하지만 과학 문화에는 위험을 감수하도록 권장하고 사람들이 불필요하게 경계를 넘도록 만드는 측면들이 있다. 이것이 바로 이오애니디스와 이후의 여러 사람이 강조했던 점이다. 이제 이 문제를 살펴보겠다.

그러나 먼저 이 문제와 미국 우주 프로젝트의 유사점에 주목해보자. 로켓 엔진과 시스템이 발전해나가고 로켓의 작동방식에 관한 지식이 차츰 쌓이기 시작하던 초기에는 당연히 실패가 종종 있었다. 또는 톰 울프Tom Wolfe가 《옳은 것The Right Stuff》 10장에서 서술했듯이 "우리 로켓은 늘 폭발한다"는 비관적 견해가 팽배했다. 경계를 탐험할 때는 언제나 경계의 이쪽에 발을 디디다가도 간혹 저쪽에도 발을 디디는데, 만약 경계에 올바르게 서 있다면 양쪽에 절반씩 발을 디딜 것이다. 그리고 결과(로켓공학에서는 '실패'라고 하지만 과학에서는 그냥 '결과')들을 공학적으로 주의 깊게 연구함으로써 우리는 미래에 올바른 쪽(로켓이 폭발하지 않았으며 우리의 과학적 결론이 옳다고 판명된 상황)에 안착하려고 시도한다. 하지만 무슨 일이든 위험이 따르게 마련이다. 경계가 어디에 있는지 알려면 위험을 감수해야 한다.

과학자들이 잘못된 쪽 결과에 이끌리고 의혹투성이 주장과 재현 불가능한 결과들을 내놓는 까닭은 과학 문화의 어떤 측면 때문일까?

출판 편향publication bias이란 출판된 문헌이 지금까지 이루어진 모든 과학 연구를 정당하게 대변하지 않는 경향을 가리킨다. 다수의 과학 연구 결과가 '서류함 안에서' 미출판 또는 미발견 상태로 곰팡이를 피우고 있거나 아무도 보지 않는 하드드라이브에서 먼지를 폴폴 날리고 있다. 이 연구 결과들은 단지 무작위적 선택에 의해서가 아니라 다양한 힘의 작용에 의해 드러나지 않도록 선택되었다(DD 유형 3: 일부 사례만 선택하기). 한 가지 힘은 인상적이고 새로운 연구 결과를 선호하는 학술지의 경향이다. 예기치 않은 연구 결과를 내놓은 실험이라야 사람들이 그저 "아, 네, 예상했던 내용이네요"라고 말하는 결과보다 관심을 불러일으킬 가능성이 훨씬 더 크다.

이러한 '서류함' 효과가 《유의미하지 않은 차이 저널Journal of Non-Significant Differences》의 창간을 도왔다. 나중에 더 자세히 다루겠지만 '유의미성'은 통계 전문 용어다. 대략적으로 말하자면 유의미한 결과란 만약 어떤 가설이 참이라면 일어나기가 매우 어려운 결과이기 때문에 그 가설이 참인지 의문이 들게 만드는 결과다. 반대로 유의미하지 않은 결과란 그 가설과 일치하는 결과로, 앞 문단에 나온 표현으로 하자면, 가설이 참이라고 충분히 예상되는 결과다. 《유의미하지 않은 차이 저널》은 유의미하지 않은 결과를 내놓는 연구만을 발표하는데, 저널의 목표는 "과학 연구가 현재 학계에 소중한 통찰을 제공하기 위해 꼭 유의미할 필요는 없음을"[14] 알리기 위해서다. (덧붙여 말하자면, 1955년에 창간된 《재현 불가능한 결과 저널Journal of Irreproducible Results》도 있는데 이것은 과학 유머 잡지다.[15] 둘을 결코 혼동하지 마시길!)

새롭고 특이한 것을 좋아하면 왜 재현 불가능한 결과가 나오기 쉬울까? 극단적이고 비정상적이고 변칙적인 값은 참된 현상 때문에 생길 수도 있다. 가령 어떤 약이 다른 약보다 실제로 훨씬 더 효과가 좋거나 어떤 합금의 반응성이 예상보다 실제로 훨씬 더 낮을 수 있다. 하지만 그런 값은 순전히 무작위적인 변동 때문에 생길 수도 있다. 배경 조건들(가령 약이나 합금의 불순물, 심리 실험 참가자들이 느끼는 날씨)의 우연의 일치라든지 단순한 측정 오차로 인해 대단히 높거나 낮은 값이 나올지도 모른다. 어쨌거나 앞서 보았듯이 어떤 측정도 절대적으로 정확하지는 않으며, 두 실험 설정은 어떤 것이든 간에 완벽히 동일하지는 않다.

따라서 연구 결과를 재현할 때 서로 다른 실험들에서 동일한 실험 구성이나 동일한 측정 오차가 생기기는 어렵다. 대체로, 평균으로의 회귀를 설명한 3장에서 보았듯이, 시기적으로 나중에 한 반복실험에서 덜 극단적인 값이 나온다고 볼 수 있다. 그러니 (반복실험을 계속하다 보면) 비정상적 결과가 사라지더라도 놀랄 것이 없으며, 이오애니디스의 표현대로 종종 "사실이라고 주장하는 과학적 내용이 거짓"이라고 예상해야 마땅하다. 덧붙이자면 대단히 극단적인 값은 정상 범위의 값을 왜곡하는 일종의 다크 데이터(의심스러운 측정 오차) 때문에 생긴다.

과학 저널의 편집자가 흥미진진한 결과를 좋아하는 경향은 연쇄적 상황의 끝단일 뿐이다. 전체 과정의 시작 부분에 있는 저자 또한 발표 가능성이 작은 논문을 제출하기보다는 흥미롭고 놀라운 결과가 담긴 논문을 내고 싶어한다.

영향력 지수impact factor가 높은 일급 저널(한두 곳만 대자면《네이처》나《사이언스》)에 발표하면 굉장한 권위가 실린다(영향력 지수란 저널의 중요성을 나타내는 값이다. 해당 저널에 실린 논문의 인용 횟수, 곧 논문이 얼마나 관심을 많이 받았는지를 바탕으로 측정된다). 과학자들은 권위가 높은 저널에 그저 그런 평범한 결과보다는 두드러진 '성취'가 있는 결과를 제출하려 하는데, 권위 있는 저널일수록 그런 결과를 발표하기를 더 좋아한다는 것을 알기 때문이다(DD 유형 4: 자기 선택). 그러므로 권위 있는 저널은 더 흥미로운 연구 결과를 더 많이 발표하는 편이며, 그렇기에 애초에 권위가 높다(DD 유형 11: 피드백과 게이밍). 하지만 평균보다 더 두드러진 결과는 재현 불가능할 가능성이 더 크다. 이전에 논의했던 '평균으로의 회귀' 현상 때문이다. 게다가 과학자들은 일급 저널에 실릴 가능성을 높이려고 연구의 세밀한 내용을 '왜곡할' 준비가 잘되어 있을지 모른다(나중에 살펴보겠지만 데이터 내용의 정직한 선택과 기만적인 선택 사이의 경계선은 아주 희미하다). 이에 따라 권위가 높은 저널일수록 기만적인 연구 결과를 실을 가능성이 더 크다.

으뜸가는 저널에서 발표된 연구 결과가 참일 가능성이 작다니, 꽤나 충격적이다. 하지만 여러 저자가 도달한 결론이 바로 그렇다. 미국의 미생물학자 페릭 팽Ferric Fang과 공저자들은 이렇게 보고했다. "저널의 영향력 지수와 사기 또는 사기 의혹 및 오류로 인한 논문 철회 횟수 사이에 매우 유의미한 상관관계가 드러났다."[16]

농담조로 결론을 내리자면, 연구 결과가 틀릴 가능성이 큰 매체에 발표하지 않으려면 권위 있는 저널을 피해야 한다. 혼란스럽기 그지없는 말이다! 하지만 인과관계를 확실히 정하기란 어렵다는 점도 유의해야 한다. 권위 있는 저널은 정의상 독자층이 넓기 때문에 거기에 실린 논문은 자연스레 면밀한 조사를 받게 되므로 의심스러운 결론이 (비록 다른 저널보다 비율이 높지 않을지라도) 발견될 가능성이 더 크다.

새로운 결과를 발표할 때 두 건 이상의 연구를 바탕으로 하도록 요구한다면 그런 문제가 줄어든다. 연구 결과를 발표하기 전에 다른 독립된 연구에서 동일한 결과가 나와야 한다고 규정하면 된다(브루스 부스의 '암묵적 규칙'을 떠올려보라). 제약 분야가 그런 규정을 따른다. 승인을 신청한 약품이 정식 승인을 얻으려면 다수의 임상시험이 뒷받침해주어야 한다. 하지만 다른 분야(특히 과학 연구 환경)에서는 발표의 우선순위가 실적의 핵심 척도이기 때문에 과학자들은 순위에서 밀릴 위험을 감수하기를 싫어한다(앞서 보았듯이 라이너스 폴링은 핵산의 구조에 관한 논문을 서둘러 발표했다). 획기적인 업적이 될 수 있다면 설령 나중에 결과의 결함이 드러날 우려가 있더라도 서둘러 발표하는 편이 낫다고 여긴다.

새로운 발견을 해야 한다는 압박 때문에 유의미한 내용을 찾을 때까지 데이터를 여러 가지 새로운 방식으로 살피거나 한 데이터 세트의 여러 상이한 부분을 살피는 관행이 생겼다. 가령 두 환자 집단을 비교할 때 우리는 각 환자의 100가지 특성을 측정하여 100가지 특성 전부에 대해 한 번에 하나씩 두 집단의 평균을 비교하려고 할 수 있다. 놀랍게도 순전히 무작위적인 측정 오차 때문에 두 집단은 적어도 일부 특성이 별로 다르지 않을 수 있다. 그렇게 하는 절차를 가리켜 'p-해킹p-hacking'이라고 한다.

호기심을 자아내는 이 이름은 통계학에서 왔다.

우선 우리는 데이터, 특히 대규모 데이터 세트를 여러 가지 방식으로 살펴보면 데이터 간에 실제 연관성이 없을 때조차 우연히 몇몇 특이한 패턴이 분명히 나온다는 점을 인식해야 한다. 가령 아주 많은 변수가 관여할 경우, 어떤 쌍들은 변수들이 실제로는 서로 상관되어 있지 않는데도 그저 무작위한 측정 오차로 인해 유한한 데이터 세트에서 매우 높은 상관관계를 보일 가능성이 크다. 또는 아주 많은 사례(가령 사람들)가 관여할 경우, 어떤 작은 집단들이 우연하게도 놀랍도록 서로 비슷할지 모른다.

사소하지만 단순명확한 예로 무작위로 고른 1,000개의 수가 숫자열을 이룬다고 상상해보자. 그리고 그 열의 첫 30개 수가 다음과 같다고 하자.

678941996454663584958839614115

이제 우리는 이 1,000개 수 중에서 똑같은 수가 열 번 연속으로 나오는 숫자열을 찾아볼 수 있다. 만약 그걸 찾지 못하면 대신 아홉 개의 수가 순서대로 나오는 열(123456789)을 찾아볼 수 있다. 이것도 실패하면 두 수가 교대로 나오는 2323232323과 같은 열을 찾아볼 수 있다. 이것마저 실패하더라도…… 어쨌거나 충분히 오랫동안 계속 시도하다 보면, 데이터에서 어떤 구조든 간에 뭔가는 분명 발견할 수 있다. 하지만 우리가 찾은 특이한 구조는 결코 어떤 진실을 표현하지 못한다는 점에 유의해야 한다. 그런 찾기 과정을 반복하여 무작위로 또 다른 1,000개 수의 숫자열을 생성하더라도 그 속에서 앞의 것과 동일한 특이한 구조를 찾는다는 보장은 결코 없다. 재현될 수 없는 발견인 셈이다.

경제학자 로널드 코스Ronald Coase는 이 상황을 다음과 같이 간명하게 요약했다. 아주 오랫동안 데이터를 고문하면 언젠가는 데이터가 자백한다. 하지만 고문으로 짜낸 다른 시인들처럼 그 자백은 진실과 무관할지 모른다. 앞에서 든 예에서 1,000개의 수는 무작위로 생겼을 뿐 우리가 어떤 구조를 찾든지 간에 그 속에 숨은 의미는 없다.

이런 상황을 공식적으로 나타낸 것이 바로 p-해킹이라는 개념이다. 우선, 과학 연구에서 근본적인 수단은 유의미성 검사임에 유념하자. 유의미성 검사는 어떤 가설이나 추측을 검사하는 공식적인 통계 절차다. 먼저 표본에 대한 요약 통계부터 계산한다. 가령 표본을 요약하기 위해 평균·중앙값·분산 중 어떤 것을 이용할지 선택해야 하는데, 어느 것을 이용할지는 관심 데이터의 어떤 측면에 주목하느냐에 따라 정해진다. 이제 다른 표본을 추출하면 요약 통겟값이 달라질 가능성이 크다. 거듭해서 표본을 뽑는다면 표본 통겟값들의 분포를 얻게 된다. 통계적 방법을 통해 우리는 가설이 참이라는 전제하에 이 분포의 형태를 계산할 수 있다.

그런 다음에 요약 통계에서 실제로 관측된 값을 이 분포와 비교하여, 우리는 (가설이 참이라면 적어도 실제 데이터에서 얻는 것만큼 극단적인) 한 표본 요약 통겟값을 얼마나 자주 얻을지 예상할 수 있을 것이다. 적어도 실제로 관찰된 것만큼 극단적인 요약 통겟값을 얻을 확률을 가리켜 '검사의 p값'이라고 한다. 매우 낮은 p값(가령 p값이 1퍼센트)은 다음과 같은 뜻이다. 만약 가설이 옳다면, 실제로 관찰된 데이터만큼 극단적이거나 더 극단적인 표본은 100번에 한 번만 나올 것으로 예상된다. 이는 우리의 가설이 옳은데 매우 일어나기 어려운 사건이 일어났거나 아니면 가설이 틀렸거나 둘 중 하나임을 가리킨다.

p값을 기존의 문턱값과 비교해보면 편리할 때가 많다. 분석에서

나온 p값이 문턱값보다 크지 않다면, 그 결과는 문턱값 수준에서 통계적으로 유의미하다고 한다. 가령 문턱값을 5퍼센트로 선택했다면, 이 값 이하인 p값이 나올 경우 그 결과는 '5퍼센트 수준에서 유의미'히다.

예를 하나 들어보자. 나는 어떤 동전이 공정하다고 가설을 세운다. 다시 말해 던질 때마다 윗면이 나올 확률이 2분의 1이라고 가정한다. 이를 검증하기 위해 나는 동전을 여러 번 던져서 어떤 비율로 윗면이 나오는지 본다. 공정한 동전이라는 이 가설하에서 나는 던진 횟수의 약 절반만큼 윗면이 나오리라고 예상한다. 그렇다고 윗면과 아랫면이 정확히 똑같은 횟수만큼 나오리라고 예상하지는 않는다. 50퍼센트의 확률에서 어느 정도 차이는 있겠지만, 공정한 동전이라면 극단적인 차이가 생긴다고 예상하지는 않는다. 유의미성 검사는, 만약 동전이 공정하다면 실험을 통해 실제로 얻은 차이 이상의 차이를 우리가 보게 될 확률을 알려준다. 실험을 통해 실제로 극단적인 차이가 나왔다고 할 때, 가설이 옳다면 그처럼 극단적인 결과가 나올 가능성은 매우 낮으므로 가설 자체가 의심스럽다고 볼 수 있다. 이를테면 공정한 동전을 100번 던져 윗면이 90번 이상 나올 확률은 지극히 낮다(이 확률이 p값이다). 따라서 동전을 100번 던져서 윗면이 90번 나왔다면 동전이 공정하지 못하다고 의심해볼 수 있다.

부연 설명을 좀 하자면 p값은 끔찍하리만치 오해받는 개념이다. 사람들은 종종 p값이 '가설이 옳을 확률'을 가리킨다고 오해한다. 가설은 옳거나 그르거나 둘 중 하나일 뿐이며, p값이란 가설이 옳다는 전제하에 어떤 극단적인 결과가 생길 확률을 가리킨다.

이제 p값이 뭔지는 이해했을 것이다. 그렇다면 '해킹'은 어디서 온 말일까?

해킹이라는 용어는 검사 횟수를 고려하지 않은 채 무작정 많은 유의미성 검사를 실시하는 그릇된 관행에서 생겼는데, 그게 왜 문제인지는 쉽게 알 수 있다. 서로 관련이 없는 가설 100가지를 검사하는데, 이들은 모두 참이며 우리는 그 사실을 모른다고 하자. 그리고 이 100가지 가설 중 임의의 한 가설에 대해 2퍼센트의 p값을 (그 가설이 의심스럽게 보일 정도로) 매우 낮은 값이라고 여긴다고 하자. 어느 한 유의미성 검사만 보자면 완벽하게 타당한 판단이다. 하나의 가설에 대해, 그 가설이 옳은데도 잘못되었다고 의심을 제기할 확률이 고작 2퍼센트라는 뜻이기 때문이다. 하지만 그런 검사가 100건일 경우 각각을 2퍼센트 수준에서 실시한다면, 100건 중 적어도 하나에 대해 의심을 제기할 확률은 87퍼센트다. 그러면 실제로 모든 가설이 옳은데도 적어도 어느 한 가설이 의심스럽다고 판단하기 십상이다. 아주 오랫동안 데이터를 고문한 결과가 어떤지 상기해보라! 100건의 검사를 실시했다는 사실을 숨기고서 그걸 다크 데이터로 취급한다면(DD 유형 2: 빠져 있는지 우리가 모르는 데이터), 결론은 완전히 틀릴 수 있다.

이런 종류의 실수는 과학 문헌에서 번번이 있어왔다. 1987년에 선구적인 의학 저널 네 곳에서 무작위 임상 시험을 조사했더니, "모든 시험의 74퍼센트는 적어도 한 가지의 문젯거리가 있는 비교 행위가 있었고, 60퍼센트는 다중비교multiple comparison의 통계적 문제점에 의해 결함이 생긴 비교 행위가 적어도 하나 있었다. 이런 결함이 있는 비교를 했다고 판단된 시험들 중 어느 것도 다중비교의 문제점이 자신들의 결론에 끼칠 잠재적 영향을 논의하지 않았다". "다중비교의 통계적 문제점에 의해 결함이 생겼"다는 것은 연구가 다수의 통계 검사가 실시되었음을 고려하지 못하여 거짓 양성일 가능성이 매우 크다는 뜻이다. 그 연구 이후로 문제점이 줄었기를 바라지만, 경험상 그런 문제점에 대한 인식은 아직도 미흡하다.[17]

이 문제에 관한 고전적인 논문은 제목이 풍기는 분위기와 달리 매우 흥미롭다. 크레이그 베넷Craig Benett과 동료들이 쓴 논문의 제목은 이렇다. 〈사후死後의 대서양 연어에서 나타난 종간 조망수용 능력의 신경학적 상관관계: 적절한 다중비교 정정에 관한 논증Neural correlates of interspecies perspective taking in the post-mortem Atlantic Salmon: An argument for multiple comparisons correction〉.[18] 이 연구는 죽은 연어 뇌의 MRI 스캔 결과를 조사했는데, "죽은 연어에게 여러 사회적 상황에 놓인 인간의 모습을 찍은 다양한 사진을 보여주고서 (…) 사진 속 사람 각각이 느꼈을 법한 감정을 판단하도록 요청했다". 이런 사진들을 보여주었을 때 죽은 연어의 뇌가 어떤 반응을 보일지는 여러분도 쉽게 결론 내릴 수 있다. 하지만 MRI 스캔 사진은 약 13만 개의 요소(화소)로 이루어지며, 화소 각각은 죽은 연어의 뇌세포가 진짜로 반응하기 때문이 아니라 순전히 장치의 무작위적 배경잡음 때문에 전기활동을 보일 확률이 지극히 작긴 하지만 있다. 또한 화소 각각이 의심스러운 신호를 보일 확률은 아주 작긴 하지만, 화소의 개수가 매우 많다. 아주 작은 확률들을 수없이 더하다 보면, 적어도 하나 이상의 화소가 전기활동을 보이는 바람에 죽은 연어 뇌에서 어떤 신경세포가 발화하는 것처럼 보일 가능성이 매우 크다. 연어는 이미 죽었는데도 말이다. 실제로 베넷 연구팀의 실험에서 일부 화소에서 그렇게 보이는 신호가 정말로 나왔다. 그들은 이렇게 결론 내렸다. "사후 어류의 인식에 관해 우연히 꽤 놀라운 발견을 했거나, 아니면 바로잡지 않은 통계 방법에서 무언가가 어그러졌거나 둘 중 하나다. 이 데이터로부터 연어가 조망수용perspective-taking(자신이 아닌 다른 존재의 경험, 감정, 사고를 이해하는 능력)을 하고 있다고 결론내릴 수 있을까? 당치도 않다. 실험 대상의 인지능력을 제어함으로써 우리는 애초에 그럴 가능성을 철저히 차단했다."

베넷의 논문은 2012년에 이그노벨상IgNobel Prize을 받았다. 이 상은 '사람들을 처음에는 웃게 만들고, 그다음에 생각하게 만드는 업적을 치하하기 위해' 수여된다.

여기서 나는 다음 농담이 떠오른다. 실험자 A가 실험자 B에게 자기는 B의 결과를 재현하기가 무척 어렵다고 털놓는다. 그러자 B가 이렇게 말한다. "그럴 만도 하지. 나도 100번을 실험할 때까진 성공하지 못했거든."

세르지오 델라 살라Sergio Della Sala와 로베르토 쿠벨리Roberto Cubelli[19]는 p-해킹의 또 다른 사례라고 볼 수 있는 내용에 주목했다. 랜델 스완슨Randel Swanson 연구팀이 하바나 주재 미국 외교관들의 뇌 손상 가능성에 대해 보고한 내용이었다. 외교관들은 "청각 및 감각 현상과 연관된 어떤 미지의 에너지원"[20]에 노출된 후 뇌 손상을 보였다고 했다. 스완슨 연구팀이 내린 결론은 이렇다. "그 사람들은 머리에 손상과 연관된 외상 이력이 없는데도 뇌 네트워크의 광범위한 영역에 지속적인 손상을 입은 것으로 보인다."

하지만 그들은 도대체 어떻게 검사했을까? 스완슨의 논문 부록에 나오는 도표 2에는 그들이 37건의 신경심리학적 검사 결과를 조사한 과정이 기술되어 있고, 도표의 주석에는 이런 내용이 나온다. "굵게 강조한 부분은 40백분위수 미만에 해당하는 비정상성을 나타낸다." (백분위수는 자료를 크기순으로 나열하여 백등분했을 때 해당하는 관찰값으로, 예를 들어 시험 점수 분포에서 50점이 30백분위수라면 50점 이하의 점수들이 전체 분포에서 30퍼센트를 차지한다는 뜻이다 – 옮긴이) 이 말은 아마도 어떤 검사든 점수 분포의 40백분위수 아래의 점수를 얻은 사람은 '비정상'으로 분류된다는 뜻인 듯하다. 델라 살라와 쿠벨리도 바로 그렇게 해석했다. 하지만 만약 37건의 검사들이 완벽하게 상관관계가 있다면(어떤 특정한 개인에 대해 동일한 결과를 내놓는다면), 이는 전체 모집단의 60퍼센트만이 모든 검사에서 40백분위수 문턱값 이상을 득점하여 정상으로 분류된다는 의미일 것이다. 그리고 다른 극단에서 만약 검사 점수들이 완벽하게 독립적이어서 서로 상관관계가 전혀 없다면, 곧이곧대로 계산해봤을 때 1억 명 중 한 명 미만이 모든 검사에서 정상으로 분류된다는 결과가 나온다. 얼핏 보면 스완슨 연구팀은 갖은 애를 써서 적어도 몇몇 사람에게 뇌 손상이 있음을 보이고자 한 것 같다. 델라 살라와 쿠벨리가 지적하고 있듯이 비정상성에 대해 훨씬 더 엄격한 기준(그들이 사용한 것으로 보이는 40퍼센트 대신 5퍼센트)을 선택하는 편이 훨씬 나았을 테지만, 핵심 문제는 37건 검사의 어느 하나에서라도 문턱값 아래의 점수가 나오면 비정상이라고 허용한 것이다.

덧붙여, 오해가 없도록 이 점은 짚고 넘어가자. 지금까지 얘기한 것은 그 외교관들이 뇌 손상을 입지 않았다는 뜻이 전혀 아니다. 단지 그중 몇몇이 뇌 손상을 입었다는 결론은 거의 확실하다는 것을 의미할 뿐이며, 또한 다른 건강한 사람들 집단에서도 역시 같은 결론이 나올 것이라는 의미다.

하지만 때때로 우리는 한 데이터 세트의 상이한 여러 측면을 살펴보길 원한다. 가령 한 임상시험에서 환자의 특성 100가지를 측정한 뒤 두 환자 집단을 비교함으로써 두 집단이 어떤 특성에서 차이를 보이는지 알고 싶어한다. (그런 실험을 설계할 때 많은 비용이 든다면 한꺼번에 많은 특성을 측정하는 것이 합리적이다.)

다행히도 다중 검사를 실시할 때 의심스럽고 재현 불가능한 결과가 나올 위험을 줄여서 p-해킹을 저지할 수 있다. 최초의 방법인 본페로니 교정Bonferroni correction은 1930년대에 이미 나왔다. 검사의 수를 감안하여 개별 검사의 p값을 조정하는 방법이다. 특히 100가지 검사 각각에 대해 p값을 2퍼센트 대신 0.1퍼센트(참인 가설을 잘못 판단해 기각할 확률이 1,000건당 하나)로 조정하면, 모든 검사가 참인데도 적어도 하나가 유의미성을 보일 확률은 87퍼센트가 아니라 고작 10퍼센트다. 만약 100가지 가설이 모두 참이라면, 100가지 중 적어도 하나가 잘못된 가설이라고 기각될 확률이 고작 10퍼센트라는 뜻이다. 훨씬 더 받아들일 만한 상황이다.

지난 20~30년 동안 다중 검사의 문제를 해소하기 위한 실질적이고 더욱 위력적인 수단이 여럿 개발되었다. 그중 다수는 본페로니 방법을 확장하거나 정교하게 만든 것으로서, 이를테면 검사를 실시하는 순서를 제어하는 방법이다. 하지만 중대한 발전은 요아브 벤 자미니Yoav Benjamini와 요세프 호크버그Yosef Hochberg의 연구에서 나왔다. 두 사람은 관심 대상을 p값(가설이 참인데도 그 가설이 틀리다고 잘 못 판단할 확률)에서 '거짓 발견율false discovery rate'로 옮겼다. 거짓 발 견율은 틀렸다고 판단된 가설들 가운데서 오류로 인해 그런 판난이 나올 예상 비율이다. 논쟁의 여지는 있지만, 어떤 가설이 틀렸다고 결정할 때 그 결정이 실수일 가능성을 알려주니 이것이 더욱 목적에 부합하는 측정치다.

p-해킹과 별도로 결과를 재현하지 못하는 더욱 근본적인 이유는 실험 조건의 잠재적 차이 때문이다. 과학 문헌에 나오는 실험 내용 의 설명은 어쩔 수 없이 간략하다. 과거에는 학술 저널의 발간 비용 을 아끼기 위해서였다고 하지만 월드와이드웹 시대에는 꼭 그럴 필 요가 없는데도 관행이 유지되고 있다. 따라서 문헌에 실린 논문은 대부분 연구의 정확한 절차를 아주 자세하게 기술하지 않는다. 앞서 말했듯이 과학 연구는 지식의 경계에서 이루어지기 때문에 실험 조 건이 아주 미세하게 바뀌더라도 결과에 큰 영향을 끼칠 수 있다.

잘못된 결과가 나오는 또 하나의 이유로 '하킹HARKing'이라는 악의 적인 행동을 들 수 있다. 여기서 HARKing는 Hypothesizing After the Result is Known, '결과를 알고 난 뒤에 가설 세우기'라는 뜻이다.

하킹은 어떤 가설을 검사할 때 애초에 그 가설을 지지하는 데이 터를 사용하기 때문에 생긴다. 만약 어떤 데이터 세트를 보고서 어 떤 가설을 내놓을 법한 내용을 포착했다면, 바로 그 데이터 세트를 이용하여 그 가설이 참인지를 조사하는 것은 부당하다. 동일한 데이터가 가설에 의문을 제기할 가능성은 누가 봐도 지극히 낮기 때문이다! 예를 들어 한 해변에서 모은 모래 알갱이 1,000개의 평균 무게가 다른 해변에서 모은 모래 알갱이 1,000개의 평균 무게보다 더 크다는 사실을 알았다면, 일반적으로 첫 번째 해변의 모래 알갱이가 두 번째 해변보다 더 무겁다고 확실히 추측할 수 있다. 하지만 바로 그 2,000개 알갱이의 무게를 이용하여 그 가설을 검사해서는 안 된다. 왜냐하면 그 데이터는 가설을 반드시 지지할 것이기 때문이다. 어떤 가설은 다른 독립적인 데이터 세트를 살펴서 검증되어야만 한다. 다시 말해 이전에 본 적이 없는(이전에는 다크 데이터이던) 데이터를 찾아야 한다.

흥미로운 특징이 있는지 알아보려고 데이터를 분류하고 조사하고 분석하는 것은 매우 바람직하다. 그런 '탐구적인' 조사는 새로운 가설을 세우고 새 아이디어를 내놓고 이전에는 인식되지 않은 현상을 찾아내기 위한 근본적이고 중요한 방법이다. 하지만 그런 아이디어가 참인지 알아보려고 다시 똑같은 데이터를 사용해서는 안 된다.

하킹을 줄이기 위해 과학자들은 데이터를 모으기 전에 가설을 세워야 한다. 어떤 과학 저널은 이런 방향으로 노선을 바꾸어, 가설을 미리 세우고 실험 설계와 방법이 엄격한 기준에 맞기만 하다면 결과가 어떻게 나오든지 간에 논문 발표를 보장해준다.

사실을 감추는 방법들

앞서 보았듯이 과학은 본디 스스로 고쳐나가는 과정이다. 과학의 핵심은 예측을 데이터와 비교하여 검증하는 것이므로 제안된 이론이 사실과 다르다고 밝혀지면 조만간 기각되거나 수정된다. 그런데 결국에는 틀린 것으로 판명될 이론이 잠시 동안 데이터에 의해 뒷받침되는 것처럼 보일 때가 종종 있다. 스스로 고쳐나가는 과학의 속성이 진리의 모습을 더 정확하게 드러내기 위해 잠시 후퇴할 때 생기는 현상이다.

이미 언급했듯이 이런 일이 생기는 한 가지 명백한 경우는 처음의 데이터가 애초에 잘못되었을 때다. 아마도 관측이 이론을 기각하기에 불충분할 정도로 정확하지 않았거나, 왜곡과 오류가 있었거나, 어떤 식으로든 불완전해서일 수 있다. 이 책에 나온 수많은 예를 통해 우리는 어떻게 해서 데이터에 그림자가 드리울 수 있는지 알고 있다. 하지만 때때로 그런 왜곡과 오류는 의도적인 솜씨의 작용으로 일어날지도 모른다. 데이터가 사기일 수 있다는 말이다.

앞에서 우리는 금융사기를 포함해 여러 종류의 사기를 살펴보았다. 어찌 보면 금융 같은 분야에서 사기가 일어난다는 사실은 전혀 놀랍지 않다. 성공하면 명백한 보상이 따르기 때문이다. 하지만 과학 연구는 일반적으로 엄청난 부에 이르는 길이 아니다. 대중이 바라보는 과학의 이미지는 세상사에 초연한 (아마도 흰 옷을 입은!) 과학자들이 오로지 진리를 탐구하는 모습이다. 슬프게도 이 이미지는 결코 진실을 반영하지 않는다. 어쨌거나 과학자도 인간이기 때문에 다른 이들과 똑같이 욕구와 동기에 이끌린다. 돈, 권력, 존경, 그리고 동료들의 인정이 다른 전문 직종의 사람들과 마찬가지로 과학자들에게도 중요하다. 과학자도 보통 사람들과 똑같이 욕심, 자만심, 시기심에 이끌리기 쉽다.

하지만 금융과 과학 사이에는 한 가지 중대한 차이가 있다. 금융 사기 거래는 영원히 발견되지 않을 수도 있지만 틀린 과학적 주장은 결국은 반박된다. 과학의 자기수정self-correcting 속성 덕분이다. 그렇다면 결국 들통 날 거짓 주장을 도대체 왜 할까?

한 가지 이유는 이론이 실제로 실패하지 않을 수 있다는 기대 때문이다. 사람들은 요행수를 바라며 짐작을 한다. 짐작은 과학 경력에서 성공하기 위한 전략으로서 건전하지 않긴 하지만 말이다. 또한 가지 이유는 거짓을 꾸민 이가 자신이 살아 있는 동안, 운이 좋으면 수백 년 이후까지 그 이론이 실패하지 않을 거라고 기대하기 때문이다. 자기 이론이 옳다고 확신하는 과학자는 이런 유혹에 넘어가 이론에 더 잘 부합하게끔 데이터를 조정하거나 심지어 꾸며내기도 한다. 아무도 그런 속임수를 눈치채지 못하길 꿈꾸면서 말이다. 위대한 과학자들 가운데 일부도 데이터에 의심스러운 짓을 한 혐의를 받는데, 몇 명을 거론하자면 다음과 같다. 로버트 밀리컨Robert Millikan,, 루이 파스퇴르Louis Pasteur, 존 돌턴John Dalton, 그레고르 멘델Gregor Mendel, 심지어 갈릴레오와 뉴턴까지. 그중에서 밀리컨의 사례는 그의 혐의를 판단할 기록인 그의 공책이 지금도 남아 있는 덕분에 우리가 더 자세히 살펴볼 수 있다. 하지만 다른 사례들에서는 데이터가 제아무리 좋은 상태라 해도 허점투성이여서 속임수 적발은 통계적 사후 검증 작업에 달려 있다.

여기서 가장 흥미로운 점은 내가 앞에 열거했던 사람들이 모두 '위대한 과학자'로 인정받는다는 것이다. 그 이유는 후대의 재현 결과가 그들의 결론을 뒷받침한 데 있다. 그렇지 못했다면 그들은 못 미더운 과학자로 치부되거나, 더 심하면 역사의 뒤안길로 사라지고 말았을 것이다.

사기성 데이터로 세워진 이론이 틀렸음이 밝혀지더라도 사기가 적발되지 않을 수 있다. 과학의 속성상 처음에는 데이터와 들어맞는 듯 보였던 이론들도 이후 결과가 재현되지 못하면 무너지기 시작해 결국 틀린 이론으로 낙인찍히는 경우가 허다하다. 하지만 (여전히 입수 가능하다고 가정할 때) 과거 데이터를 재검사할 이유가 없다면 이론이 실패한 이유는 일반적으로 부정직함보다는 데이터 측정의 불확실성, 우연한 변이, 또는 다른 결점 때문으로 취급될 뿐이다.

하지만 가끔은 오랜 시간이 지난 후에 사기가 적발되어 빛나던 과학자의 경력이 무너질 수 있다. 흔한 패턴은 처음에는 작은 속임수로 시작했지만 차츰 성공에 도취되어 더 큰 속임수를 저지르는 방식이다. 이런 속임수가 누적되다가 마침내 들통이 나고 데이터와 실험을 대상으로 면밀한(그리고 과거로 거슬러 올라가는) 조사가 이루어진다. 그리고 곧 거짓으로 쌓아올린 전당이 와르르 무너져내린다.

시릴 버트 경Sir Cyril Burt은 매우 저명한 심리학자였다. 미국인이 아닌 사람 중에서 처음으로 1968년 미국심리학회의 에드워드 리 손다이크 상Edward Lee Thorndike Award 수상자이기도 했다. 하지만 1971년에 그가 세상을 떠난 직후 '지능의 유전 불가능성'에 관한 그의 연구에 의혹이 제기되었다. 먼저 미국 심리학자 레온 카민Leon Kamin이 서로 다른 실험들에서 버트가 얻은 상관계수(두 변수의 값이 얼마나 밀접하게 연관되는지 알려주는 계수)들 중 일부가 소수점 세 자리까지 동일하다는 점을 지적했다. 그처럼 똑같을 확률은 지극히 낮다. 버트가 부정행위를 저질렀다는 데 권위자 여럿이 동의했지만, 어떤 이들은 다른 여러 연구자도 비슷한 상관계수를 얻었다고 맞섰다. 미국의 심리학자 아서 젠슨Arthur Jensen은 이렇게 주장했다. "버트처럼 통계적으로 정교한 사람이 데이터를 속이려고 시도했다면 똑같은 상관계수인 0.77을 세 번 연속으로 보고하진 않을 것이다."[21] 흥미롭지 않은가. 아서 젠슨 말대로라면, 과학 연구에서 속임수를 저지르고자 하는 사람은 누구든 명백하게 마음먹은 대로 하면 된다. 왜냐하면 아무도 그 사람이 그렇게까지 뻔뻔할 리는 없다고 여길 테니까. 아무리 봐도 건전한 전략은 아닌 듯하다. 또한 이런 전략의 성패는 증거를 얼마나 완벽하게 없애버렸는지에 달려 있다는 점도 알아야 한다. 버트의 공책은 전부 불탔기 때문에 상관계수를 확인하여 그 값의 출처인 데이터가 실제로 존재했는지 여부를 알아낼 수가 없었다.

과학자가 취하는 첫 단계는 꽤 받아들일 만한 것일지 모른다. 모든 과학자는 어떤 데이터를 받아들이고 어떤 데이터를 버려야 할지를 놓고서 어느 정도는 주관적인 결정을 내려야 한다. 몸무게를 잴때 누군가가 겨울 외투를 입고 있거나 키를 잴 때 신발을 신고 있음을 알았다면, 해당 데이터를 분석에 포함시키지 않는 것이 마땅하다고 여길 것이다. 하지만 측정한 직후에 저울이 망가져서 이전에 한 측정들의 정확성이 의심스러워졌다면 어떻게 해야 할까? 또는 몸무게를 잴 때 피험자들에게 신발을 벗으라고 지시했는지 기억나지 않는다면 어떻게 해야 할까? 이런 의심이 생기면 측정 결과를 기각해야 할까? 이런 경우 과학자마다 서로 다른 결정을 내릴 수 있다.

과학에서 사기의 가능성은 새로운 것이 아니다. '컴퓨터의 아버지' 찰스 배비지Charles Babbage는 1830년에 출간한 고전적인 저서《영국에서 과학 쇠퇴에 관한 성찰, 그리고 쇠퇴의 몇 가지 이유에 관하여Reflections on the Decline of Science in England, and on Some of Its Causes》6장 3절에서 이렇게 말했다. "과학적 탐구는 다른 무엇보다도 사기꾼의 침투에 노출되어 있다. 그리고 나는 진리를 진정으로 소중하게 여기는 모든 이에게 보답하는 뜻에서 자격 없이 영예를 주장하는 자들이 저지르는 몇 가지 속임수 기법을 설명하고자 한다. 또한 그들이 술수를 부리는 정황을 안다면 장래에 범법자들의 출현을 방지할 수 있을지 모른다. (…) 그간 과학에서 저질러진 기만은 여러 가지가 있는데, 이것은 과학 종사자 이외에게는 거의 알려져 있지 않지만, 보통 사람도 충분히 이해할 수 있을지 모른다. 기만은 다음과 같은 명칭으로 분류할 수 있을 듯하다. 날조hoaxing, 위조forging, 다듬기trimming, 쿠킹cooking."22 다크 데이터를 만드는 갖가지 방법을 대변하는 이 명칭들 각각을 자세히 살펴보자.

날조

데이터 조작(DD 유형 14: 조작된 합성 데이터)의 일종인 날조는 실제로 존재하지 않는 무언가가 존재한다는 인상을 심어주기 위해서 행해진다(앞으로 보겠지만 화석, 뼈, 온전한 동물과 같은 실물조차 날조의 대상이 된다). 하지만 언젠가는 진실이 드러나 속은 사람들을 당황스럽게 만들려는 일종의 과학적 장난이다.

과학적 장난은 잘 속는 대상자를 놀리기 위한 목적으로 저질러질 때가 종종 있다. 가령 18세기 초 독일 뷔르츠부르크대학교 의과대학 학장인 요한 바르톨로뮤 아담 베링거Johann Bartholomew Adam Beringer는 화석을 수집했다. 어느 날 특이한 화석들이 입수되었는데 일부는 동물·곤충·식물처럼 보였고, 어떤 것에는 별과 식물의 모습이 들어 있었다. 그런데 그보다 나중에 입수된 화석 중에는 여호와Jehovah의 이름이 적힌 것이 있었다. 베링거는 대단한 흥미를 느낀 나머지 특이한 화석에 관한 책까지 출간하기에 이르렀다. 그는 돌에 보이는 끌 자국이야말로 하느님이 그것들을 만들었다는 강력한 증거라고 확신했다. 확증 편향의 위력은 놀라울 따름이다!

어느 시점에 이르자 일이 너무 커졌다고 판단한 범인들(베링거의 대학 동료들로서 지리학 및 수학 교수인 이그나츠 로데릭J. Ignatz Roderick과 추밀원 위원이자 대학 사서인 요한 게오르크 폰 에크하르트Johann Georg von Eckhart)은 베링거에게 날조된 장난이라면서, 베링거가 너무 교만하고 자기들을 무시했기 때문에 이런 일을 벌였다고 해명했다. 하지만 베링거는 그들의 말을 믿지 않았고, 두 사람이 그 발견의 영광을 가로채려 한다고 의심했다. 그러다가 마침내 자기 이름이 적힌 돌이 발견하고서야 날조임을 받아들였다. 베링거가 소송을 불사하는 바람에 결국 로데릭과 에크하르트는 학자로서의 명예가 실추되었다.

이번에는 비슷하지만 조금 가벼운 예를 들어보자. 두 아이가 찰스 다윈에게 장난을 친 적이 있다. 아이들은 딱정벌레의 머리, 나비의 날개, 메뚜기의 다리를 노래기의 몸통에 붙여서는 다윈에게 보여주면서 뭔지 아느냐고 물었다. 다윈은 유심히 살펴보더니 잠시 생각에 잠겼다가 그걸 잡았을 때 윙윙 소리가 났느냐고 물었다. 그랬다는 답을 듣고 나서야 다윈은 장난치는 거 아니냐고 대꾸했다(아마도 나비는 날개짓을 해도 윙윙 소리가 나지 않으므로 다윈은 장난인 줄 알아차린 듯하다 – 옮긴이).

날조범은 데이터를 꾸며냄으로써 진실을 은폐하며, 가짜 데이터를 들고 나와 진짜 데이터가 어떤 모습인지를 알기 어렵게 만든다.

근래에 있었던 대표적인 사례에서는 데이터를 완전히 무시하고서 바로 논문을 발간해버렸다. 물리학자 앨런 소칼Alan Sokal은 포스트모던 저널《소셜 텍스트Social Text》의 학문적 엄밀성을 시험하려는 의도에서 〈경계를 넘어서: 양자 중력의 변형적 해석학을 위하여 Transgressing the Boundaries: Toward a Transformative Hermeneutics of Quantum Gravity 〉[23]라는 제목으로 터무니없는 논문을 제출했다.《소셜 텍스트》는 "사회문화 현상을 폭넓게 다루며, 최신 해석 방법들을 세상에 두루 적용하는"[24] 저널이다. 논문이 동료 간 검토도 전혀 없이 발표되자 소칼은 그것이 날조였다고 털어놓았다. 그런 날조는 일종의 장난이기 때문에 목표 대상은 불쾌하게 마련이다(베링거의 경우를 보라). 하지만 의도적인 날조를 통해 허위나 불분명한 사고방식이 드러난다면 유용할 수 있다. "인문학과 사회과학 분야의 많은 연구자가 소칼에게 편지를 써서 (…) 그가 한 행동에 고마움을 표했다."[25]

소칼처럼 날조를 현대적으로 비튼 사례 중 하나는 언급할 가치가 있다. 이른바 자비 출간 저널의 맥락에서 벌어지는 일이다. 인터넷은 인생의 다른 여러 분야와 마찬가지로 과학 이론 발표에 지대한 영향을 끼쳤다. 과거에는 과학자들이나 과학 자료실이 저널을 구독했고, 이러한 구독이 저널 비즈니스 모델의 기초가 되었다. 하지만 인터넷과 웹의 출현으로 사람들이 웹사이트에 논문을 무료로 올릴 수 있게 되자 저널은 이전과는 다른 사업 방식이 필요해졌다. 아직 제대로 정립되지는 않았지만, 한 가지 새롭고도 중요한 사업 방식은 저자가 논문의 게재 수수료를 내고 잠재적 독자 모두에게 논문을 무료로 제공하는 것이다. 안타깝게도 이 방식의 부작용은 의심스러운 운영자들이 수수료만 받을 수 있으면 엉터리 논문이든 가짜 논문이든 무조건 발간하는 '저널'을 만든다는 것이다. 이런 방식으로 논문을 발간하는 저널이 많이 알려지자, 소칼의 방식을 따르는 사람들이 장난을 치려고 엉터리 논문을 제출했다. 그런 저널들이 논문을 받아들이는지 알아보기 위해서였다.

그런 사례 중에서 특히 눈에 띄게 행동한 사람이 존 보해넌John Bohannon이다. 그는 거짓으로 꾸민 워시 의학연구소Wassee Institute of Medicine 소속의 오코라푸 코밴지Occorrafoo Cobange라는 이름으로 한 논문의 여러 버전을 304군데 저널에 보냈다.[26] 그 논문에 관해 보해넌은 이렇게 썼다. "고등학생 수준의 화학 지식과 그래프 이해력보다 조금이라도 실력이 나은 검토자라면 누구라도 그 논문의 결점을 대번에 알아차려야 했다. 논문에 나온 실험들은 결과가 무의미할 만큼

속수무책으로 결점투성이다." 하지만 "절반 이상의 저널이 치명적인 결점을 알아차리지 못하고 그 논문을 받아들였다".

또 한 가지 사례를 들자면, 데이비드 마지에르David Mazieres와 에디 콜러Eddie Kohler가 쓴 논문이다. 처음에는 학회에 제출되었다가 나중에 (분명 검토 과정을 전혀 거치지 않는) 저널에 실린 논문이다.[27] 그 논문의 내용은 오직 다음 문구의 반복이었다. "염×할 메일링 리스트에서 나를 빼주시오.Get Me Off Your F***ing Mailing List." 논문의 제목은 여러분도 충분히 짐작할 수 있다(논문 제목 또한 저 문구 그대로다 – 옮긴이).

일부 저널의 천박함을 입증하기 위한 시도는 중대한 곤경에 직면할 수 있다. 이 글을 쓰는 현재, 포틀랜드주립대학교의 철학과 조교수 피터 보고시언Peter Boghossian은 아마도 해고에 직면해 있을 것이다. 그는 일련의 논문들을 공저했는데, 그중 일곱 편이 저널에 실렸다. 그 논문들은 학문의 수준을 풍자하는 내용으로서, 목적은 "우리가 '불만 연구grievance study'라고 부르는 이 학문 분야들이 편견을 지식인 양 탈바꿈시키는 정치적 행동주의에 의해 훼손되는지 알아보기 위함"이었다. 다행히 리처드 도킨스Richard Dawkins와 스티븐 핑커Stephen Pinker가 나서서 그를 변호해주었다.[28]

위조

위조는 날조와 비슷한데, 다른 점이라면 진실이 언젠가는 들통나리라고 여기지 않은 행동이다. 이번에도 범인들은 진짜 데이터의 모습을 숨기고 그걸 가짜 데이터로 바꾸어놓는다. 커브스토닝(2장에서 나왔던 설문조사와 인구조사의 데이터 조작하기)이 그런 예다.

위조의 가장 유명한 사례로 필트다운인Piltdown Man 사건을 꼽을 수 있다. 1912년 변호사이자 아마추어 고고학자 찰스 도슨Charles Dawson 은 친구인 대영박물관의 지질학 부문 책임자 아서 스미스 우드워드Arthur Smith Woodward에게 자신이 이스트서식스주 필트다운 근처에 있는 자갈밭에서 오래된 인간 두개골의 일부를 찾아냈다고 알렸다. 두 사람은 함께 조사를 벌였고, 도슨이 아래턱 한 조각과 더불어 이빨 몇 개도 발굴했다. 그러고는 이것들을 두개골 조각과 합친 다음 모형 제작용 찰흙을 이용하여 재구성하는 데 성공했다. 이 결과를 통해 두 사람은 진화 과정에서 초기 유인원과 인간 사이의 빠진 고리를 찾아냈다고 주장했다.

그 발견은 엄청난 흥미를 불러일으켰고, 당연히 적잖은 논란이 뒤따랐다. 어떤 이들은 두 가지 뼈가 동일한 생명체에게서 나온 것이 아닌 듯하다고 의문을 제기했다. 동물학자 마틴 힌턴Martin Hinton은 속임수임을 확신하고서 범인을 밝혀내겠다고 발벗고 나서기까지 했다. 그는 원숭이의 이빨을 갈아서 우드워드가 모형 제작용 찰흙으로 만들었던 것과 일치하게 만든 다음에 그걸 자갈밭에 묻었다.

계획대로 그 가짜 이빨은 발견되었다. 하지만 안타깝게도 도슨이 사기꾼임을 폭로하기는커녕 그 발견은 도슨이 옳다는 더 강력한 증거로 간주되었다. 힌턴은 이에 굴하지 않고 멸종한 코끼리 종의 다리뼈를 구한 뒤에 그것을 크리켓 방망이 모양으로 조각하여 다시 필트다운에 묻었다. 하지만 그 시도조차 실패했고, 도슨과 스미스 우드워드는 《지올로지컬 매거진Geological Magazine》에 두 사람의 최신 발견 소식에 관한 과학 논문을 발표했다. 도슨과 스미스 우드워드는 논문에 이렇게 썼다. "지난 계절 동안 우리는 많은 시간을 들여 필트 다운 자갈을 조사했다. 이전에 조사한 지역의 주변부를 따라 더 자세히 살폈는데 (…) 하지만 발견한 것은 거의 없었다. 인간의 유해는 전혀 나오지 않았다. 하지만 필시 인간이 건드린 듯한 큰 뼛조각이 크나큰 실망감을 보상해주는데, 이것은 매우 특이해서 특별히 설명할 가치가 있다."

흥미롭게도 사람은 감쪽같이 자기 자신을 속인다. 확증 편향의 더할 나위 없는 사례로, 도슨과 스미스 우드워드는 이렇게 언급했다. "이 뼈는 지면에서 약 30센티미터 아래의 짙은 흙 속에서 발견 (…) 그 흙을 씻어내자 시료에는 흠 자국이 전혀 없었다. 시료는 영구 접착된 옅은 노란색의 찰흙으로 감싸여 있었는데, 그 찰흙은 자갈밭 바닥에 있는 부싯돌을 함유한 층에 있는 찰흙과 아주 비슷했다. 따라서 그 뼈는 그 흙 속에서 오래 묻혀 있었을 리가 없으며, 일꾼들이 주위의 구멍에서 자갈을 파낼 때 다른 쓸모없는 잔해들과 함께 버려진 것이 거의 확실하다."[29]

그 인공물의 속성과 그것이 어떻게 만들어졌을지를 과학적으로 꽤 자세히 다룬 논문이 발표되자 논란이 벌어졌다. 다음 발언들이 그 예다.

"G. F. 로런스G. F. Lawrence 씨는 뼈의 모양이 곤봉처럼 보인다고 말했다."

"W. 데일W. Dale 씨의 말로는, 뼈에 난 도구 자국은 그가 소유한 뼈에 새겨진 인위적으로 잘린 자국과 비슷하다고 한다. 그 뼈는 사우

샘프턴에서 발굴할 때 토탄土炭 속에서 발견되었는데, 신석기 시대의 돌도끼와 관련이 있다."

"레지널드 스미스Reginald Smith 씨는 말하길, ……발견자들은 새롭고 흥미로운 문제를 제기했다는 점에서 축하받아 마땅한데, 그런 문제는 언젠가는 창의적인 해법을 촉발시킬 것이기 때문이다." (정말 맞는 말씀!)

"F. P. 멘넬F. P. Mennell 씨는 에오안트로푸스 같은 원시적인 존재가 도구를 만들고 사용할 수 있었다니 정말 놀라운 일이라고 말했다." (필트다운인의 학명이 에오안트로푸스 도스니Eoanthropus Dawsoni다ー옮긴이)

과학계의 위조품으로 보자면 필트다운인은 아주 성공적인 작품임이 분명하다. 왜냐하면 40년 넘게 지나서야 오랑우탄의 턱뼈, 침팬지의 이빨, 사람의 두개골 조각을 조합해서 만들었음이 입증되었기 때문이다. 그 위조물은 다윈의 엉터리 벌레 사건을 떠올리게 한다. 의심의 눈길은 주로 도슨에게 쏟아졌다. 고고학자 마일스 러셀Miles Russell에 따르면 도슨의 개인 소장품 중 일부도 가짜였다고 한다.[30]

고고학 및 고생물학 분야의 위조가 인간의 복지에 직접적인 영향을 끼치지는 않는다. 하지만 과학자 존 다시John Darsee의 위조 행각은 이야기가 다를지 모른다. 다시는 조지아주에서 가장 큰 병원인 그래디메모리얼병원Grady Memorial Hospital에서 수석 전공의를 맡았으며, 1981년에는 교수직을 제안받았다. 하지만 바로 그해에 다시의 실험 결과를 두고 일부 동료들이 정확성에 의혹을 제기하자 그의 데이터에 관한 조사가 실시되었다. 집중적인 탐문 조사 후 미국 국립보건원은 그가 실험을 실제로 하지 않은 채 데이터를 조작했다고 결론 내렸다. 진짜 연구를 하느라 잔뜩 신경을 써가며 오랜 시간을 들이는 대신 그냥 숫자를 꾸며내기는 훨씬 더 쉽다!

안타깝게도 그런 사례는 이외에도 많다. 심장병 전문의 밥 슬러츠키Bob Slutsky는 뛰어난 연구 업적으로 최고로 존경받는 의사였다. 조작이 드러나기 전까지는. 마침내 캘리포니아 샌디에이고대학교 위원회는 슬러츠키가 여러 방법으로 데이터를 왜곡하고 조작했다고 결론 내렸다.[31] 노르웨이 의학자 욘 수드뵈Jon Sudbø는 일급 의학 저널에 종양학에 관한 논문을 발표했다. 하지만 결국 《랜싯》에 실린 논문에서 기술한 환자 900명의 데이터가 완전히 꾸민 것임이 드러났다. 미국 연구정직성관리국은 암 연구자 애닐 포티Anil Potti 박사가 가짜 데이터를 포함시켜서 연구 부정행위를 저질렀다고 결론 내렸다 (그는 등록된 환자가 네 명뿐이었고 아무도 반응을 보이지 않았는데도 33명 환자 중 여섯 명이 다사티닙dasatinib이라는 약물에 양성 반응을 보였다고 주장했다).

2017년에 보고된 한 사례는 관련된 사람들의 수 때문에 특히 이례적이었다. 중국 과학기술부가 486명의 과학자가 연구 부정행위를 저질렀음을 발표했던 것이다.[32] 그들이 다크 데이터를 사용한 방식은 실험에서 나온 미가공 데이터를 조작하거나 수정하는 방식이 아니었다. 그들은 자신의 논문에 좋은 평을 해달라고 심사위원에게 돈을 건네거나, 저널 편집자가 논문의 장점에 대한 의견을 요구할 때 가짜 심사위원을 끌어들였다.

지금도 그런 일은 빈번하게 일어나고 있다. 더 자세한 사정을 알고 싶다면 미국에서 공공의료 서비스 연구 정직성을 감시하는 ORI 의 사례 요약집을 참고하라.[33] 그리고 위조는 의학 연구에서만 생기지 않는다. 물리학자 얀 헨드리크 쇤Jan Hendrick Schön은 하나의 데이터 세트를 서로 다른 여러 실험에서 얻은 것으로 보고했으며, 네덜란드 사회심리학자 디데릭 스타펠Diederik Stapel은 많은 연구에서 데이터를 거짓으로 꾸몄음이 드러나 논문 58편이 철회당했다.

과학 분야의 위조는 범인이 자신의 지론과 들어맞는 데이터를 만들어내는 편이 (그 이론을 실제로 지지해주지 못할지 모르는) 데이터를 실제로 모으는 것보다 더 쉽고 비용이 적게 든다는 믿음에서 비롯된다. 하지만 알고 보면 데이터를 진짜처럼 보이도록 꾸며내는 일은 결코 단순치 않다.

한 실험에서 모든 측정 결과가 동일하게 나온다면야 일이 훨씬 단순해지겠지만, 모든 실제 데이터에는 무작위적 측면이 있다. 물리학 실험에서 질량이나 전하 또는 압력을 아주 세밀하게 측정할 때는 일반적으로 배경 조건이 변동함에 따라 값들이 무작위적으로 흩어진다. 비록 값들이 계량화되는 대상의 참값 주위에 분포될 것이라고 예상되긴 하지만 말이다. 한 인구집단 내 사람들의 키를 측정하면 키가 전부 다르기 때문에 값들이 어떤 형태의 분포를 띤다. 마찬가지로 특정한 식물 종이 생산한 씨앗의 수와 무게도 각 식물마다 다르다. 그러므로 진짜처럼 보이는 데이터를 꾸며내려면 이런 무작위성까지도 꾸며내야 한다.

하지만 사람들은 그럴듯하게 무작위적으로 보이는, 곧 내재적 패턴을 갖지 않는 데이터를 꾸며내는 데 그다지 익숙하지 않다. 예를 들어 사람들에게 숫자열(가령 2621783338374811256)을 무작위로 만들어보라고 하면, 동일한 수의 집단(가령 앞에 나온 숫자열에서 333, 77 또는 11)을 너무 적게 만드는 경향이 있다. 그래서 숫자들을 오름순이나 내림순으로(가령 654나 4567) 너무 자주 만들거나 숫자열을 반복하거나 다른 종류의 패턴을 너무 빈번하게 내놓는다. 사실 1장에서 우리가 만났던 버니 매도프도 (재무제표와 골프 점수를 조작할 때) 숫자 8과 6의 쌍을 너무 많이 만들었다.

그러니 당연히 모든 것은 사기꾼이 얼마나 정교한지에 달려 있다. 깊은 통계 지식이 있는 자는 가짜 데이터가 실제 데이터와 달라지는 여러 가지 양상을 잘 알기 때문에 그런 측면들을 잘 일치시키려고 애쓴다. 게다가 그들은 어딘가에서 데이터를 복사해오거나, 심지어 조금 더 교묘한 수법으로 데이터를 복사한 다음에 작은 무작위적 변화까지 덧보탠다. 나는 그런 사례들을 자꾸 듣다 보면 그럴듯한 가짜 데이터를 조작하려고 갖은 애를 쓰기보다 아예 실제 실험을 하는 편이 더 쉬울지 모르겠다는 생각까지 든다.

다듬기

다듬기는 이론에 더 잘 들어맞도록 데이터를 조정하는 일이다. 배비지는 다듬기에 대해 이렇게 기술했다. "평균에서 지나치게 벗어나는 관찰 결과들의 이러저러한 작은 조각들을 잘라내서 평균에서 벗어나는 정도가 매우 작은 값들에 붙여넣는 행위." 다듬기를 전략적으로 실시하면 평균값을 바꾸지 않으면서도 값들의 범위, 곧 측정의 불확실성을 실제보다 작아 보이게 만들 수 있다.

실제로 이것과 비슷한 방식으로 실시되는 건전한 통계 기법들이 있다. 이 기법은 특정한 상황에서 이례적으로 높거나 낮은(그리고 아마도 의심스러운) 값이 발견 결과에 부적절한 영향을 끼칠 가능성을 제한하기 위해 사용된다. 한 예가 (찰스 P. 윈저Charels P. Winsor의 이름을 딴 명칭인) 윈저라이징Winsorizing 기법이다. 이것은 극단적인 관측값을 평균에서 특정한 범위 내에 있는 값으로 대체한다. 이를테면 평균에서 2표준편차(2σ)를 넘는 값들은 신뢰할 수 없다고 간주하여 2표준편차 안에 있는 값으로 대체된다. 그 결과 생기는 데이터의 평균은 이런 처리를 하지 않은 데이터보다 덜 가변적이다. 하지만 우리는 데이터가 수정되었음을 반드시 유념해야 한다. 데이터를 수정한 사실을 보고하지 않으면 진실이 가려진다. 그리고 이 전문적인 기법은 여러분이 잘라낸 데이터 조각을 다른 값에 붙여넣는 정도까지 가서는 안 된다!

배비지가 언급한 속일 의도로 하는 다듬기의 극적인 버전에서는 데이터의 일부가 큰 데이터 세트의 한 부분에서 통째로 옮겨지거나 복사된다. 다듬기는 데이터 꾸며내기와 마찬가지로 노력을 크게 줄일 수 있다! 나는 조사하던 사기 의심 사례에서 수치 데이터로 다듬기를 한 것을 본 적이 있지만, 내가 보기에 다듬기는 주로 이미지와 사진을 본래 모습이 아닌 다른 것인 것처럼 보여주기 위해 사용된다.

더 고차원적인 분야에서 다듬기가 벌어지는 것을 본 적도 있다. 우수한 과학 저널에 제출된 논문은 심사 과정을 거친다. 논문을 여러 과학자에게 보내 의견을 받는 과정으로서 그 연구가 정확한지, 제대로 실시되었는지, 발표할 가치가 있을 정도로 과학적으로 중요한지를 묻는다. 만약 한 심사위원이 논문에 기술된 연구에 문제가 있는 듯하다고 지적하면, 때때로 논문 저자들은 그 지적 내용을 애매하게 만들어서 다른 심사위원(그리고 독자)이 오류를 알아차릴 수 없게 만들려고 한다. 그런 다음에 논문을 다른 저널에 제출한다.

예를 들어 통계 검사 또는 모형화 절차의 타당성이 의심스러운 가정, 곧 결론을 무효로 만들 수 있는 가정에 바탕을 두고 있을지 모른다. 내가 접한 한 사례에서는 한 데이터 표본의 평균과 중앙값이 둘 다 보고되어 있었는데, 두 값을 비교해본 결과 분포가 아무래도 왜곡된 것 같았다. 그 정도의 왜곡은 해당 논문에서 나중에 기술된 통계 분석을 무효로 만들기에 충분했다. 내가 심사 보고서에서 우려를 표하자, 그런 상황을 해소할 (어쩌면 결론을 바꾸게 될) 다른 분석을 실시하는 대신 저자들은 그냥 중앙값에 관한 내용을 삭제하고 논문을 다른 저널에 제출해버렸다. 저자들로서는 슬프게도 새 저널의 편집자는 그 논문을 이전과 똑같은 심사위원에게 보냈다!

쿠킹

쿠킹은 데이터를 실제보다 더 정확하고 믿음직하게 보이려고 행해진다. 이를 위해 많은 관측 결과를 모아서 이론에 가장 가깝게 일치하는 것들만 선별한다. 배비지는 이렇게 말하고 있다. "만약 관찰을 100번 실시했는데, 상에 내놓을 만한 음식을 열다섯이나 스무 가지밖에 고를 수 없는 요리사는 매우 불행해할 것이 틀림없다." 이 전략은 p-해킹과 비슷하다.

쿠킹으로 의심되는 가장 유명한 사례는 노벨상 수상자인 물리학자 로버트 밀리컨이 했던 짓이다. 하지만 면밀히 조사해보았더니 실제 상황은 겉보기와는 달랐다. 분명 다크 데이터가 관여했지만 쿠킹 때문은 아니었다.

로버트 밀리컨은 1923년에 노벨물리학상을 수상했는데, 그가 실시한 전자의 전하 측정이 노벨상 수상의 일부 이유였다. 처음에는 박사과정 학생과 함께 시작했다가 나중에는 밀리컨 혼자서 전기장으로 가한 힘이 대전된 물방울 및 기름방울들의 낙하 속도와 균형을 이루게 하는 다수의 실험을 수행했다. 그는 액체 방울들의 최종속도를 측정하여 언제 중력이 공기의 점성에 의해 균형을 이루는지를 알아냈고, 덕분에 방울의 크기를 결정할 수 있었다. 밀리컨은 전기장을 작동시킨 뒤에 추가로 속력 측정을 여러 번 실시하여 방울의 전하를 알아낼 수 있었다. 밀리컨은 많은 실험을 실시한 끝에 존재할 수 있는 최소한의 전하, 곧 전자의 전하를 알아낼 수 있었다.

우리에게 핵심 내용은 1911년 《피지컬 리뷰》에 발표된 논문의 다음 내용이다. "현재의 설정에서는 이 크기의 방울들만이 관측되었으므로 이들은 선택된 결과의 집합이라기보다 표준적인 관측 결과에 해당한다. (…) 또한 언급해야 할 점은, 이 방울들이 선택된 방울 집단이 아니라 60일 동안 연속으로 실험된 모든 방울에 해당한다는 것이다. 그 시간 동안 실험 장치를 여러 번 분해했다가 새로 설치했다."[34] (고딕체는 원문의 강조 표시임) 무슨 말인지는 명확한 듯하다. 의식적이든 무의식적이든 데이터 선택으로 인한 왜곡의 가능성은 없다는, 다시 말해 DD 유형 3: 일부 사례만 선택하기도 없고 데이터 숨기기도 없다는 말이다.

그렇긴 하겠지만, 밀리컨의 공책을 조사해보면 위에 나온 내용이 사실은 데이터의 전부가 아님이 드러난다. (공책의 팩시밀리 사본을 직접 보고 싶은 독자는 다음 웹페이지를 보라. http://caltechln.library.caltech.edu/8/). 논문에서는 58개의 방울에 대한 측정 결과가 보고되어 있는 반면에, 공책에는 175건의 측정 결과가 적혀 있다. 슬슬 쿠킹의 명백한 사례처럼 보이기 시작하는데, 어쩌면 사기라고까지 볼 수도 있다. 적어도 작가 윌리엄 브로드William Broad와 니컬러스 웨이드Nicholas Wade한테는 그렇게 보였다. 두 사람의 공저《진리의 배신자들: 과학의 전당에서 벌어지는 사기와 기만Betrayers of the Truth: Fraud and Deceit in the Halls of Science》에 관련 내용이 설명되어 있는데, 책의 내용은 제목 그대로다.[35]

하지만 물리학자 데이비드 굿스타인David Goodstein이 더 자세히 조사했더니, 그런 데이터 조작에는 겉으로 보이는 것 이상의 무언가가 있었다. 기름 방울의 운동에 영향을 주는 세 가지 요인 가운데 두 가지(중력과 전기장)는 잘 알려져 있었다. 하지만 밀리컨이 연구했던 방울처럼 작은 물체에 대한 점성의 효과는 잘 알려져 있지 않았다. 이 점을 감안하고 또한 자신의 결과에 대한 확신을 얻기 위해 밀리컨은 측정 절차를 정교하게 가다듬으면서 실험을 수행해야 했다. 이 단계에서 실시된 측정들은 논문에 포함되지 않았다(설령 그 결과들이 밀리컨의 아이디어와 일치하더라도 말이다. 굿스타인은 밀리컨이 그렇게 제외한 측정을 두고서 했던 말을 인용한다. "이게 딱 맞아. 내가 했던 측정 중에 최고야!")[36]

그리고 측정 결과 중 일부를 뺀 다른 이유도 있었다. 이를테면 크기가 너무 작은 방울을 측정한 결과도 빠졌는데, 그렇게 작은 방울은 브라운운동에 크게 영향을 받기 때문이다. 그리고 너무 큰 방울을 측정한 결과도 빠졌는데, 정확하게 측정하기에는 너무 빠르게 떨어지기 때문이다. 그래서 밀리컨은 이 두 경우를 포함시키지 않아야 한다고 여겼다. 앞서 보았듯이 이것은 모든 과학자가 (해야) 하는 종류의 결정이다. 만약 측정을 실시하는 중에 누군가가 실험대를 건드리면, 아마도 그 결과는 빼야 한다. 만약 한 혼합물에 화학물질을 넣다가 흘렸다면, 여러분은 그 결과를 빼고 싶을 것이다. 인생사가 그렇듯이 과학에도 완전한 밝음과 완전한 어둠 사이의 교차 영역이 존재하게 마련이다.

배비지는 날조·위조·다듬기·쿠킹을 열거했지만, 과학적 연구 부정행위에는 다른 종류도 있다. 표절은 어떤 작품의 진짜 출처를 감추어서 다크 데이터로 만들어놓고는 그 작품을 마치 표절자의 것인 양한다. 표절은 종종 텍스트를 단어까지 고스란히 베끼는 형태를 취하거나, 심한 경우에는 논문의 내용은 그대로 두고 제목과 저자 이름만 바꾸어 다시 제출하기도 한다! 이런 종류의 부정행위를 적발하기 위해 제출된 논문들을 이전에 발표된 논문과 대조해보는 소프트웨어 도구들이 개발되었다. 이제 남의 연구를 베끼는 행위는 과거보다 더욱 위험한 전략이 되었다.

연구소의 명성은 여러 가지 부정행위에 의해 크게 손상될 수 있다. 따라서 연구소 측에서는 부정행위가 사소한 것이라며 경시하거나 숨기고 싶어할지 모른다. 하지만 나중에 알려질 부정행위를 숨겼다가는 훨씬 더 위험해질 수 있다. 연구소는 보통 부정행위 혐의를 조사하는 임무를 맡은 독립적인 전문가 패널을 꾸린다. 나도 그런 패널에 여러 번 참여한 적이 있다.

철회

앞서 보았듯이 과학에서 자체 교정을 위한 표준적인 접근법은 재현이다. 그러니까 이론을 데이터와 비교하는 연구를 더 많이 실시하면 된다. 하지만 다른 방식도 있다. 만약 발간된 논문에서 오류가 발견되면, 논문 저자와 저널 편집자는 논문이 주장한 내용을 실제로 입증하지 못했음을 인정하고서 논문을 철회할 수 있다. 그렇다고 꼭 논문이 틀렸다는 것이 아니라 단지 논문의 결론을 적절하게 입증해내지 못했다는 뜻일 뿐이다. 또한 사기 행위나 그릇된 내용이 적발되어도 논문은 철회된다.

그랜트 스틴R. Grant Steen 연구팀이 PubMed(생명과학과 생물의학 분야의 발간물 데이터베이스)에 올라온 발간물에 관해 조사한 바에 따르면, 철회 비율은 "근래에 가파르게 증가했으며", 놀랍게도 "1975년 이후 (…) 과학 연구의 부정행위로 인한 철회가 10배 증가한 것으로 추산되었다".[37] 만약 그 말이 과학과 과학자에 대한 끔찍한 비난처럼 들린다면, 이 문제를 넓은 관점에서 살펴보자. 지난 몇십 년 동안 발간된 논문의 수 자체가 크게 증가했다. 1973년에서 2011년 사이에 PubMed에 올라온 저널 논문이 2,120만 편인데, 그중 890

편이 부정행위로 철회되었다. 발간 논문 23,799편당 한 편꼴이기에 그다지 심각해 보이지는 않는다. 스틴 연구팀에 따르면, "1973년부터 2011년까지 발간율의 증가는 부정행위 또는 오류로 인한 철회율보다 (…) 더 컸다." 하지만 그들은 그 시기 동안 철회율이 점점 더 커지는 기간이 있었다고 덧붙였다. 뒤따르는 문제 중 하나는 철회는 반드시 사후적인 행위이기 때문에 편집자가 과거에 발표된 논문을 찾아서 철회를 해야 한다는 점이다. 철회된 논문의 종류와 철회 이유가 궁금한 독자라면 다음을 방문해보기 바란다. http://retractionwatch.com. 하지만 철회는 저급한 연구 발표라는 문제의 빙산의 일각일 뿐이다. 철회를 당해야 마땅한데 그냥 넘어간 사례도 아주 많다.

출처와 신뢰성: "누가 그러던가요?"

특정한 장르의 다크 데이터가 지난 두어 해 동안 뉴스거리에 올랐다. 바로 틀린 사실 또는 가짜 뉴스(DD 유형 14: 조작된 합성 데이터)다. 위키피디아는 가짜 뉴스를 이렇게 정의한다. "의도적인 거짓 정보 또는 날조로 이루어진 황색 저널리즘이나 선동의 한 유형." 황색 저널리즘yellow journalism은 19세기 말경 윌리엄 랜돌프 허스트William Randolph Hearst와 조지프 퓰리처 2세Joseph Pulitzer II 사이에 벌어진 신문전쟁에서 나온 신조어로, 과장된 선정적인 이야기를 가리킨다. 황색 저널리즘은 퓰리처의 신문 《뉴 월드New World》에 등장하는 한 재미 있는 캐릭터에서 따온 명칭이다. 노란색 잠옷을 입은 '옐로 키드yellow kid'라는 캐릭터다. 이에 질세라 허스트는 또 다른 '옐로 키드'를 자신의 《뉴욕저널New York Journal》에 등장시켰다. 가짜 뉴스는 숫자로 나타낸 형태가 아닐지 모르지만, 그래도 일종의 나크 데이터(여러분이 사실이 아니라고 여기는 정보)로 분류할 수 있다. 가짜 뉴스는 의도적으로 만들어지기 때문에 일종의 사기다.

진실과 거짓을 구별하는 문제는 아득한 옛날부터 인류의 숙제였다. 정확한 답을 얻기 어려운 문제였기 때문이다. 하지만 데이터의 영역에는 유용한 전략이 하나 있다. 바로 데이터가 어디에서 온 것인지, 누가 데이터를 모았는지, 누가 보고했는지를 추궁하는 것이다. 또는 내가 이 주제에 관한 기사에서 썼듯이, 데이터가 제시되었을 때 '누가 한 말인가?'라는 질문을 던지고 답을 요구해야 한다.[38] 데이터의 출처를 캐물으라는 말이다. 정보가 세상에 드러나지 않으면 정보의 진실성에 관해 각자 나름의 결론을 내려버릴 수 있는 법이다(단 정보원에게 위험이 있을지 모르는 일부 경우에는 해당되지 않는다). 실질적인 면에서 보자면, 이 말은 모든 신문과 웹사이트, 모든 저자와 정치인이 정보를 어디서 얻었는지 말해야 한다는 뜻이다. 그래야 우리가 확인해볼 수 있다. 적어도 시간과 마음만 있다면 확인할 수 있다. 이 전략이 모든 문제를 극복해내지는 못하겠지만(그걸 기대하는 것은 무리다), 그리고 누군가가 자기 입장을 지지하는 정보를 선택하는 것을 막지는 못하겠지만, 어쨌든 유용한 전략이다.

'투명성'은 종종 다크 데이터, 최소한 사기와 속임수 사례에서 발생하는 다크 데이터에 대한 부분적인 해답으로 부각된다. 투명성이라는 개념의 요지는 공개된 것은 어떻게 돌아가는지 알아보기 쉽다는 것이다. 사람들이 무슨 일이 벌어지는지 직접 볼 수 있으면 사기 행위는 어려워진다. 서구 민주주의는 개방성을 다양한 수준에서 매우 강조하며, 정부가 활동 내용을 자세히 발표하도록 권장한다. 예를 들어 영국의 지방정부투명성법Local Government Transparency Code은 이렇게 말한다. "투명성은 지방정부 책임성의 근본이며, 사회에서 큰 역할을 수행하도록 사람들에게 필요한 도구와 정보를 제공하는 데 핵심 요소다. 데이터의 가용성은 또한 지방 기업, 자원봉사 및 공동체 분야들과 사회적 기업들이 서비스를 운영하거나 공공 자산을 관리하도록 새로운 시장을 열어줄 수 있다. (…) 정부는 원칙적으로 특별히 민감한 경우를 제외하고 지방 당국이 관리하는 모든 데이터를 지역민들이 이용할 수 있어야 한다고 믿는다."[39] 또한 다음 내용을 덧붙인다. "이 법은 지역민들에게 중요한 사안에 관해 돈이 어떻게 지출되는지 (…) 자산의 사용 (…) 의사결정 (…) 등을 다루는 데이터를 지역민들이 열람하고 접속할 수 있도록 보장한다." 이를테면 그레이트맨체스터의 테임사이드 자치구의 경우 매 분기마다 500파운드를 초과하는 지출 항목의 내역이 공개된다.[40] 이 내역에는 공급자, 매장, 상품/서비스의 설명, 수량, 날짜, 기타 내용이 들어 있다.

하지만 개인적인 수준에서는 상황이 반대 방향으로 돌아가고 있는 듯하다. 사생활을 보호하는 방향, 또는 이렇게 표현할 수 있다면, 개인 데이터의 비밀주의 또는 숨김을 촉진하는 방향으로 말이다. 2018년 5월 25일, 2장에서 언급한 유럽연합의 일반개인정보보호법GDPR이 시행되었다. 이 법은 개인 데이터를 저장하고 사용하는 기관에게 의무를 부과하며, 개인들에게 자신의 데이터가 어떻게 사용될지에 관한 높은 수준의 권리를 준다. 개인 데이터는 데이터로부터 식별할 수 있는 살아 있는 개인과 관련된 데이터를 말한다. GDPR은 기관에게 왜 데이터를 수집하고 사용하는지를 설명하라고 요구하며, 명확하고 자발적인 동의(또는 법적인 요건이라든가 누군가의 목숨을 구하기 위한 조치 같은 다른 정당한 사유)를 요구한다. 개인은 자신의 데이터에 접근할 권리를 가지며, 아울러 자신의 데이터를 수정하거나 삭제하거나 다른 데이터 관리자에게 옮길 권한도 갖는다. 또한 이런 종류의 법적 요구는 다량의 개인 데이터를 처리하는 기업들에게 상당한 행정상의 부담을 안겨준다.

여담이지만 나는 '투명성'이라는 단어를 사람들이 데이터 투명성을 놓고서 흔히 말하는 방식, 그러니까 '사람들이 데이터에 접근할 수 있음'을 가리킨다고 해석했다. 하지만 다른 관점도 존재한다. 우리가 알아차리지 못해도 어떤 것을 통해서 다른 사물을 볼 수 있다면 그것도 투명한 것에 해당한다. 예를 들어 유리창과 안경은 투명하다. 그리고 고통스러운 진실을 말하자면, 가장 효과적인 사기와 속임수 기법들 다수가 그런 개념에 바탕을 두고 있다. 우리가 보고 있지 않아도 상황은 벌어지고 있으며, 모든 게 괜찮아 보인다. 단우리가 균열을 알아차리기 전까지는 말이다. 그런 다음에 모든 것이 무너져내린다. 이런 의미에서 '투명성'은 데이터에 관한 한 '다크 데이터'와 불편한 유사성을 갖는다.

이번 장은 다크 데이터의 문제점들을 인식하고 극복하는 법을 특히 과학 연구의 맥락에서 깊이 파고들었다. 우리는 이론을 데이터와 비교하기, 데이터의 부족으로 인해 생기는 오류, 데이터의 기만적인 오용, 인위적인 데이터 조작 등의 개념을 살펴보았다. 아울러 한 데이터 세트에서 가장 큰 값에만 주목하는 것의 문제점, 비정상을 초래하는 지나치게 광범위한 검사의 문제점, 그리고 "대다수의 과학 발견이 틀렸다"라는 주장까지도 살펴보았다. 또한 우리는 데이터의 출처 이해하기('누가 한 말인가?'라는 질문에 답을 추궁하기)라는 일반 원칙도 살펴보았다.

지금까지 1부에서는 다크 데이터가 문제를 초래할 수 있는 여러 가지 방식을 탐구했다. 2부에서는 다크 데이터를 찾아내는 방법, 다크 데이터를 참작하는 방법, 더 들어가 다크 데이터를 실제로 활용하는 방법도 살펴본다.

K
A

2 부

다크 데이터에
빛을 비추고
이용하는 법

8장

다크 데이터 다루기

빛을 비추기

DARK
DATA

희망은 있다

앞서 보았듯이 다크 데이터가 생기는 이유는 여러 가지다. 그리고 우리는 데이터가 틀릴 소지가 있음을 알 수도 있지만, 상황을 제대로 파악하지 못한다는 사실은 아예 모르기 쉽다. 또한 그런 무지의 결과는 재무적인 면에서도, 그리고 어쩌면 인명 손실 측면에서도 심각할 수 있다. 결코 좋은 일이 아니다!

그러면 어떻게 해야 할까? 이 장에서는 숨은 것을 분간해내기 위해 그림자 속을 들여다보는 방법을 살펴본다. 아울러 비록 무엇이 잘못되었는지 정확히 알아낼 수는 없더라도 문제를 완화시킬 수 있는 방법을 살펴본다. 또한 비록 우리가 무지의 구름에 갇혀 있더라도 올바른 대답을 얻기 위해 개발해왔던 아이디어, 도구, 방법, 전략을 소개한다. 이번 장의 상당 부분은 데이터가 빠져 있는 상황들을 논의하고(DD 유형 1: 빠져 있는지 우리가 아는 데이터, DD 유형 2: 빠져 있는지 우리가 모르는 데이터, DD 유형 3: 일부 사례만 선택하기, DD 유형 4: 자기 선택 등), 그다음에 우리가 볼 수는 있지만 잠재적으로 틀릴 수 있는 데이터(DD 유형 10: 측정 오차 및 불확실성, DD 유형 9: 데이터의 요약, DD 유형 7: 시간에 따라 변하는 데이터)를 잠시 다시 논의한다. 하지만 문제의 원인이 무엇이든 간에 해결책의 핵심은 경계, 곧 무엇이 잘못될 수 있는지를 알아차리는 것이다. 이는 데이터 자체로는 뜻밖의 일이 생겼음을 짐작할 수 없을 때 특히 중요하다(DD 유형 15: 데이터 너머로 외삽하기, DD 유형 12: 정보 비대칭, DD 유형 8: 데이터의 정의). 이 책의 많은 사례와 DD 유형 목록이 경계 태세를 유지하는 데 도움이 될 것이다. 여러분은 눈여겨봐야 할 사항들 중 적어도 몇 가지는 알게 될 것이다.

하지만 자세히 파헤치기 전에 강조해야 할 매우 중요하고 근본적인 점이 있다. 바로 데이터가 다크 상태라면 이상적이지 않다는 점이다. 이는 데이터가 정확하지 않은 경우에도 분명 해당하지만, '빠진' 데이터라는 말에도 함축되어 있다. 데이터가 '빠졌다'는 것은 곧 더 많은 데이터를 기대했으나 무언가 잘못되었다는 개념에 해당한다. 부정확하거나 불완전한 데이터로 인해 문제들이 생기면 다음과 같은 방법으로 줄일 수는 있겠지만, 데이터가 처음부터 정확하고 완전하다면 훨씬 더 나을 것이다. 다시 말해 데이터 수집 전략을 설계할 때든 실제로 데이터를 수집할 때든 오류와 불완전성을 피하기 위해 모든 노력을 기울여야 한다.

하지만 그럴 수 없다면 어떻게 해야 할까?

관측 데이터를 빠진 데이터와 연결하기

전체 데이터를 수집하려는 전략이 실패했다면, 다크 데이터에 대저할 열쇠는 왜 데이터가 빠졌는지를 이해하는 것이다. 특히 관찰되었든 안 되었든 데이터들 사이의 관계, 그리고 어떤 항목이 빠졌는지를 살펴야 한다. 행운이 따른다면 우리는 빠진 항목이 어떤 종류의 가치를 가지는지를 어느 정도 이해하게 되고, 빠진 항목을 보완할 수 있을 것이다.

한 분류법이 빠진 데이터를 보완하는 출발점이 될 수 있다. 매우 쓸모 있는 이 분류법은 1970년대에 미국 통계학자 도널드 루빈Donald Rubin이 고안했다.[1] 이 분류법은 관찰된 데이터와 빠진 데이터 사이의 관계를 세 가지 유형으로 구별한다. 먼저 사례를 하나 들어보자.

체질량지수BMI는 인체 내 조직 질량의 표준 측정치다. 사람들을 저체중·정상 체중·과체중·비만으로 구분하기 위해서 사용되는데, 킬로그램 단위인 사람 몸무게를 미터 단위인 키의 제곱으로 나눈 값이다. BMI가 25 이상이면 과체중, 30 이상이면 비만으로 분류된다. 증거에 따르면, 정상 체중인 사람들과 비교할 때 비만인 사람은 제2형 당뇨병, 관상동맥성 심장질환, 뇌졸중, 골관절염, 일부 유형의 암, 우울증, 그 밖에 여러 가지 병에 걸릴 위험성이 높다. 그런 이유로 체중감소 식단이 상당히 주목을 받는다.

체중감소 식단 연구에서는 6개월에 걸쳐 주별로 건강이 어떻게 향상되었는지를 관찰했다. 관찰 내용에는 몸무게·피하지방 두께·BMI가 포함되었는데, 여기서는 BMI에만 초점을 맞춘다.

안타깝게도 참가자 전원이 전체 연구기간인 6개월 내내 연구에 남아 있지는 못했다. 따라서 중간에 포기한 사람들에 대한 최종 측정치는 없었다. 문제는 이것이다. 중도 포기한 사람들의 다크 데이터를 무시하고 단지 처음부터 끝까지 남은 사람들의 데이터만 분석해도 괜찮을까? 2장에서 우리는 중도 하차의 몇 가지 문제점을 살펴보았다. 여러분이 이 책을 지금까지 읽어왔다면 분명 위 질문의 답은 '아니요'임을 알아차릴 것이다. 중도 하차한 사람들의 데이터를 무시해서는 안 되는 이유를 더 자세히 알아보자.

연구에서 첫 번째 집단은 식단 규칙을 지키지 못해 크게 좌절하는 바람에 중도 하차했다. 두 번째 집단, 특히 처음에 심한 과체중이 아니었던 이들은 체중이 많이 빠지지 않자 의욕을 잃기 시작했다. 그리고 세 번째 집단은 체중 감소와 무관한 이유로, 그러니까 직업이 바뀌었거나 너무 바빠져서 임상시험에 참여할 수 없어 중도 하차했다.

이 세 집단 중 첫 번째는 중도 하차의 확률과 (만약 연구에 계속 남았다면 기록되었을) BMI 사이에 확실히 관련성이 있다. 식단 규칙을 지키지 못한다는 사실은 기대만큼 빠르게 체중을 줄이지 못했거나 어쩌면 체중이 늘었음을 의미한다. 루빈은 이런 상황, 곧 '데이터가 누락될 확률이 그것이 누락되지 않았다면 관측되었을 값과 관련이 있는 상황'을 가리켜 "무시할 수 없게nonignorably" 누락된 상황(때로는 "정보를 주면서informatively" 누락된 상황)이라고 불렀다. 분명 이런 상황은 다루기 어려워지는데, 다크 데이터는 연구에 끝까지 남은 이들한테서 얻은 관찰 데이터와 다를 가능성이 크기 때문이다.

중도 하차의 두 번째 유형의 경우, 곧 처음에 심하게 과체중은 아니었지만 의욕 상실로 그만둔 사람들의 경우에는 중도 하차할 확률과 측정된 값(초기 BMI) 사이에 관련성이 있었다. 우리는 이 사람들의 최종 BMI를 관찰하지는 못하지만, 그들이 중도 하차했으며 그들이 중도 하차한 이유가 우리가 측정했던 것과 관련이 있음도 안다. 루빈은 이것을 "무작위로 누락된missing at random" 관찰이라고 불렀다. 이런 종류의 '누락'의 요점은 우리가 상황이 진행되고 있거나 잘못될지 모른다는 징후를 안다는 것이다.

마지막으로 세 번째 범주는 중도 하차의 이유가 연구와 아무 관련성이 없다. 그런 사람들은 중도 하차 이전에 한 측정이든 중도 하차하지 않았다면 실시되었을 측정이든 중도 하차할 경향과 아무런 관련성이 없다. 루빈은 그런 경우를 "완전히 무작위로 누락된missing completely at random" 관찰이라고 불렀다.

통계학자가 아닌 사람들은 루빈의 용어를 기억하기 어려울 테니, 나는 세 가지 유형의 데이터 누락 메커니즘에 새로운 명칭을 붙이고자 한다.

'무시할 수 없게 누락된'은 '보이지 않는 데이터에 종속적인unseen data dependent', 줄여서 UDD라고 부르겠다. 여기서 한 관찰이 누락될 확률은 관찰되지 않았던 것에 종속적이다. 위의 사례로 보자면, 최종 BMI값이 관찰되지 않을 확률은 BMI값이 얼마나 높은지에 달려 있다. 다시 말해 BMI값이 높은 사람일수록 마지막까지 남아서 BMI값을 측정할 가능성이 작다.

'무작위로 누락된'은 '보이는 데이터에 종속적인seen data dependent', 줄여서 SDD라고 부르겠다. 여기서 한 관찰이 누락될 확률은 관찰된 다른 데이터에 종속된다. 이 예에서 최종 BMI값이 관찰되지 않을 확률은 초기 BMI값에 따라 달라지며, BMI값이 낮은 사람이 중도 하차할 가능성이 더 크다.

'완전히 무작위로 누락된'은 '데이터에 종속되지 않는not data dependent', 줄여서 NDD라고 부르겠다. 여기서 한 관찰이 누락될 확률은 관찰된 데이터든 관찰되지 않은 데이터든 상관없이 데이터에 전혀 종속되지 않는다. 위의 사례로 보자면, 최종 BMI값이 관찰되지 않을 확률은 다른 관찰된 값이든 중도 하차하지 않았다면 관찰되었을 값이든 데이터의 어떤 내용과도 관련이 없다.

루빈의 범주 구분의 장점은 빠진 데이터를 조정하기 위해 무엇을 해야 할지 생각해보면 명백해진다. 데이터 누락 메커니즘의 마지막 유형이 가장 쉬우니, 그것부터 살펴보자.

이상적인 세계라면 모두가 6개월 기간의 시작뿐만 아니라 끝에서도 측정이 될 테니, 우리가 답해야 할 질문은 이렇다. 중도 하차한 사람들의 결과를 배제하면 결론이 어떻게 왜곡되는가? 그런데 NDD 중도 하차자들은 연구와 무관한 이유로 하차했다(NDD의 경우, 그들이 측정에서 빠질 확률은 실제로 관찰된 데이터든 중도 하차하지 않았다면 관찰되었을 데이터든 데이터에 전혀 종속되지 않는다.) 이 중도 하차자들이 측정에 참여한 사람들과 체계적인 면에서 다를 이유는 없다. 사실 이 경우는 마치 우리가 애초에 더 작은 표본을 뽑은 것과 마찬가지다. 대체로 측정되지 않은 몸무게들을 분석에서 배제해도 결과에 영향을 끼치지 않기 때문에 그런 사람들은 무시해도 좋다. NDD는 다른 경우에 비해 단순한 상황이며 어쩌면 드문 상황이다. 이 경우 다크 데이터는 중요하지 않다. 인생이 늘 이처럼 단순하다면 얼마나 좋으련만.

루빈이 두 번째 부류로 언급한 SDD 사례는 좀 더 미묘하다. 이 사람들의 중도 하차 여부는 측정된 값인 초기 BMI값에 따라 달라진다(곧 SDD의 중도 하차는 '보이는' 데이터에 달려 있다). 특히 초기 BMI값이 낮은 사람들이 중도 하차해서 최종값을 기록하지 못할 가능성이 큰 반면, 처음의 BMI값이 크다면 중도 하차할 가능성이 작다.

여기서 짚어야 할 중요한 사항은 이 유형의 누락은 BMI 초기값들과 최종값들 사이에서 관찰되는 관계를 왜곡시키지 않는다는 점이다. 주어진 임의의 초기값(가령 N)에 대해서 일부는 중도에서 빠지기 때문에 최종값들은 (개수가) 더 적겠지만, 관찰된 값들은 초기값이 N이었던 사람들에 대한 BMI 최종값들의 분포를 적절하게 표현할 것이다. 그렇기에 우리는 관찰된 값들을 이용해 초기값과 최종값 사이의 관계를 추산할 수 있다. 관계를 그릇되게 알려주지 않는다는 뜻이다. 그다음에 초기값과 최종값 사이의 이 관계를 이용하여, 임의의 초기값에 대한 BMI 최종값을 구할 수 있다.

마지막으로 루빈의 첫 번째 분류 유형 UDD 사례들을 보자. 이것이야말로 대단히 까다로운 경우다. 데이터가 누락된 이유가 참가자들이 '얻었을' BMI값 때문인데, 당연히 우리는 그 값을 모른다(UDD, 데이터 누락 이유가 보이지 않는 데이터 때문이다). 이 유형의 데이터는 무작위적으로 누락되거나 다른 관찰된 값들의 크기 때문에 누락되지 않는다. 누락된 데이터를 추산할 유일한 방법은 다른 어딘가에서 정보를 얻거나 왜 그 값들이 누락되었는지 가정을 세우는 것뿐이다.

또 다른 사례를 하나 들어보자.

사회통계학자 캐시 마시Cathie Marsh는 1980년에 영국의 성인 인구에서 무작위로 뽑은 200쌍의 부부(남편과 아내)로 이루어진 데이터 세트를 기술했다.[2] 우리의 목표는 이 표본을 이용하여 그 시기에 영국 아내들의 평균 나이를 추산하는 것이다. 마시의 데이터를 살펴보면 빠진 값들이 있는데, 일부 아내들의 나이가 기록되어 있지 않다. 의문점은 이 다크 데이터가 데이터 세트를 분석하는 방법에 영향을 끼치는지 여부, 그리고 다크 데이터가 우리가 얻게 될 결론을 무효로 만드느냐 하는 것이다. BMI 사례에서처럼 답은 데이터가 왜 빠졌는지에 달려 있다.

관찰되지 않은 아내의 나이는 NDD 데이터일 수 있는데, 이때 누락될 확률은 관찰되었든 관찰되지 않았든 데이터값과는 관련이 없다.

또 어쩌면 관찰되지 않은 값은 SDD 데이터일 수도 있는데, 이때 한 아내의 나이가 빠질 확률은 우리가 보았던 다른 데이터에 달려 있을지 모른다. 상황을 단순하게 만들기 위해 이 SDD 사례에서 나이를 드러낼지에 관한 아내의 결정이 오직 남편의 나이에만 종속적일 뿐 다른 어떤 값에도 종속되지 않는다고 가정하자. 그렇다면 상대적으로 나이 든 남편의 아내들은 젊은 남편의 아내들보다 나이를 드러낼 가능성이 절반쯤 적을지 모른다. 우리는 남편들의 나이는 언제나 알고 있다고 가정할 것이다.

마지막으로 관찰되지 않은 값들은 UDD일 수 있는데, 이때 한 아내의 나이가 빠질 확률은 그 아내의 나이 자체에 종속적이다. 이것은 심한 억측이 아니다. 과거의 서구사회에는 여성에게 나이를 묻는 것이 실례라는 사회적 관례가 있었고, 근래까지도 자신의 나이를 밝히기를 꺼리는 여성이 많았다. 영국 작가 사키Saki의 《클로비스 연대기The Chronicles of Clovis》에 나오는 단편소설 〈중매쟁이The Match-Maker〉의 한 구절을 보자.

"위태로운 순간이 찾아왔죠." 클로비스가 대꾸했다. "어머니가 갑자기 늦은 시간에 귀가하는 건 나쁘다는 주장을 펼치기 시작하더니 나더러 매일 밤 1시까지 들어오라는 거예요. 얼마 전에 열여덟 번째 생일이 지난 나에게는 정말 말도 안 되는 요구죠."

"엄밀히 말해서, 지난번 생일과 지지난번 생일 때에도."

"아, 저기, 그건 제 잘못이 아니잖아요. 제가 열아홉이 되면 어머니는 서른일곱을 넘기고 말겠죠. 외모에 신경 쓰지 않을 수 없는 나이고말고요."

이런 사회적 관례가 누락된 값의 이유일지 모른다. 아마도 나이든 여성일수록 답하길 꺼렸을 테니까.

첫 번째 사례인 NDD를 다루는 방법은 매우 단순하다. 빠진 관찰이 실제 데이터값과 관련이 없기 때문에 우리는 아내의 나이가 빠진 부부들을 모조리 무시하고 다른 부부들로부터 영국 아내들의 평균 나이를 추산할 수 있다. 이렇게 하면 우리가 원했던 200건보다 표본이 작아지겠지만, 그렇다고 해서 추산치에 어떤 편향이나 체계적인 왜곡을 일으키지는 않는다. 물론 너무 많은 값이 빠져서 표본 크기가 크게 줄었다면 그 표본을 바탕으로 도달한 결론은 매우 불확실하겠지만, 그건 별개의 문제다.

하지만 SDD 상황은 어떨까? 이 경우 한 아내가 나이를 밝힐 확률은 남편의 나이에 따라 달라지기 때문에 아내 나이의 왜곡된 표본을 얻게 된다. 가령 나이 든 남편과 살고 있을 확률이 큰 나이 든 아내의 나이는 이 데이터에서 실제보다 덜 드러날 것이다. 만약 그 확률을 무시한다면, 아내들의 평균 나이를 과소평가하게 된다.

하지만 이는 또한 우리에게 그 문제를 어떻게 다룰지를 알려준다. 분명 어느 특정 나이의 남편을 둔 모든 아내가 자기 나이를 답하지는 않지만, 답하는 아내들은 그 나이의 남편을 둔 모든 아내들 가운데 한 무작위 표본이다(우리는 답하는지 여부가 남편의 나이 이외에 다른 어떤 것에도 종속적이지 않다고 가정한다). 그렇기에 답하는 아내들의 평균 나이를 그 나이의 남편을 둔 모든 아내의 평균 나이 추산치로 사용할 수 있다. (이번에도) 우리가 가진 나이 쌍만을 이용하여 남편의 나이와 아내의 나이 사이의 관계를 연구할 수 있다는 뜻이다. 그리고 이 관계를 추산해내고 나면 그 추산치를 이용하여 임의의 나이의 남편을 둔 모든 아내의 예상되는 나이를 연구할 수 있다. 그러면 모든 아내의 전체적인 평균 나이를 추산하기가 단순해진다. 나이를 답한 아내들의 나이와 답하지 않는 아내들의 예상되는 나이를 이용하여 전체 평균을 계산할 수 있으니 말이다.

마지막으로 데이터가 UDD일 수 있다. 만약 아내의 나이가 빠질 확률이 (가령) 나이를 답하지 않으려는 경향이 있는 나이 든 아내의 나이 자체에 달려 있다면, 이번에도 우리는 나이에 대한 왜곡된 표본을 얻게 된다. 이제는 NDD와 SDD 경우처럼 불완전한 나이 쌍들을 무시할 수 없다. 어쨌거나 특정 나이의 남편을 둔 경우, 나이를 답하지 않은 아내들은 답한 아내들보다 나이가 많은 편이겠지만 우리는 대답하지 않은 아내의 정보가 전혀 없다. 이 왜곡을 무시한 분석은 심각한 오류를 낳을 수 있다. 이 UDD 상황이라면 우리는 해법을 다른 어딘가에서 찾아야 한다.

빠진 데이터에 대처할 방법에 관한 초기의 연구는 경제학자들이 많이 했다. 그럴 만도 한 것이, 경제학에서는 사람들이 수동적으로 측정되는 대상이 아니라 (아마도 심지어 측정을 거부하면서까지) 측정 환경에 능동적으로 대응하는 존재이기 때문이다. 특히 경제 관련 문제일수록 사람들은 답을 순순히 털어놓지 않을 수 있다.

경제학에서 다크 데이터의 중요성은 미국의 경제학자 제임스 헤크먼James Heckman이 1970년대에 내놓았던 '발전 이론 및 선택적 표본 분석 기법에 대한 공로로' 2000년에 노벨경제학상을 받았다는 사실에서 잘 드러난다. 여기서 '선택적 표본'이란 모든 데이터를 갖고 있지 않음, 곧 전체 데이터에서 선택된 표본만을 갖고 있다는 뜻이다. 헤크먼의 접근법은 '2단계' 기법 또는 '헤킷Heckit' 기법으로 알려져 있다. 이 기법은 SDD 데이터를 공략하기 위해 먼저 일부 데이터가 빠지는 과정에 대한 모형을 세운 다음에 그 모형을 이용해 전체 모형을 조정한다. 캐시 마시 사례에서 사용된 것과 비슷한 방법이다. 헤크먼은 노동시간과 시장임금 같은 요소에 관심이 있었다. 그가 사용한 사례는 지금은 고전이 된 '여성이 버는 임금'이다. 여성이 버는 임금은 다른 변수들과 관련이 있지만, 만약 고용되지 않기로 결정한다면 빠지는 데이터다(남자의 경우도 마찬가지다).

사실 우리는 2장에서 금융지수를 살펴보면서 특히 SDD 누락의 경제적 사례들을 이미 접했다. 가령 다우존스산업평균지수는 미국의 30개 민간 대기업들의 개별 주가의 합을 다우 제수Dow divisor로 나눈 값이다. 하지만 기업은 생겼다 사라진다. 그리고 다우존스를 구성하는 기업들은 이 지수가 처음 시작된 1896년 이래로 50번 넘게 바뀌었다. 특히 재정적 어려움에 처하거나 경제 상황이 바뀔 때 기업들이 지수에서 빠질지 모른다. 다시 말해 다우지수는 전체 기업 실적을 대표하지 않고 꽤 잘나가는 기업들만 대표한다. 하지만 실적 퇴보나 경제적 상황 변화의 징후가 먼저 생긴 다음에 특정 기업을 지수에서 빼는 결정이 내려지므로, 데이터는 SDD다.

마찬가지로 시가총액이 큰 500개 기업의 가중치 적용 주가 평균인 S&P500에 속한 기업들도 다른 기업과 비교하여 실적이 악화될 때 지수에서 빠진다. 어느 기업을 빼는 결정은 반드시 사전에 입수한 데이터를 기반으로 내려져야 한다(데이터를 소급 적용해서는 안 된다!). 따라서 이번에도 배제된 기업을 설명하는 데이터, 곧 지수 계산에서 빠지는 데이터는 SDD라고 할 수 있다.

금융지수의 마지막 사례로, 2장에서 우리는 생존 편향이 다우존스와 S&P500뿐만 아니라 헤지펀드 지수에도 영향을 끼친다는 것을 살펴보았다. 바클레이 헤지펀드 지수Barclay Hedge Fund Index는 바클레이 데이터베이스에 등록된 헤지펀드들이 얻은 순수익의 산술평균을 바탕으로 계산된다. 하지만 폐업할 정도로까지 실적이 나빠진 헤지펀드는 포함되지 않을 것이다. 하지만 이번에도 실적 악화는 폐업에 이르기 전의 여러 달 동안 분명 기록에 남아 있을 테니, 이 데이터도 SDD일지 모른다.

3가지 데이터 누락 메커니즘

NDD, SDD, UDD 구분법은 매우 유용하다. 데이터 누락의 유형별로 다른 해법이 필요하기 때문이다. 물론 그전에 우리가 특정한 빠진 데이터 문제가 어느 유형에 해당하는지 식별할 수 있어야 한다. 구분을 잘못했다가는 잘못된 결론이 나올 수 있다. 아내의 나이 사례의 경우, 만약 아내의 나이가 빠질 확률이 그녀 자신의 나이나 남편의 나이와 독립적이라는 NDD 가정이 잘못이라면, 결론이 틀릴 수 있다. 마찬가지로 빠진 데이터가 SDD라고 믿었지만 아내가 자기 나이를 밝힐지 여부에 관한 결정이 오직 남편의 나이에만 종속적이라는 가정이 틀렸다면, 역시 우리는 틀린 결론에 이를 수 있다. 어떤 분석이든 그 데이터가 어떻게 생성되었는지에 관해 가정하게 마련이며, 그 가정이 틀렸다면 당연히 결론도 틀리게 마련이다. 따라서 우리는 최대한 확신이 가는 가정을 세우고, 가능하다면 그 가정을 검증할 방법을 찾기를 원한다. 이를 위해 다양한 전략이 연구되었다.

아마도 가장 기본적인 전략은 데이터가 기술하는 분야에 관한 전문지식을 이용하는 것이다. 여러분이 사람들이 데이터에 특별히 민감해하는 분야에서 일한다면, 빠진 데이터가 UDD라고 짐작할지 모른다. 가령 코카인 사용과 관련된 설문조사 질문들은 대중교통 이용과 관련된 질문들보다 UDD일 가능성이 더 크다.

일반적으로 왜 데이터가 누락되는지는 동일 주제의 다른 연구들, 또는 관련 분야의 연구들이 조명해줄지 모른다. 하버드대학교 통계학자인 샤오리 멍Xiao-Li Meng은 이 방법을 이용하여 빠진 데이터가 결론에 끼치는 영향을 멋지게 정량화해냈다.[3] 그는 한 추산치의 정확도를 여러 성분으로 분해했는데, 성분들 중 하나는 어느 한 값이 빠졌는지 여부와 그 값 자체의 크기 사이의 상관관계였다. 그런 다음에 어떻게 이 상관관계의 크기 지표를 다른 분야의 비슷한 데이터 출처들에서도 얻을 수 있는지 설명했다.

데이터가 누락되는 이유를 더 적극적으로 파헤치는 전략도 있다. 바로 빠진 데이터의 일부를 직접 모으려고 시도하는 전략이다. 이 방법을 다음 절에서 자세히 다루겠다.

때때로 통계 검사가 사용될 수 있다. 이를테면 아내가 나이를 답했는지 아닌지에 따라 남편들을 두 집단으로 나눌 수 있다. 이 두 집단에 대해 남편의 나이 분포 형태가 차이를 보이면 데이터가 NDD가 아닐지 모른다. 미국 통계학자 로더릭 리틀Roderick Little은 빠진 데이터에 대처하는 방법을 연구하는 데 탁월한 전문가다. 그는 다중 변수에 관한 빠진 데이터가 NDD인지를 알아내는 일반적인 통계 검사를 개발했다.[4] 또한 데이터가 SDD인지 여부를 알아내는 통계 검사도 개발되었는데, 하지만 이 검사는 모형에 관한 가정에 민감했다. 이 말은 데이터에 관한 기본 모형이 잘못 세워졌다면 결론도 틀리게 된다는 뜻이다. 이 역시 놀랄 만한 일이 아니다.

앞서 보았듯이 데이터가 누락되는 메커니즘 식별하기, 그리고 특히 (누락되지 않았다면) 얻었을 값들 때문에 데이터가 얼마나 누락되었는지를 알아내는 일은 틀린 결과를 피하는 데 중요하다. 누락된 데이터가 어느 특정 유형일 때도 있지만 서로 다른 유형들이 뒤섞여 있을 때도 있다. 이 세 가지 과정은 상호배타적이지 않으며, 누락된 데이터의 일부가 NDD라고 해서 꼭 다른 누락된 데이터가 UDD가 아니라는 뜻은 아니다. 그렇기는 해도 누락된 데이터를 이런 방법으로 분류할 수 있다면, 누락된 데이터 다루기의 어려움을 잘 공략하고 있는 셈이다.

누락된 데이터를 구별해서 식별하는 법 세 가지(NDD, SDD, UDD)를 익혔으니, 이제 다크 데이터에 대처할 실질적인 방법을 탐구해보자. 다음 절에서 단순하고 널리 쓰이면서 종종 틀리기도 하는 방법 몇 가지를 살펴보자.

이미 가진 데이터를 활용하는 법

데이터 누락의 메커니즘을 알아내면 그 문제에 대처할 강력한 방법을 얻을 수 있다. 하지만 그러려면 매우 정교한 수준의 이해가 필요하므로 좀 더 간단한 방법들을 채택할 때가 많다. 명백하고 직접적인 이 방법들은 통계 소프트웨어 패키지 형태로 널리 사용된다. 안타깝게도 '더 간단한' '명백한' '직접적인'이라는 표현이 꼭 타당한 것이라는 뜻은 아니다. 그런 방법들과 그 속성들의 일부를 살펴보고, 그것들이 왜 UDD, SDD, NDD 구분과 관련이 있는지 알아보자.

도표 6은 체중감소 식단 연구 초반에 모은 데이터의 종류를 보여주는 작은 표본이다. '무응답'이라는 표시는 그 칸의 값이 기록되지 않았다는 뜻이다.

도표 6. 한 체중감소 식단 연구의 데이터 표본

나이	키(cm)	몸무게(kg)	성별
32	175	무응답	남성
무응답	170	90	남성
무응답	180	무응답	남성
39	191	95	무응답
53	무응답	86	남성
38	무응답	90	여성
61	170	75	무응답
41	165	무응답	여성
무응답	158	70	여성
31	160	무응답	여성

완전 사례 분석

첫째, 도표에서 완전한 줄, 곧 모든 특성에 대해 측정값이 있는 줄만을 이용할 수 있다. 앞에서 설명했듯이 이는 다크 데이터가 NDD라고 믿을 경우 타당한데, 이런 분석 방법을 '완전 사례 분석complete case analysis'이라고 한다. 하지만 도표 6을 살펴보고서 완전 사례 분석을 해보면, 다크 데이터가 NDD인 경우라도 생길 수 있는 한 가지 문제점이 금세 보일 것이다. 도표의 모든 줄에 적어도 한 가지 값이 빠져 있다. 불완전한 줄을 빼버리면 데이터가 전혀 남지 않는다.

매우 극단적인 사례일지 모르지만(솔직히 내가 꾸며낸 사례이지만), 설령 널 극단적인 경우에소차 이 방법은 표본 크기를 크게 줄일 우려가 있다. 1,000개의 기록을 바탕으로 결론을 이끌어내면 만족스러울 수 있지만, 고작 20개의 기록만으로 결론을 내리면 당연히 불만족스럽기 마련이다. 비록 데이터가 NDD여서 완전하게 관찰된 20개의 기록이 전체 인구를 적절히 대표한다고 할지라도 그렇게 작은 표본에서 기인하는 가변성 때문에 결론의 정확도에 믿음이 가지 않는다.

물론 다크 데이터가 NDD가 아니라면 표본 크기가 조금만 작아지더라도 왜곡된 데이터 세트가 얻어지고 만다.

이용 가능한 모든 데이터 사용하기

두 번째 단순한 방법은 우리가 가진 모든 데이터를 사용하는 것이다. 예를 들어 나이가 기록된 것이 일곱 줄이라면, 그 일곱 줄의 값만을 이용하여 평균 나이를 추산할 수 있다. 이번에도 빠진 나이가 포함된 기록들이 나머지 기록들과 어떤 식으로든 다르지 않더라도 (데이터가 NDD이더라도) 괜찮다. 하지만 빠진 값이 나머지 값들과 다른 경향이 있다면, 우리는 틀린 결론을 얻을 수 있다. 가령 도표 6에서 나이가 많은 여성들의 나이가 빠졌다면, 이 방법을 쓰면 평균 나이가 낮게 추산되고 만다.

이 방법에서 또 한 가지 문제가 생길 수 있다. 각 기록마다 서로 다른 특성값이 누락되어 있다. 다시 말해 어떤 기록에는 나이가, 다른 기록에는 몸무게가 누락되어 있다. 그러므로 우리가 이 방법을 사용한다면 평균 나이를 추산하는 대상과 평균 몸무게를 추산하는 대상이 서로 다르다. 따라서 만약 무거운 사람들의 몸무게값들이 빠지기 쉬운 경향이 있고 키가 작은 사람들의 키값이 빠지기 쉬운 경향이 있다면, 이 방법은 인구 집단이 키가 크고 가냘픈 사람들로 이루어져 있다는 그릇된 인상을 줄 수 있다. 당연히 이런 방법은 모순을 낳을 수 있다. 가령 변수들의 쌍 사이의 관계를 연구한다면, 나이/몸무게 상관관계와 나이/키 상관관계가 몸무게와 키의 데이터에서 직접 계산한 결과와 상충하는 몸무게/키 상관관계를 암시한다는 결론에 이를지 모른다. 그러면 우리는 진퇴양난에 빠지고 만다.

빠진 값 패턴

세 번째 전략은 어느 특성들이 빠졌는지에 따라 기록들을 분류해 분석하는 것이다. 가령 기록에서 몸무게가 빠진 사람들을 몸무게가 기록된 사람들과 별도로 분석할 수 있다. 도표 6에는 다섯 가지의 빠진 데이터 패턴이 있다. 몸무게만 빠진 경우, 나이만 빠진 경우, 몸무게와 나이가 빠진 경우, 성별만 빠진 경우, 키만 빠진 경우. 표본 크기가 고작 12건이므로 빠진 데이터의 각 패턴에 해당하는 기록들이 많지 않지만(각각 3, 2, 1, 2, 2건), 표본이 더 커지면 각각의 패턴별로 사례들을 분석할 수 있다. 이런 식의 접근법은 데이터 누락 메커니즘 세 가지 중 어느 것에도 적용될 수 있지만, 모든 결론을 취합하여 하나의 유용하고 요약된 결론을 내기는 어려울지 모른다. 게다가 데이터 세트가 커지고 측정되는 변수가 많아지면 누락된 데이터의 패턴이 많아질 수 있다!

이런 식의 접근법은 빠진 값이 생긴 이유가 그 값이 존재하지 않기 때문일 때 특히 타당하다. 2장에서 언급했듯이 설문조사에서 '배우자의 소득'이 빠진 이유가 응답자한테 배우자가 없기 때문일 경우 타당하다. 그렇다면 두 가지 다른 종류의 사례, 곧 배우자가 있는 (그래서 값을 내놓은) 응답자들과 배우자가 없는 응답자들을 분석하면 된다. 하지만 '배우자의 소득'이 빠진 이유가 단지 소득을 밝히길 거부하거나 잊었기 때문이라면 이런 접근법은 타당하지 않을지 모른다.

또한 이 사례는 빠진 값의 종류에 따라 다른 규칙을 적용하는 것이 중요함을 보여준다. 무응답은 갖가지 사정을 덮을 수 있기 때문에 단순히 '불명(알려지지 않음)'으로 분류하는 것은 도움이 안 될지 모른다.

인내심과 황금 표본

앞에서 우리는 모집단의 큰 부분에 대한 데이터가 빠진 여러 상황을 살펴보았다. 데이터가 빠진 이유는 사람들이 설문조사의 질문에 답하길 거부했거나, 검사 결과 그 사람들이 질병에 걸리지 않았다고 파악되었거나, 데이터 결합 과정에서 서로 다른 데이터베이스들이 제대로 일치되지 않았거나, 그 밖의 여러 이유 때문일지 모른다. 만약 데이터를 내놓지 않은 사람들을 식별할 수 있다면(아마도 그들이 특정 부류에 속하는 기준을 충족했거나 단지 누가 응답했고 응답하지 않았는지를 알아낼 설문조사의 표본추출틀과 같은 목록이 존재하기 때문에) 아주 간단한 전략으로 빠진 데이터를 가진 사람들(또는 그 일부)을 이후로 계속 조사할 수 있을 것이다. 효과적으로 조사한다면 데이터 누락 메커니즘으로 인해 생기는 어려움을 극복할 수 있다.

사실 이러한 조사 방법은 설문조사 작업에서 널리 채택되는 전략으로서, 무응답자와 연락하기 위한 종합적인 노력과 함께 실시된다. 인터뷰를 성사시키려고 반복적으로 전화를 건다면, 응답자의 특성과 (연락이 닿기 위한) 전화 걸기 시도 횟수 사이의 관계를 모형화할 수 있다. 그러면 이 관계를 이용하여 전혀 연락이 닿지 않는 사람들까지 포함하도록 결과를 조정할 수 있다.

추가적인 데이터 사용하기 전략은 다양한 형태로 적용할 수 있다. 앞서 나온 사례를 다시 들어보자.

2장에서 우리는 소비자금융 또는 개인금융(우리가 거의 매일 관여하는 유형) 분야의 다크 데이터를 간략히 살펴보았다. 이때 잠재적인 신청자 전부를 대상으로 삼는 모형을 세우기란 매우 어려운데, 입수할 수 있는 데이터가 대체로 왜곡된 표본이기 때문이다. 이를테면 대출을 받지 못한 신청자에 대해서는 결과가 어떻게 될지 (채무불이행일지 채무이행일지) 결코 알지 못한다. 소비자금융 분야에서 그런 사람들의 결과가 어땠을지 추론하기 위해 거절자 추론 reject inference이라는 개념이 등장했다. 이 '거절자들rejects'은 대출을 받은 '승인자들accepts'과 대조를 이룬다. (과거에는 소비자 신용 산업에서 용어 선택을 신중히 하지 않았다. 그래서 '거절자' '서브프라임 신청자', 심지어 '레몬' 같은 여러 용어가 쓰였다.) 거절자 추론은 빠진 값에 대처하기 위한 매우 일반적인 한 가지 전략의 특수한 경우인데, 대치imputation라고 불리는 이 전략은 이 장의 후반부에 다시 논의한다.

관찰되지 않은 결과를 추론하는 데 관심을 기울이는 까닭은 여러 가지다. 기본적인 이유는 우리가 선택한 기법이 얼마나 잘 작동하는지 보기 위해서다. 가령 그 기법이 채무불이행에 빠지지 않을 신청자를 많이 거절하는지 알기 위해서다. 두 번째 이유는 새로운 신청자의 결과를 예측하는 모형을 더 잘 세우기 위해서다. 어쨌거나 모형이 모집단의 일부(이전에 대출받은 사람들)만을 바탕으로 세워졌다면, 신청자들 전체 모집단에 적용할 때 꽤 다른 결과가 나올지 모른다. 1장에서 이미 살펴보았던 문제이기도 하다.

내가 연구에 참가한 한 은행은 대출을 받지 못한 사람들의 결과가 드러나지 않는 문제를 공략하기 위해 자칭 '황금 표본gold sample'을 확보했다. 이것은 그 은행의 이전 대출 기준에 맞지 않아서 거절당했던 사람들의 표본이다. 채무불이행 확률이 높다고 판단되었지만, 그럼에도 은행은 대출을 해주면 얻게 될 정보 때문에 그 사람들이 포함된 (작은) 무작위 표본을 허용했다. 이 전략 덕분에 은행은 대출을 받고서 채무불이행에 빠질 가능성이 큰 유형의 사람들에 관해 더 나은 모형을 세워서 장래에 누구에게 대출할지를 더 잘 결정할 수 있게 되었다.

안타깝게도 모집단에서 빠진 부분을 보충하기 위해 또 다른 표본을 모으는 것이 언제나 가능한 것은 아니다. 하지만 때로는 다른 비슷한 문제들(가령 비슷한 나라 인구의 나이 분포)이나 이론적 주장들(가령 전구의 물리학을 바탕으로 한 전구 수명의 분포 형태)을 통해 전체적인 분포 형태가 어떤지를 알아낼 수 있다. 그럴 경우 선택 기준만 안다면 우리가 관찰하는 분포의 일부를 이용하여 전체 분포(분포의 특징들, 가령 평균값)를 추산할 수 있다.

생존분석 문제: 당신이 먼저 죽는다면?

어떤 특정 사건이 생기기까지 얼마나 오래 걸릴지가 관심사일 때가 종종 있다. 우리는 어떤 이가 직장을 얼마나 오래 다닐지, 결혼생활이 얼마나 오래갈지, 얼마나 지나야 엔진이 고장 나는지 알고 싶을지 모른다. 외과수술을 할 때 때로는 혈압강하제를 써서 환자의 혈압을 낮출 필요가 있다. 하지만 수술이 끝나면 의사는 환자의 혈압이 최대한 빨리 정상으로 돌아오길 원한다. 따라서 그 시간이 얼마나 오래 걸릴지, 그리고 그 시간이 수술하는 동안의 혈압 수치와 관련이 있는지 여부는 매우 중요하다. 더 일반적인 건강 관련 문제로서, 우리는 어떤 이가 죽기까지, 병이 재발하기까지, 또는 한 장기가 망가지기까지 얼마나 오래 걸릴지 알고 싶을 수 있다.

이런 유형의 문제를 가리켜 생존분석survival analysis 문제라고 한다. 이는 특히 의학에서 긴 역사를 지닌 문제다. 사람들이 일반적으로 얼마나 오래 살지가 관건인 보험계리 업무의 생명표life table와 밀접한 관계가 있으며, 제품이 얼마나 오래 작동하다 고장 날지가 관건인 제조업의 신뢰성 분석 방법과도 밀접한 관계가 있다.

생존 가능 시간을 추산하기가 얼마나 어려운지는 3기 전립선암 환자들의 사례에서 잘 드러난다. 3기란 암이 근처 조직에 퍼진 증거가 있다는 뜻이다. 두 치료법 중 어느 것이 생존 기간을 늘리는 데 더 효과적인지 알아내려면 환자들을 두 치료법에 무작위로 할당하여 두 집단의 평균 생존 시간을 비교하면 된다. 하지만 일부 환자는 오랜 시간, 어쩌면 수십 년까지 생존하는데, 우리는 어느 치료법이 나은지 알려고 수십 년을 기다리려고 하지 않는다. 그러므로 연구는 아마도 모든 환자가 사망하기 전에 끝날 것이다. 다시 말해 우리는 연구 종료일을 지나서까지 산 환자들의 생존 시간을 알려고 하지 않을 테니, 그 데이터는 빠지고 만다. 게다가 어떤 환자들은 전립선암 대신 다른 이유로 사망할 수 있다. 이 환자들에 대해서도 그들이 암으로 사망하기 전에 얼마나 오래 살았을지에 관한 데이터는 빠지고 만다. 그리고 늘 그렇듯 어떤 환자들은 연구와 무관한 이유로 중도 하차할지 모른다. 그들의 생존 시간 또한 다크 데이터다.

진짜 생존 시간이 관찰되지 않는 사람들을 무작정 무시한다면 대단히 그릇된 결론이 나올 수 있다. 치료법 중 하나가 매우 효과적이라고, 그래서 이 치료법을 적용받은 환자 중에 두 명만 빼고 전부 연구 끝까지 살아남는다고 가정하자. 이때 그 두 환자를 제외한 전부를 무시했다면 이 치료법의 효과는 크게 과소평가되고 만다.

하지만 우리는 연구가 끝난 이후로도 살아남은 환자들, 다른 이유로 죽은 환자들, 연구를 중도 하차한 환자들의 생존 시간은 모르더라도 그들이 측정을 그만둔 시간은 안다. 이 시간을 가리켜 '중도 절단' 시간censored time이라고 하는데, 중도절단이 생긴다는 것은 환자가 연구에 참가하기 시작한 때와 전립선암으로 사망했을 때의 간격이 환자가 연구에 참여한 시간 간격보다 길다는 뜻이다.

1958년에 《미국통계협회저널Journal of the American Statistical Association》에 실린 매우 중요한 논문에서 에드워드 카플란Edward Kaplan과 폴 마이어Paul Meier는 어떤 생존 시간이 측정된 시간보다 더 길다는 사실을 인정하면서 사람들이 어느 특정한 시간을 넘어서 생존할 확률을 추산하는 방법을 내놓았다.[5] 이 논문의 중요성은 카플란-마이어 논문이 역사상 열한 번째로 가장 많이 인용된 논문이라는 조지 드보르스키George Dvorsky의 보고서에서 잘 드러난다.[6] 과학 논문의 수가 5천만 건이 넘는 점을 감안하면 상당한 업적이 아닐 수 없다.

때때로 우리는 사람들이 특정 시간보다 더 오래 생존할 확률을 추산하는 것 이상을 원한다. 이를테면 평균 생존 시간을 추산하고 싶어할지 모른다. 이제 생존 시간들의 분포는 오른쪽으로 비스듬하다positively skewed. 이는 긴 생존 시간들이 짧은 생존 시간들보다 드물며, 짧은 생존 시간들이 많고 매우 긴 생존 시간들은 아주 적다는 뜻이다. 통계학자들은 그런 분포를 "긴 꼬리가 있다"라고 묘사한다. 오른쪽으로 비스듬한 분포에서 상위에 있는 소수의 값들이 대다수의 값들보다 매우 크다는 점을 고려할 때, 그 값들을 분석에 포함시키지 않으면 평균값의 추산에 막대한 영향을 끼칠 수 있다. 빌 게이츠Bill Gates를 포함한 다른 억만장자들을 모조리 빼고 미국인들의 평균 부를 계산한다고 생각해보자. 그 결과는 심각하게 낮은 값이 될 것이다. 마찬가지로 생존 시간의 평균값을 계산할 때 가장 오래 생존한 사람들을 제외한다면 결론을 크게 왜곡시킬 것이 분명하다.

그렇다면 이 문제를 어떻게 해결할 수 있을까?

이상적이라고 할 수 있는 표본의 추가 수집, 이 사안의 경우 전립선암으로 죽기 전에 중도 하차한 사람들의 생존 시간을 수집하는 것은 불가능하다. 다시 말해 전립선암 이외의 이유로 사망한 사람들이 만약 다른 이유로 죽지 않았다면 전립선암으로 죽기까지 얼마나 오래 살았을지 알기 위해 그들의 표본을 추가로 모을 수는 없다(이 또한 반사실의 문제다).

그래서 대신 우리는 추가로 데이터를 모을 수 없는 사람들의 분포를 모형화할 다른 방법에 기대야 한다. 흔한 전략은 생존 시간들의 전체 분포가 어떤 낯익은 형태를 띤다고 가정하는 것이다. 이 가정은 과거의 경험과 다른 질병에 대한 측정을 바탕으로 세워질지 모른다. 예를 들어 생존 시간들이 지수 분포를 따른다는 흔한 가정이 있다. 이것은 작은 값들이 많고 매우 큰 값들이 아주 적은, 오른쪽으로 비스듬한 분포들 가운데 특히 낯익은 유형이다. 오른쪽으로 비스듬한 여러 분포 유형 중 어느 것을 선택할지는 측정된 생존 시간들을 사용해서 결정할 수 있는데, 이때 중도절단 시간이 측정된 중도 하차 시간보다 반드시 더 길어야 한다는 원칙을 따라야 한다.

이 접근법이 많은 경우에 합리적일지 모르지만, 우리가 지수 분포가 적절하다고 가정했다는 사실을 결코 잊어서는 안 된다. 늘 그렇듯이 가정이 비현실적이면 결론이 틀릴 수 있다.

생존 분석은 해당 원인으로 인한 사망자에게서 측정된 '알려진 생존 시간'을 다른 사람들의 생존 시간이 일정 시간 이상 더 길다는 '알려진 사실'과 결합한다. 만약 그 다른 이들의 생존 시간을 추산할 수 있다면 모든 생존 시간(측정된 시간들과 추산된 시간들)을 요약할 수 있다. 그렇게 하면 빠진 값들에 대처하는 매우 일반적인 방법, 곧 대치법이 나온다.

대치법: 빠진 데이터 채워넣기

불완전한 데이터를 공략하기 위해 자연스레 제안되는 방법은 임의의 빠진 값들을 대신할 값들을 삽입하여 데이터를 완성하는 것이다. 이 전략을 '대치법imputation'이라고 한다. 빠진 값들을 일단 대치하고 나면 데이터의 결점을 걱정하지 않아도 되어 우리가 원하는 방식으로 마음껏 데이터를 분석할 수 있다. 예를 들어 도표 6의 빠진 나이에 대해 일단 값들을 채운다면, 표본의 열 명 전원의 평균 나이를 간단하게 계산할 수 있다. 하지만 이 접근법은 얼핏 데이터를 꾸며낸다는 말처럼 들리기도 해서, 부정행위로 비난받고 싶지 않다면 그런 채워넣기를 어떻게 할지 심사숙고해야 한다. 게다가 관찰되지 않은 값들이 NDD냐 SDD냐 UDD냐에 따라 상황이 다르다. 만약 빠진 값이 SDD라면, 우리는 대치될 값이 이미 관찰된 데이터의 양상에 따라 달라지게 만들려고 할 것이다. 만약 빠진 값이 UDD라면 관찰된 값은 대치될 값이 무엇이어야 하는지에 관해 알려주는 바가 거의 없다. 따라서 부적절한 값을 채워넣으면 전체 결론이 틀리게 나올 수 있다.

빠진 값을 대치하면 분석이 단순해질 수 있는데, 많은 통계 방법이 데이터의 균형과 대칭에 바탕을 두고 있기 때문이다. 나는 사출 성형 플라스틱 자동차 부품 제조업자에게 조언을 해준 적이 있다. 그는 세 가지 요소(거푸집 내의 온도, 압력, 시간)를 어느 수준으로 조합해야 최고 품질의 제품이 나올지 알고 싶어했다. 온도의 두 수준, 압력의 두 수준, 시간의 두 수준을 시험했다(실제로 시험한 수준은 세 가지 이상이었지만, 각 요소에 대해 높은 수준과 낮은 수준으로 상황을 단순화해 부르기 위해 여기서는 두 가지만 다룬다). 각 요소마다 두 가지 수준이 있으니 총 여덟 가지 조합이 나온다. 가령 세 요소 모두 높은 수준, 첫 번째와 두 번째 요소는 높은 수준이고 세 번째 요소는 낮은 수준 등의 조합이 가능하다. 제조업자는 이 여덟 가지 조합 각각에 대해 제작 공정을 여러 차례 수행했고, 각각의 제작 과정을 통해 품질을 평가할 수 있는 완성된 부품이 나왔다. 이와 같은 실험에서 세 요소의 조합 모두 동일한 개수의 부품이 생산된다면 편리한 수학 공식을 이용하여 결과를 내놓을 수 있다. 하지만 조합별로 부품의 개수가 다르게 생산된다면 분석이 어려워진다. 특히 요소의 조합 각각에 사례의 수가 동일하게 할당되도록 균형이 잘 잡힌 원래의 설계에서 몇몇 값이 빠진다면(가령 정전으로 제조 과정에서 일부가 작동에 차질을 빚었다면) 균형이 어긋난 상태가 되고 만다. 그러면 분석이 더욱 복잡해져서 더 정교한 계산이 필요하다. 데이터를 다시 균형 있게 만들기 위해 대치값을 채워넣자는 발상은 분명 아주 매력적이다.

빠진 관찰을 채우는 대치는 매우 유용하지만, 우리가 매번 다른 값을 채워넣으며 그 과정을 반복한다면 그때마다 다른 결과가 나올 것이다('데이터 꾸며넣기'라는 말이 있음을 기억하라). 값을 채워넣는 목적은 단지 계산을 쉽게 만들면서도 결과를 왜곡하지 않으려는 것이므로, 우리는 '균형 잡힌 완전한 데이터를 바탕으로 한 단순한 계산'이 '불완전한 데이터를 이용한 길고 복잡한 계산'과 동일한 결과를 내놓을 수 있도록 대치값을 찾으려 할 것이다.

이 매력적인 발상은 일부 단순한 상황에서는 가능하지만, 한편으로 순환논리에 빠지는 듯하다. 결과에 영향을 끼치지 않을 만큼 중요한 채워넣기 값들을 애초에 더 긴 계산을 하지 않고서 어떻게 찾을 수 있단 말인가? 나중에 다시 살펴볼 텐데, 이 질문에 답하려고 시도함으로써 우리는 데이터 내에서 무슨 일이 벌어지는지 깊이 통찰할 수 있다. 하지만 먼저 기본적인 대치법을 더 자세히 살펴보자.

평균 대치법

흔한 대치법 중 하나는 빠진 값을 기록된 값들의 평균으로 대체하는 것이다. 이 방법에 따르면, 도표 6에 나오는 세 개의 모르는 나이값을 일곱 개의 아는 나이값으로 대체할 수 있다. 아주 단순한 이 전략은 많은 데이터 분석 소프트웨어 패키지를 통해 쉽게 이용할 수 있다. 하지만 앞서 보았듯이 다크 데이터에 단순한 전략으로 대처하다가는 문제점이 있을 가능성이 크다. 일례로 우리가 줄곧 접하는 한 가지 문제점이 있다. 빠진 값들이 나머지 값들과 어떤 식으로든 체계적으로 다르다면, 나머지 값들의 평균으로 빠진 값을 채웠다가는 뻔히 틀린 결과가 나올 수 있다. 이를테면 나이가 빠진 세 사람이 다른 일곱 사람보다 나이가 많다면, 그들의 나이를 다른 일곱 명의 평균 나이로 대체하는 것은 결코 좋은 생각이 아니다. 따라서 이 해법은 빠진 데이터가 NDD라면 괜찮지만 다른 유형이라면 문제가 생길 수 있다.

하지만 안타깝게도 평균 대치법에는 또 다른 문제가 있다. 빠진 값들이 모두 측정되었더라면 실제로 그 값들이 모두 동일했을 가능성은 매우 낮다. 다시 말해 빠진 값들 전부가 똑같은 값으로 '채워진' 데이터는 억지로 동질화되어버린다. 이를 도표 6의 나이에 적용하면, 나이값들의 완전한 표본들의 편차(값들이 얼마나 서로 다른지를 나타내는 척도)는 아마도 모든 나이를 측정했다면 얻어졌을 실제 편차보다 작을 것이다.

최종 측정치 이월

도표 6의 빠진 값들은 아무 패턴도 없이 아무렇게나 빠진 듯 보인다. 이와 달리 앞서 보았듯이, 사람들은 시간이 지나면서 중도 하차하므로, 각각의 기록은 중도 하차 시간까지는 완전하며 그 이후로는 모든 값이 빠진다. 이 점이 두드러지게 드러난 예가 2장에 나온 그림 4다.

이러한 중도 하차 패턴이 생길 경우 '최종 측정치 이월last observation carried forward, LOCF'이라는 대치법을 사용할 수 있다. 가령 어느 환자의 빠진 값을 이전 기록값 중 가장 최근의 값으로 대체하는 방법이다. 이 방법은 측정이 이루어진 시간과 빠진 값의 시간 사이에 상황이 변하지 않는다고 가정한다. 꽤 대담한 가정이다(여기서 '대담한'은 '무모한'의 에두른 표현이다). 우리가 계속 관찰을 새로 하는 까닭은 시간에 따라 상황이 변한다고 여기기 때문이므로 이 방법이라면 지혜로운지 의심이 들 수 있다.

그러므로 LOCF 방법이 다음과 같은 비판을 받아온 것은 별로 놀랄 일이 아니다.

- "치매 연구에서 가장 부적절한 연구 기법에 상을 준다면, 단연 '최종 측정치 이월'에 상이 돌아갈 것이다."[7]
- "LOCF를 이용한 모든 분석은, 겉만 번지르르하다고 할 정도는 아니지만, 진실성이 의심스럽다. (…) LOCF는 어떤 분석에서도 결코 사용되어서는 안 된다."[8]
- "LOCF와 평균값 치환은 둘 다 빠진 데이터로 인한 불확실성을 설명해주지 못하며, 추정치의 명시된 정확도를 엉터리로 증가시키고 대체로 편향된 결과를 내놓는다."[9]
- "LOCF의 사용은 통계학적으로 무원칙한 행위로서, 아주 예외적으로만 정당화될 수 있는 가정에 바탕을 두고 있다."[10]

다른 변수를 이용하여 예측하기

지금까지 우리가 살펴본 대치법은 단순했다. 관찰된 값들의 평균을 이용하거나 동일한 대상(가령 환자)에게서 나온 이전의 값을 이용하는 방식이었다. 하지만 더 정교한 전략은 빠진 값을 지닌 변수와 다른 변수들 사이의 관계를 모형화한 다음에, 다른 변수에서 관측된 값을 이용하여 빠진 값을 예측하는 것이다. 모형은 모든 값이 관찰되어 있는 사례들을 바탕으로 세워질 수 있다. 사실 앞에서 SDD 유형의 정의를 살펴볼 때 이 개념을 만난 적이 있다.

가령 도표 6(299쪽)에는 나이값과 몸무게값이 둘 다 있는 줄이 네 개다. 그림 6에 이 네 점이 표시되어 있다. 우리는 이를 이용하여 나이와 몸무게의 관계를 나타내는 단순한 통계 모형을 세울 수 있다. 그림의 직선이 적절한 모형일 수 있는데, 여기서 파악할 수 있는 사실은 나이가 많을수록 몸무게가 줄어든다는 것이다(현실에서라면 고작 네 개의 점으로 된 작은 표본에 모형을 끼워맞추는 것은 추천하지 않겠다!) 이제 우리는 나이값이 기록되어 있을 때 그에 대응하는 몸무게값을 이 모형을 이용하여 예측할 수 있다. 도표 6의 여덟 번째 사람의 경우 나이는 41세이지만 몸무게는 모른다. 위 모형의 직선에 따르면 그녀의 몸무게는 대략 91킬로그램이라고 짐작된다.

이것은 관측된 몸무게값들의 평균 채워넣기라는 개념의 확장이긴 하지만, 도표에 나오는 다른 정보를 활용한 더욱 정교한 통계 모형을 이용하고 있다. 더 많은 정보(몸무게만이 아니라 나이값)를 이용하고 있으므로, 이 전략은 단지 평균만 이용할 때보다 더 나은 결과를 내놓을 수 있다. 특히 누락된 몸무게가 SDD 유형, 그러니까 몸무게가 누락될 확률이 오직 나이에 따라 달라지는 유형이라면 이 방법이 적절하다. 하지만 빠진 데이터가 UDD 유형이라면 이 방법을 적용하기가 곤란하다. 그렇기는 해도 이 모형을 이용한 예측 전략에는 매우 강력한 개념의 씨앗이 담겨 있음이 밝혀졌다. 이는 나중에 다시 살펴보기로 한다.

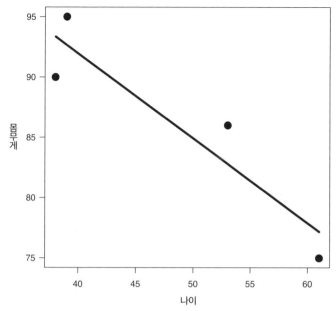

그림 6. 나이와 몸무게가 둘 다 기록된 도표 6의 줄에 나오는
데이터로 표시한 나이와 몸무게 사이의 관계

핫데크 대치법

관찰된 값을 바탕으로 삼는 또 하나의 단순한 대치법은 이름도
이색적인 '핫데크 대치법hot deck imputation'이다. 이 방법은 부분적인 기
록에서 빠진 값을 대체할 값을 찾기 위해 그 부분적인 기록을 빠진
값이 없는 다른 기록들과 맞추어본다. 그런 다음에 가장 유사한 기
록들 중에서 하나를 골라 그 값을 빠진 값 대신 사용한다. 예를 들
어 설명해보자. 도표 6에서 첫 번째 여성은 키값이 빠져 있다. 이 줄
을 다른 줄과 비교해보면 성격이 비슷한 두 줄이 나온다. 41세 여성
과 31세 여성의 경우로서 키값이 기록되어 있으며, 이 두 나이는 키

가 빠져 있는 38세 여성의 나이와 크게 차이 나지 않는다. 따라서 우리는 이 둘 중 하나를 무작위로 골라서 그 키값을 38세 여성의 무응답 칸에 채워넣는다. 이 두 여성의 키는 165센티미터와 160센티미터다. 가령 41세 여성을 골랐다면 38세 여성의 빠진 키값 대신 165센티미터를 채워넣는다.

이 방법의 이름은 데이터를 천공 카드에 저장하던 시대에서 나왔다. 과거에는 꽤 널리 쓰인 이 방법이 매력적인 까닭은 단순하며 어떤 복잡한 통계학도 개입하지 않기 때문이다. 이 방법은 기록들 사이의 유사성의 정도만 계산하면 되는데, 그것은 다음 질문들처럼 '유사성'을 어떻게 정의하느냐에 따라 달라진다. 유사성의 정도를 계산할 때 다른 변수들 중 어느 것을 사용할까? (전부?) 전체적인 측정치를 알아내려면 다른 변수들을 어떻게 결합해야 할까? 그리고 다른 변수들 중 몇몇은 나머지보다 더 중요하고 더 가중치가 높다고 간주되어야 할까?

다중 대치법

앞서 보았듯이 대치법의 한 가지 문제는 대치값을 다르게 할 때마다 결과가 다르게 나오는 것이다. 하지만 사실 우리는 그 점을 활용할 수 있다.

대치를 통해 다 채워진 데이터 세트 각각은 관측될 수 있었던 데이터의 있을 법한 구성에 해당한다. 그렇게 다 채워진 데이터 세트에서 계산해낸 요약 통계는 데이터에 빠진 값이 없었더라면 얻었을지도 모르는 해당 통계의 있을 법한 값에 해당한다. 달리 말해 서로 다른 대치값들을 이용하여 대치를 여러 번 반복하면 완전해진 데이터 세트 각각에 대한 요약 통곗값들의 분포가 얻어진다. 이 분포로부터 요약 통계의 불확실성이나 분산과 같은 다양한 매개변수를 추산할 수 있다. 다시 말해 단일한 '최상의 추산치'를 얻는 대신 우리는 그 분포가 가질 수 있는 서로 다른 값들이 얼마만큼 확실한지 알게 된다.

이 전략은 대치를 반복한다는 것에 걸맞게 '다중 대치법multiple imputation'이라고 불리며, 빠진 데이터 문제를 공략하기 위해 매우 널리 사용되어왔다.

반복: 최대가능도 모형과 EM 알고리즘

이제껏 우리는 빠진 데이터를 대체할 몇 가지 단순한 방법을 살펴보았다. 또한 다른 관찰된 변수들을 이용하여 빠진 값을 추산하는 더욱 정교한 방법도 살펴보았다. 추정 관계를 이용해 동일한 자료상의 다른 관찰값으로부터 빠진 값을 예측한다는 발상은 강력하고 반복적인 개념 하나를 내놓았다. 이 개념은 '가능도likelihood의 법칙'에 바탕을 두고 있다.

임의의 주어진 데이터 세트에 대해, 그리고 그 데이터를 생성해 낸 메커니즘으로 제안된 통계 모형에 대해, 우리는 그런 데이터 세트가 해당 모형에서 발생할 확률을 계산할 수 있다. 가능도의 법칙은 이를테면 두 가지 통계 모형 중에서 그 데이터가 생길 확률이 더 높은 모형을 선택해야 한다는 원칙이다. 더 일반적으로 말해서 한 데이터 세트에 대해서 여럿 또는 다수 또는 무한한 개수의 설명이 가능할 경우, 이 법칙에 따르면 우리는 그 데이터 세트를 만들어낼 확률이 가장 높은 설명을 선택해야 한다. '반복적 접근법iteration approach'이란 NDD 또는 SDD 유형의 빠진 데이터가 있을 때 그 데이터 세트를 생성할 확률이 가장 높은 모형을 찾는 방법이다.

우선 첫 대치값을 빠진 값 대신 넣는다(이 첫 대치값은 우리가 원하는 대로, 심지어 무작위적 추측으로 선택한다). 그리고 나서 완전해진 전체 데이터 세트(이전에 관찰된 값들과 빠진 값 대신 채워진 값들)를 이용하여 변수들 사이의 관계를 추산하는데, 이때 '최대 가능도(최대 우도) 접근법maximum-likelihood approach'을 이용한다. 그다음으로 이렇게 추산된 관계를 이용하여 빠진 값에 대한 새로운 대치값을 얻는다. 그리고 나서 새로운 값으로 다 채워진 데이터를 이용하여 다시 관계를 추산하는데, 이 과정을 계속 반복한다. 어떤 일반적인 조건하에서 대치값은 한 단계를 거칠 때마다 변화 정도가 점점 작아지며, 변수들 사이에서 최종으로 추산된 관계는 '최대 가능도 모델'을 내놓는 관계다.

이처럼 반복적으로 빠진 값에 대한 대치값을 선택한 다음에 완전해진 데이터를 이용하여 변수들 사이의 관계를 추산해내고, 다시 이 관계를 이용하여 빠진 값에 대한 새로운 대치값을 얻자는 아이디어는 이미 다수의 사례를 통해 위력적인 개념임이 확인되었다. 하지만 1977년에 발표된 기념비적인 논문에서 세 명의 통계학자 아서 뎀스터Arthur Dempster, 낸 레어드Nan Laird, 그리고 (앞서 소개한) 도널드 루빈이 그 아이디어들을 통합해 그 개념의 보편성을 보여주고 아울러 이를 더욱 추상적인 형태로 발전시킨 덕분에 그 개념은 다른 상황들에도 일반적으로 적용할 수 있게 되었다. 그들은 자신들의 방식을 EM 알고리즘EM algorithm이라고 불렀는데, 여기서 EM은 '기댓값 최대화Expectation Maximization'라는 뜻이다. 이 명칭은 각 반복 과정마다 있는 두 단계를 가리킨다. 첫째는 각각의 빠진 값에 대한 '기댓값' 계산하기 단계이고, 둘째는 완전해진 데이터 세트를 이용하여 변수들 사이의 관계 추산하기 단계다. 각 반복 과정에서 두 번째 단계를 '최대화' 단계라고 하는데, 이 단계에서 가능도를 최대화하기 때문이다.

사실 뎀스터, 레어드, 루빈이 보여준 바에 따르면 빠진 값을 대체할 값을 찾을 필요가 없다. 필요한 일이라고는 빠진 값들이 생겨났을 법한 분포를 모형화하는 것뿐이었다. 이미 생존분석 사례에서도 이 개념을 만난 적이 있는데, 그때 우리는 관찰 기간이 끝난 뒤에도 살아남은 사람들의 생존 기간을 추산하려고 하지 않았고, 단지 그들이 그 시간보다 더 오래 살았을 확률을 이용했을 뿐이다.

EM 알고리즘은 처음 나온 이후 점점 더 강력한 개념으로 발전했다. 뎀스터와 동료들이 알고리즘의 기본적인 2단계 반복 과정을 추상적으로 기술하고 나자 그 근본적인 개념이 다른 모든 곳에서, 그리고 온갖 뜻밖의 방식으로 불쑥불쑥 등장한다는 것이 명백해졌다. 게다가 EM 알고리즘은 다양한 방식으로 확장되었다. 이를테면 수정판이 개발되었는데, 수정판에서는 빠진 값에 대한 대치값(그리고 변수들 사이의 관계)이 거의 변하지 않을 때까지, 그러니까 (최대 가능도의 의미에서) 최상의 모형으로 수렴하기까지 '기댓값 최대화'

반복 과정의 횟수가 덜 필요하다.

EM 알고리즘은 추상적인 측면 때문에 더 위대한 통찰을 안겨주었다. 가령 1장에서 언급했듯이 일반적으로 모집단의 알려지지 않은 특성은 그것이 무엇이든지 간에 빠진 데이터, 곧 다크 데이터라고 여길 수 있다. 이것은 매우 강력한 개념이다. 특성들은 (모집단의 평균 키와 같은) 단순한 단일 값일 수도 있지만, 관찰되지 않은 다수의 변수가 복잡하게 관련된 훨씬 더 정교한 값일 수도 있다. 대표적인 예가 정확한 위치가 관찰되지 않고 측정 오차로 인해 오염된 위치값들만이 존재하는 움직이는 물체의 궤적이다. 많은 경우 다크 데이터는 단지 관찰되지 않는 것 이상, 다시 말해 본질적으로 관찰이 불가능한 데이터다. 그런 데이터는 숨어 있거나 '잠재적'(따라서 잠재적인 변수 모형)이다. 하지만 그렇다고 해서 관찰이 불가능한 데이터를 아예 밝혀낼 수 없다는 뜻은 아닌데, 그것을 밝혀내는 일이야말로 통계 기법들의 진정한 목적이다. 현실에서 생겨난 데이터에 적용되는 통계 도구들은 그 현실에 관해 우리에게 무언가를 알려준다. 데이터가 현실에 빛을 비쳐주는 것이다.

이번 장은 어떻게 우리가 데이터를 분석할 수 있는지, 그리고 비록 다크 데이터일망정 그런 데이터가 생겨난 과정들을 충분히 이해할 수 있는지 탐구했다. 일반적인 기법들도 다양하게 살펴보았는데, 단순히 입수할 수 있는 데이터를 사용하는 기법부터 불완전한 기록을 버리는 기법, 그리고 만약 빠진 데이터가 측정되었다면 어떤 데이터가 나왔을지 알아내기 위한 다양한 대치 기법들을 소개했다. 또한 빠진 데이터의 구조를 기술하는 중요한 분류법도 (관찰된 데이터와 관련되는지 여부에 따라) 살펴보았다. 이 세 가지 분류(NDD, SDD, UDD) 덕분에 우리는 다크 데이터에 어떻게 대처할 수 있는지 더 깊이 이해하게 되었다. 다음 장에서는 방향을 바꾸어 다크 데이터를 실제로 어떻게 활용할 수 있는지 알아본다. 특히 앞서 만난 일부 개념들로 되돌아가서, 어떻게 그 개념들을 다른 관점(그 개념들이 다크 데이터를 필요로 함을 드러내주는 관점)에서 다시 살펴볼 수 있는지 알아본다. 하지만 여기서는 우리가 볼 수는 있지만 기만적인 데이터에 관해 몇 가지 일반적인 내용을 짚고 넘어가자.

데이터 오류에 대처하는 방법

8장에서 지금까지는 빠진 데이터에 초점을 맞추었다. 하지만 앞서 보았듯 데이터는 다른 방식으로 다크 데이터일 수 있다. 이를테면 다음 유형의 다크 데이터가 그렇다. DD 유형 10: 측정 오차 및 불확실성, DD 유형 9: 데이터의 요약, DD 유형 7: 시간에 따라 변하는 데이터. 이를 살펴보면 다크 데이터에 관한 더 높은 수준의 관점과 더불어 그것들에 대처할 세 가지 근본적인 단계인 방지prevention, 검출detection, 교정correction을 알 수 있다.

방지
데이터 오류는 어떤 유형의 오류가 생길 수 있는지 미리 파악하고 데이터를 수집할 때 오류가 생기지 않도록 막는 시스템을 도입하면 방지된다. 물론 '어떤 유형의 오류가 생기는지 알아차린다'는 것은 여러분이 이전에 그 오류를 저질렀거나, 더 나은 경우로는 다른 사람이 그런 실수를 저지르는 걸 보았기 때문일지 모른다. (어떤 이가 조직을 떠나면서 관리자에게 이렇게 말했다고 한다. "당신의 실수로부터 크게 배운 것에 감사드립니다.")

우선 데이터를 데이터베이스에 직접 입력할 때 그 데이터가 올바른지 간단하게 확인할 수 있다. 생년월일을 입력해야 한다면 기계가 그것이 합법적인 날짜인지 확인하는 것은 단순한 문제다. 하지만 때때로는 얼마간 주의가 필요하다. 내가 들은 한 사례에는 데이터 세트에서 생년월일이 이상하게도 1911년 11월 11일에 집중되어 있었다. 생년월일은 일/월/년 형태의 여섯 자리로 입력되어야 했는데, 프로그래머들은 사람들이 자신의 생년월일을 노출하지 않으려고 00/00/00를 입력하곤 한다는 사실을 알고 있었다. 기계는 0이 여섯 개 입력되면 오류 메시지를 보내면서 다시 입력하라고 요구한다. 이때 생년월일을 밝히기를 극히 꺼리는 이들은 아마도 그다음으로 떠올릴 수 있는 가장 단순한 수를 시도할 것이다. 그래서 1이 여섯 번 나오는 숫자열을 입력해서 1911년 11월 11일이 나오게 된 것이다.

오류 방지를 위한 일반적인 전략으로 데이터의 중복redundancy을 사용할 수도 있다. 본질적으로 이 전략은 데이터, 또는 적어도 데이터의 어떤 측면을 입력할 때 두 가지 이상의 방식을 사용한다. 특히 임상시험 연구에서 자주 쓰이는 흔한 방법이 이중 데이터 입력체계다. 어떤 값들을 (가령 데이터 수집 설문지에서 컴퓨터로) 입력하는 작업을 두 사람이 각각 따로 하는 방식이다. 둘이 똑같은 지점에서 똑같은 실수를 할 가능성은 낮다.

이들과 상당히 다른 중복 전략 하나는 수열을 입력하는 것과 더불어 각 수들의 합을 입력하는 것이다. 그러면 컴퓨터는 수들을 더한 결과를 입력된 합과 비교한다. 수열 안의 임의의 수에 오류가 있다면 두 합이 일치하지 않게 된다(두 오류가 서로 상쇄되는 아주 드문 경우는 예외다). 이 '숫자 확인' 발상의 아주 정교한 버전도 존재한다.

검출

1911년 11월 11일 사례, 그리고 데이터 입력 단계에서의 오류 방지를 위해 숫자를 확인하는 방법은 거의 오류 검출을 위해 사용한다. 데이터 오류는 데이터가 다른 데이터 점들이나 예상된 결과와 어긋나기 때문에 검출될 수 있다. 사람 키의 데이터베이스에 320센티미터가 있으면 즉시 의심을 불러일으킨다. 그렇게나 큰 사람은 이제껏 없었으니까. 어쩌면 220센티미터의 오기일 수는 있다(하지만 그렇다고 가정할 수는 없고, 이상적으로는 데이터 출처에 가서 확인해야 하는데 이 작업이 늘 가능한 것은 아니다.)

오류는 또한 데이터에 논리적 불일치가 있을 때 검출될 수 있다. 한 가족의 자녀 수로 제출된 데이터가 연령 기록부에 있는 나이의 개수와 일치하지 않으면 뭔가가 잘못된 것이다. 통계적 불일치로부터 오류가 검출될 수도 있다. 키가 120센티미터인 사람의 몸무게가 200킬로그램이라면, 비록 키가 120센티미터이면서 몸무게가 200

킬로그램인 사람이 드물게 존재하더라도 데이터 오류가 의심될 법하다.

데이터 이상을 통계적으로 검출하는 더 정교한 사례로는 '벤포드 분포Benford distribution'를 들 수 있다. 이 분포(때로는 '법칙'이라고도 불린다)에 관한 최초의 설명은 1881년에 미국 천문학자 사이먼 뉴컴Simon Newcomb이 했던 듯하다. 그는 연구할 때 로그북log book을 이용했다. 로그북은 큰 수들을 아주 빠르게 곱할 수 있도록 해주는 수치 도표로, 컴퓨터 시대 이전에 널리 쓰였다. 뉴컴은 로그북의 앞쪽 페이지들이 뒤쪽 페이지들보다 훨씬 더 손때를 많이 탔음을 알아차렸다. 이 법칙은 거의 60년이 지나서 물리학자 프랭크 벤포드Frank Benford가 재발견했는데, 그는 동일한 현상(앞쪽의 값들이 뒤쪽의 값들보다 더 자주 사용되는 현상)이 다른 많은 숫자 목록에서도 생긴다는 것을 보여주는 광범위한 연구를 했다.

그렇다면 벤포드의 법칙이란 과연 무엇일까?

첫째, 우리는 한 수에서 가장 중요한 숫자를 정의해야 한다. 기본적으로 그것은 첫 번째 숫자다. 가령 1,965라는 수에서 가장 중요한 숫자는 1이고 6,009,518,432에서 가장 중요한 숫자는 6이다. 이제 수들의 한 모음에서 여러분은 숫자 1, 2, 3, …, 9가 첫 번째 숫자로서 거의 동등하게 나타날 것으로 예상할지 모른다. 다시 말해 1, 2, 3, …, 9 각각이 전체 수에서 첫 번째 숫자로 나올 확률이 약 9분의 1이라고 예상할지 모른다. 하지만 희한하게도 수들을 자연스럽게 모아놓은 많은 목록에서 숫자 1, 2, 3, …, 9가 첫 번째 숫자로 나오는 횟수의 비율은 대체로 동등하지 않다. 대신에 1이 전체 횟수의 약

30퍼센트 나오고, 2가 약 18퍼센트…… 이런 식으로 계속 줄어들다가 9가 나오는 횟수는 약 5퍼센트다. 실제로 이 분포(벤포드 분포)를 알려주는 정확한 수학 공식도 존재한다.

기이하게도 직관에 반하는 이런 현상이 생기는 데에는 타당한 수학적 이유가 있긴 하지만 이 책에서 그것까지 살펴보지는 않겠다.[11] 우리한테 중요한 이야기는 만약 데이터가 이 벤포드 분포에서 벗어날 때 무언가 재미있는 일이 벌어지는지 확인해봄 직하다는 것이다. 실제로 법의학적 회계학forensic accounting 전문가인 마크 니그리니Mark Nigrini는 금융 및 회계 기록의 사기 행위를 적발하기 위해 벤포드 분포를 바탕으로 한 도구를 개발해냈다. 여기에는 보편적인 요지가 하나 있다. 오류가 있을 때 나타나는 데이터 특이성을 찾아내기 위한 도구를 사기(진짜 수치가 의도적으로 감춰지는 상황) 행위에서 나타나는 특이성을 찾는 데도 사용할 수 있다는 것이다. 6장에서 언급했듯이 돈세탁 방지 규정들에 의해 1만 달러 이상을 지불하는 행위는 규제 기관에 보고해야 한다. 범죄자들은 이런 걸림돌을 뛰어넘으려고 총 금액을 규제 수치 바로 밑의 액수로 여러 번 쪼개서 전송한다. 하지만 9로 시작하는 수들(가령 9,999달러)이 지나치게 많이 나오면 벤포드 분포에서 벗어났음이 드러날 것이다.

나는 소비자은행에서 신용카드 계좌의 잠재적인 사기 행위를 적발하는 도구를 개발하는 데 적잖은 시간을 쏟았다. 그런 도구들 다수는 미심쩍은 데이터 점들, 곧 오류일 수도 있지만 속임수의 낌새가 나는 값들을 찾아내는 데 쓰인다.

오류 검출에 관해 마지막으로 언급할 중요한 내용이 하나 있다.

바로 모든 오류를 찾아냈다고는 결코 확신할 수 없다는 것이다. 안타깝게도 오류의 존재는 (때로는) 증명될 수 있지만, 오류의 부재는 증명할 수 없다. 앞서 보았듯이 데이터가 틀릴 수 있는 방법의 가짓수는 무한하지만, 그 오류를 확인하는 방법의 가짓수는 유한할 수밖에 없다. 하지만 일종의 '파레토 원칙pareto principle'(80 대 20 법칙이라고도 한다. 전체 결과의 80퍼센트가 전체 원인의 20퍼센트에서 일어나는 현상을 가리키는 법칙 – 옮긴이)이 적용되는 탓에 대다수 오류는 비교적 적은 노력으로 찾아낼 수 있을 것이다. '수확 체감의 법칙law of diminishing return'도 작용할 것이다. 다시 말해 어느 정도의 노력으로 오류의 50퍼센트를 검출해낸다면, 그다음 번에는 그와 동일한 노력으로 나머지 오류 중에서 50퍼센트를 검출해내고, 다시 동일한 노력으로…… 하지만 결코 모든 오류를 검출해내지는 못할 것이다.

교정

방지와 검출 이후 다크 데이터에 대처할 세 번째 전략은 교정이다. 어떤 수가 틀렸음을 알아차렸다면 올바른 수가 무엇인지를 결정해야 한다. 어떻게 오류를 교정할지, 그리고 교정 자체가 가능한지 여부는 진짜 값에 대한 지식과 오류의 종류에 대한 전반적인 통찰에 따라 달라진다. 4장에서 살펴본 잘못된 위치에 찍은 소수점의 사례에서 볼 수 있듯이, 데이터에 관한 우리의 일반적인 지식과 과거에 저지른 오류 경험은 진짜 값을 찾는 데 확실히 중요하다. 마찬가지로 어떤 도표에서 한 사람이 자전거로 시속 150마일을 달린다는 기록값이 있지만 다른 모든 값은 시속 5마일에서 20마일 사이에 놓여 있다면, 아마도 맥락상 (150은 15의 오기여서) 진짜 값은 시속 15마일이라고 볼 수 있을 것이다. 하지만 값을 너무 쉽사리 조정하지 않도록 유의해야 한다. 일례로 2018년 9월 사이클 챔피언 데니스 뮐러코레넥Denise Mueller-Korenek이 시속 183.942마일이라는 기록을 세웠다. 그 기록을 세웠던 역사 속 현장으로 돌아가 측정을 다시 할 수 없는 한 우리는 설령 기록된 값이 틀렸다고 확신하더라도 그 값이 그러면 무엇이어야 하는지는 확신할 수 없다.

데이터 오류와 관련하여 마지막으로 보편적인 이야기를 하나 하겠다. 컴퓨터의 위력이 데이터의 이해와 활용 면에서 신기원을 열어젖혔다는 사실에 관한 이야기다. 정말로 막대한 데이터 세트들이 컴퓨터 덕분에 수집되고 저장되고 처리되고 있다. 이 데이터베이스는 엄청난 기회를 낳는다. 하지만 바로 그 컴퓨팅 능력이 한편으로 근본적인 불확실성을 초래한다. 컴퓨터 덕분에 우리는 이전에는 맨눈으로 분간할 수 없던 내용을 데이터에서 볼 수 있지만, 컴퓨터는 필연적으로 우리와 데이터 사이의 매개자 역할을 할 뿐이다. 컴퓨터는 데이터의 어떤 측면들을 가려버린다.

9장

다크 데이터로 이득을 얻는 법

질문을 바꿔보자

DARK
DATA

데이터를 숨기는 게 이득이 될 때

다크 데이터는 단점만 있는 듯 보인다. 분명 이 책의 핵심 메시지는 경계하라는 것이다. 하지만 우리가 무엇을 하는지 알고서 신중하기만 하다면 다크 데이터를 이롭게 사용할 방법도 있다. 다크 데이터에 내포된 모호성을 거꾸로 이용하여 지식을 키우고, 예측을 향상하고, 더 효과적인 행동을 선택하고, 심지어 돈을 절약할 수도 있다. 그러기 위해 우리는 데이터의 일부를 전략적으로 무시하고 의도적으로 숨긴다.

그런 개념을 이번 장에서 살펴볼 텐데, 우선 몇 가지 낯익은 통계 개념을 재구성한다. 앞선 장에서 이미 나왔던 낯익은 개념들에 비표준적인 방식으로 접근하여 정보나 데이터를 적극적으로 숨기기의 관점에서 바라보는 것이다. 그리고 이번 장의 후반부에서는 더욱 발전된 통계 개념과 기법을 다크 데이터 차원에서 바라보는 몇 가지 참신한 관점을 살펴본다.

비표준적 관점의 기본적인 예는 유한한 모집단에서 표본을 뽑는 데서 잘 드러난다. 2장에서 설문조사 표본추출 방법들을 알아보고, 무응답이라는 다크 데이터 문제점을 살펴보았다. 그런데 설문조사는 가장 익숙하면서도 직접적으로 다크 데이터를 활용하는 한 가지 방법이다. 정확히 말해서 설문조사는 일반적으로 한 모집단의 모든 구성원 중에서 (무작위로) 부분집합을 추출해 그 값들을 이용하는 행위라고 설명할 수 있다. 하지만 이와는 다르게 표본을 추출하여 다크 데이터를 버리거나 무시하거나 취급하는 행위라고 보는 관점도 있다. 어쨌거나 분석을 위해 모집단에서 10퍼센트의 표본을 추출했다면, 나머지 90퍼센트 표본을 무시한다는 뜻이다. 일반적으로 데이터 표본을 다룬다는 것은 그 표본을 선택하는 것, 또는 모집단에서 그 표본을 제외한 나머지를 버려서 다크 데이터로 만드는 것으로 볼 수 있다.

여기서 무작위 선택(또는 '확률적 표본추출')이 매우 중요하다. 다른 방식으로 선택하면 이 책에서 내내 설명했던 유형의 문제가 생기기 쉽다. 무작위 선택이란 빠진 값들이 NDD 또는 SDD라는 뜻이며, 8장에서 보았듯이 그런 유형의 다크 데이터에는 우리가 대처할 수 있다.

무작위 대조군 시험: 데이터를 모두에게 숨겨라

분석하기 위한(또는 버리기 위한) 표본 선택은 다크 데이터를 활용하는 가장 기본적인 방법이다. 또 하나의 중요한 방법은 2장에서 설명한 무작위 대조군 시험이다. 단순한 예를 들자면, 어떤 질병에 대해 새로 제시된 치료법이 표준적인 치료법보다 나은지 알아보고 싶다고 하자. 앞서 보았듯이 기본 전략은 환자들을 두 치료법 중 하나에 무작위로 할당하여 각 집단에서 얻은 결과의 평균을 비교하는 것이다.

할당의 무작위성으로 인해 본질적으로 공정성이 생긴다. 인위적 선택이 배제되므로 할당 과정에서 조작이 불가능하고 의도적 또는 무의식적인 편향에 빠지지 않는다. 이 장점은 오랫동안 가치 있게 여겨져왔다.

환자를 치료법에 무작위로 할당한다는 개념은 분명 매우 효과적이다. 본질적으로 무작위 할당 덕분에 우리는 집단들 간에 측정값의 차이가 나는 이유가 다른 요인이 아니라 치료법 때문임을 확신할 수 있다. 달리 말하자면 무작위 할당은 인과관계의 고리를 끊는다. 측정에서 차이가 난 원인이 사람들이 기존에 갖고 있던 차이 때문일 리가 없음을 보장해준다. 인과관계의 고리가 끊겼기 때문에 결과의 차이는 사람들의 나이, 성별 등 다른 요인들이 아니라 사람들이 받는 치료법의 차이로만 설명해야 한다.

하지만 무작위 할당만으로는 충분하지 않을지 모른다. 연구자들이 환자한테 어느 치료법이 할당되었는지 알 수 있다면, 설령 무작위 할당이더라도 조작하고 싶은 유혹을 느낄지 모른다. 쓸모없는 플라세보 약을 먹는 환자들에게 미안함을 느끼고 더 신경을 써줄지도 모른다. 또는 어느 환자가 특정 치료법을 받는지 아는 연구자라면 부작용으로 힘들어하는 환자들을 임상시험에서 배제하는 기준을 더 엄격하게 해석할지 모른다.

이런 위험성을 극복하려면 환자들이 어느 집단 소속인지가 드러나지 않아서 환자도 의사도 어느 환자가 어느 치료를 받는지 몰라야 한다. 이런 식으로 집단을 숨기는 것을 '맹검blinding'이라고 하는데, 말 그대로 데이터를 다크 데이터로 만든다는 뜻이다!

예를 들어 두 가지 약의 비교 시험에서, 의사들이 어느 약이 어느 코드에 해당하는지 모르도록 두 약에 서로 다른 코드를 부여할 수 있다. 또한 서로 다른 코드를 붙이는 것과는 별개로 두 약을 동일하게 포장한다면 의사들은 자신들이 어느 약을 투여하는지 모를 테니까 특정한 약을 받은 환자들에게 (의식적으로든 무의식적으로든) 더 우호적으로 행동할 수 없다. 이런 방법은 데이터 분석가에게도 똑같이 적용된다. 그들은 각 환자가 할당받은 치료법을 나타내는 코드를 볼 수야 있겠지만 그것이 실제로 어느 치료법을 뜻하는지는 모른다.

각 환자가 어떤 치료를 받는지를 식별해주는 코드는 시험이 완료되어 데이터가 분석된 뒤에야 밝혀지며, 그제야 어느 치료법이 더 효과적인지 알 수 있다. (심각한 부작용이 생기는 경우라면 코드는 그전에 언제라도 밝혀질 수 있다.)

시뮬레이션: 일어났을 수도 있는 일

앞서 보았듯이 무작위 대조군 시험의 근본적인 개념은 개인을 치료 집단에 할당하는 데 다크 데이터를 이용하는 것이다. 이 시험 덕분에 일어났을 수도 있는 일(반사실)을 조사할 수 있다. 일어났을 수도 있는 일을 조사할 때 선택할 수 있는 전략은 시뮬레이션이다. 우리는 시뮬레이션을 통해 메커니즘이나 시스템 또는 과정의 모형을 만들어서, 그 모형으로부터 메커니즘이나 시스템 또는 과정이 그와 다른 상황이나 조건, 시간에 어떻게 작동하는지를 알아낼 수 있다. 우리가 생성하는 데이터는 관찰되지는 않았지만 값이 존재한다는 점에서 다크 데이터가 아니다. 하지만 반대로, 상황이 달랐다면 (또는 무작위 측정 오차가 다른 값을 내놓았더라면) 관찰될 수 있었던 값(가령 미혼자의 배우자 수입, 암 이외의 다른 이유로 사망한 말기 암 환자의 암으로 인한 사망 시간)이긴 하지만 어쨌든 관찰되지 않았다는 점에서는 다크 데이터다.

시뮬레이션은 굉장히 위력적인 도구여서 오늘날 금융 시스템에서 핵무기 정책, 나아가 인간 행동이 공해에 끼치는 영향에 이르기까지 매우 다양한 분야에서 두루 쓰인다. 얼마나 위력적인지, 일부 과학철학자들은 시뮬레이션을 가리켜 과학하기의 새로운 방법이라고까지 일컬었다. 하지만 차분히 소개하자는 뜻에서 먼저 아주 단순한 사례 두 가지를 살펴보자. 세이머 나셰프Samer Nashef는 자신의 책 《벌거벗은 외과의사The Naked Surgeon》에서 시뮬레이션의 의학적 사례 하나를 기술한다. 나셰프의 연구는 영국 역사상 가장 많은 사람을 죽인 연쇄살인범 해럴드 시프먼Harold Shipman 사건에서 비롯되었다. 시프먼은 의사로서 15명의 환자를 살해한 혐의로 유죄 판결을 받았지만, 25년 동안 그가 실제로 죽인 사람은 총 250명이 넘을 것이라고들 한다. 나셰프는 그 비슷한 일이 감시가 엄격한 영국의 국립보건서비스 소속 병원들에서도 일어날 수 있을지 궁금했다. 그래서 동료 두 명의 실제 기록을 가져와서 일부 결과를 성공에서 실패로 무작위로 바꾸었더니, (타살이 아니라) 질병 치료 도중 사망한 듯 보이는 환자의 비율이 시프먼의 경우와 엇비슷하게 되었다. 나셰프는 시프먼 같은 의사가 의료계에서 암약한다면 일어날 일을 보여주려고 일부러 다크 데이터를 생성했던 것이다. 나셰프의 연구는 시뮬레이션의 위력을 여실히 보여주었다. "실험 결과는 확연했다. (…) 해럴드 시프먼은 25년 동안 적발되지 않았다. (…) 우리 실험에서는 마취과의사 존이 열 달 만에 적발되었고, 외과의사 스티브가 그보다 더 빠른 여덟 달 만에 적발되었다."

아마도 더 낯익은 시뮬레이션 적용 사례는 비행 시뮬레이터와 같은 기계일 것이다. 비행 시뮬레이터는 조종사 훈련용으로 쓰인다. 조종사는 예기치 못한 극단적 상황에서도 비행기를 추락시킬 위험 없이 훈련할 수 있다. 이번에도 이 인위적인 상황은 실제로 발생할 수 있는 데이터에 해당한다.

이 개념을 더 자세히 탐구하기 위해 우리가 수학적 내용을 쉽게 이해할 수 있는 상황, 곧 공중으로 던진 동전의 움직임을 시뮬레이션을 통해 살펴보자.

기본적인 통계학을 이용하면 공정 동전fair coin(이론적으로 앞면이 나올 확률과 뒷면이 나올 확률이 같은 동전 – 옮긴이)을 열 번 던졌을 때 윗면이 다섯 번 미만 나올 확률을 계산할 수 있다. 윗면이 네 번 나올 확률 더하기 윗면이 세 번 나올 확률 더하기…… 이런 식으로 계속 내려가서 윗면이 한 번도 안 나올 확률까지 더하면 된다. 총 확률은 0.377이다. 물론 이렇게 해도 괜찮지만, 이 계산에는 이항분포에 관한 통계학 지식이 필요하다. 하지만 확률을 알아내는 다른 방법이 있다. 바로 동전을 열 번 던져서 윗면이 몇 번 나오는지 보는 것이다. 한 차례로는 충분하지 않을 것이다. 다섯 번 미만으로 윗면이 나오든가 아니든가 둘 중 하나일 테니, 윗면이 다섯 번 미만 나올 확률값을 얻기보다는 예/아니요 식의 답이 나올 뿐이기 때문이다. 동전 열 번 던지기를 여러 차례 되풀이해야 윗면이 다섯 번 미만으로 나오는 횟수의 비율이 어떤지를 알 수 있다. 정확한 추산치를 얻으려면 많이 반복해서 시행해야 한다(많을수록 좋다. 2장에서 언급했던 '큰 수의 법칙'). 하지만 이 과정은 급격히 지루해질 수 있다. 그래서 대신 우리는 무작위로 열 가지 값을 생성하여 컴퓨터상에서 동전을 던질 수 있다. 각각의 값은 0 아니면 1(0은 아랫면 1은 윗면)이고 각각의 확률은 2분의 1이다. 그래서 1이 다섯 번 미만으로 나오는지 본다. 이 과정을 다시 한다. 다시, 또다시…… 이렇게 계속 반복하여 시행 횟수의 어떤 비율로 윗면이 다섯 번 미만으로 나오는지 본다.

나는 이 시뮬레이션을 100만 차례 시행했다. 그중 윗면이 다섯 번 미만으로 나온 비율은 0.376이었다. 위에서 계산한 진짜 확률에서 그리 멀지 않았다. 여기서 '100만'에 주목할 필요가 있다. 현대 컴퓨터의 성능 덕분에 시뮬레이션은 실로 위력을 발휘했다.

이는 단순한 사례로서 내가 노트북으로 시행할 수 있었고 정답도 알고 있었다. 다른 극단적인 상황으로 날씨 및 기후 시뮬레이션이 있다. 이는 방대한 데이터 세트를 이용하여 가장 고성능의 컴퓨터로 작업해야 한다. 기후에 영향을 끼치는 서로 맞물린 과정들로 이루어진 지극히 정교한 모형이 이용된다. 가령 대기·해류·태양 복사선·생물계·화산 활동·오염, 그리고 다른 영향 요인들의 모형이 두루 이용된다. 이런 시스템들의 반응 속성상 특정한 문제가 뒤따른다. 공 하나를 밀면 그냥 굴러갈 뿐이지만, 한 복잡한 시스템에 힘을 가하면 예기치 못한 반응을 일으키거나 종종 예측 불가능한 방식으로 반응할 수 있다. 카오스 이론이라고 할 때의 카오스chaos라는 단어가 과학에서 쓰이게 된 것은 기상계의 근본적인 예측 불가능성에서 비롯한 바가 크다. 그런 복잡성을 기술하는 방정식은 풀기가 거의 불가능하고, 설사 풀더라도 명확한 답이 나오지 않을 때가 많다. 내재적 불확실성을 안고 있는 셈이다. 대신에 시뮬레이션이 구원자로 나서 모형으로부터 데이터를 반복적으로 생성하여 날씨와 기후가 어떻게 움직일지를 보여준다. 이 시뮬레이션의 결과를 통해 우리는 일어날 수 있는 기상 상황의 범위를 알 수 있다. 이를테면 홍수, 허리케인, 가뭄과 같은 극단적인 사건들이 얼마나 자주 일어날지 예측할 수 있다. 그런 시뮬레이션을 수행할 때마다 얻어지는 데이터는 우리가 실제로 보지 못하기 때문에 다크 데이터라고 여겨야 할지 모른다.

동일한 유형의 접근법이 경제와 금융에서도 쓰인다. 짐작하다시피 현대 경제의 모형들은 매우 복잡하다. 사회는 각자 자기 방식으로 살면서도 상호작용하는 수많은 사람으로 이루어져 있다. 따라서 매우 다양한 사회적 구조로 조직되어 있으며, 외부의 온갖 요인으로부터 영향을 받는다. 따라서 사회 시스템이 시간의 흐름 속에서 어떻게 변할지를 알아내기 위해 수학 방정식을 세우고 풀기란 실로 벅찬 일이다. 다행히도 시뮬레이션이 시간에 따라 변하는 사회에서 생길 만한 데이터를 생성해내는 덕분에 우리는 그 많은 사람이 어떻게 진화하며, 무역관세의 부과·전쟁 발발·해로운 기후 조건 등과 같은 변화에 어떻게 반응할지를 탐구할 수 있다.

시뮬레이션은 또한 현대의 데이터 분석에서 더 미묘한 방식으로도 사용된다. 특히 이 장의 나중에 설명할 이른바 '베이즈 통계학Bayesian statistics'에서는 매우 복잡하고 파악이 불가능한 수학 방정식들이 자주 나온다. 이런 방정식들의 해를 찾기는 어려울뿐더러 불가능하기도 하지만, 시뮬레이션을 통해 대안적인 방법이 개발되어왔다. 이를테면 기후 사례에서처럼 우리는 방정식을 모형으로 삼아서, 만약 그 모형이 옳다면 발생했을 수 있는 데이터를 생성한다. 그런 다음에 앞에서 설명한 것처럼 수많은 반복 과정을 거쳐 발생할 수 있었던 다수의 데이터 세트를 생성한다. 그리고 나면 그 다수의 데이터 세트를 요약하기(평균, 분산의 범위, 또는 우리가 원하는 다른 통계치를 계산하기)란 비교적 쉽다. 이를 통해 우리는 그 결과가 어떤 특성들을 가질지와 더불어 그런 특성들이 발생할 가능성을 알 수 있다. 이런 유형의 시뮬레이션 방법 덕분에 베이즈 통계학은 흥미로운 이론적 개념에서 벗어나 실질적으로 유용한 도구로 변모했으며, 기계학습 및 인공지능 작업의 근간을 이루게 되었다.

여기서 중요한 점을 또 한 가지 말하자면, 정의상 시뮬레이션 데이터는 해당 과정의 가상 모형에서 나온다. 본질적으로 조작된 합성 데이터(DD 유형 14: 조작된 합성 데이터)이며 실제 과정 자체에서 생기지 않는다. 그렇기에 모형이 틀린 게 분명하다면(현실을 제대로 표현하지 못한다면) 시뮬레이션 데이터는 벌어질 수도 있는 일을 제대로 표현하지 못할 위험성이 있다. 이번에도 우리는 일반적으로 옳은 교훈을 마주한다. 어떤 것을 충분히 이해하지 못하면 길을 잘못 들 수 있다!

전략적으로 복제된 데이터

이 책에서 내내 보았듯이 우리는 종종 존재하지 않았거나 어쩌면 직접 관찰할 수 없는 값을 알아내길 원한다. 이를테면 증상만으로 어떤 이가 두 가지 병 중 하나에 걸렸는지 알려고 하거나, 올해 뉴욕 지하철을 이용한 승객의 수와 국가경제 전망을 바탕으로 다음 해의 승객 수를 예측하려고 하거나, 어떤 이가 대출을 채무불이행할지 여부를 예측하거나, 한 학생이 교육과정을 무사히 마칠지 여부 또는 구직자가 마땅한 일자리를 얻을지 여부를 알고자 한다.

흔히 이런 상황에서는 이전의 사례 모음을 기술하는 데이터가 이용된다. 앞에 나온 사례들로 보자면 질병을 앓았던 사람들, 지하철 승객의 전년도 데이터, 이전에 대출을 받았던 사람들의 행동 등이 이용된다. 그리고 우리는 사례별 결과(어느 병인지, 승객이 몇 명이었는지, 대출자가 채무불이행을 했는지 여부)는 물론이고 그 특성(질병의 증상, 지하철 이용 패턴, 대출신청서의 세부 내역)을 알고 있으며 이를 이용하여 특성과 결과 사이의 관계를 모형화할 수 있다. 이제 그 모형 덕분에 다른 사례들의 결과를 예측할 수 있는데, 이는 전적으로 특성의 패턴을 바탕으로 이루어진다.

이 기본 구조(특성과 결과가 알려져 있는 과거 사례들의 모음을 통해서 둘 사이의 관계를 모형으로 만든 다음에, 이를 이용하여 새로운 사례의 결과 예측하기)는 보편적이다. 모형은 종종 '예측 모형'이라고도 불린다. 하지만 '예측'은 지하철 사례에서처럼 꼭 미래에 관한 것만이 아니라 질병 사례에서처럼 알려지지 않은 진단에 관한 것일 수도 있다. 예측이 필요한 상황은 꽤 흔하기 때문에 굉장히 많은 연구가 집중적으로 이루어져왔다. 예측 모형을 세우는 온갖 방법이 무수히 개발되어왔는데, 저마다 속성이 제각각이다. 따라서 방법마다 잘 맞는 문제가 따로 있다.

하지만 이 모든 내용이 다크 데이터랑 무슨 상관일까? 아주 단순한 사례 하나와 가장 기본적인 종류의 예측 방법을 통해 질문의 답을 찾아보자. 단 하나의 변수인 나이로 소득을 예측하는 사례다. 가능한 모형을 세우려면, 먼저 사람들의 표본으로부터 나이/소득값의 쌍을 수집한다. 그다음에 매우 기본적인 방법으로서 새로운 사람의 소득을 예측한다. 이 사람의 나이는 우리가 알고 있으므로 동일한 나이의 다른 사람들의 소득을 이용하여 그 사람의 소득을 예측할 것이다. 따라서 가령 26세인 누군가의 소득을 예측하고 싶은데, 표본 내에 26세가 한 명만 있다면 가장 단순하게 그 사람의 소득 하나만을 예측값으로 사용할 것이다. 표본에 26세인 사람이 더 있다면, 그 사람들 모두로부터 나온 정보를 이용하고 싶을 테니 그들의 평균 소득을 이용할 것이다. 일반적으로 평균이 더 나은 예측값을 제공하는데, 왜냐하면 무작위적인 변동에 덜 취약하기 때문이다. 그렇다면 25세인 사람들과 27세인 사람들의 소득도 포함시키는 게 합리적일지 모른다. 왜냐하면 그렇게 하면 26세인 사람들의 소득에 가까운 데다 표본의 크기가 커지기 때문이다. 마찬가지로 24세와 28세의 사람들도 포함시키고 싶을지 모르는데, 하지만 26세에서 멀어질수록 가중치를 낮게 잡아야 한다. 이 전략을 사용하면 비록 과거 데이터의 표본 내에 정확히 26세인 사람이 전혀 없더라도 예측값이 얻어진다.

이 과정에는 다크 데이터가 개입한다고 볼 소지가 있다. 왜 그런지 알아보기 위해 동일한 행위를 다른 관점에서 살펴보자. 26세인 누군가의 소득을 예측하기 위해 우리는 기존 표본 내의 값들을 무작위로 복제하여 새로운 데이터 세트를 만든다. 26세에 대해서는 복제 데이터를 많이 만들고, 25세와 27세에 대해서는 적게, 그리고 24세와 28세에 대해서는 더 적게 만드는 식으로 26세에서 멀어질수록 더 적게 만든다. 마치 원래는 훨씬 더 큰 표본이 있었는데, 그 대다수를 우리가 전에 보지 못했던 상황과 같다. 이렇게 만들어진 데이터 전부의 소득을 평균하면 26세인 사람들의 소득이 적절하게 추산될 것이다.

모든 일이 이 사례처럼만 된다면 더할 나위 없겠지만, 현실에서는 상황이 더 복잡한 게 일반적이다. 대체로 한 가지 특성(위 사례에서 나이)만 있기보다는 여러 가지(심지어 많은) 특성이 존재한다. 환자들은 나이, 키, 몸무게, 성별, 수축기 혈압과 확장기 혈압, 심장 박동, 그 외에도 여러 증상과 의료 검사 결과들에 따라 특성을 가질 수 있으므로 우리가 회복 확률을 알아내고 싶은 환자들은 (단일 특성 대신) 특성값들의 특정한 집합을 지녔을지 모른다. 그래서 우리는 앞의 사례를 따라 새로운 데이터 세트를 만들 것이다. 이때 우리가 관심을 둔 사람과 특성이 매우 비슷한 사람들에 대해서는 복제 데이터를 많이 만들고, 그런 사람들과 차이가 많이 나는 사람들에 대해서는 복제 데이터를 적게 만든다. 관심 대상 환자와 완전히 다른 사람들(여성이 아니라 남성이고, 나이 든 사람이 아니라 젊고, 우리가 질병 확률을 예측하고 싶은 사람과 전혀 다른 증상 패턴을 보이는 사람들)에 대해서는 복제 데이터를 하나도 만들지 않는다. 이런 복제 데이터를 전부 만들고 나서는 회복하는 사람들의 비율을 살펴보기만 하면 된다. 그 비율이 바로 우리가 추산한 회복 확률이다.

전략적으로 데이터를 복제하여 더 크고 적절한 데이터 세트를 만든다는 이 기본 개념은 다른 방식으로도 사용되어왔다. 상황을 단순화하기 위해 앞에서 나온 진단 사례에서처럼 대상들을 분류하거나 담보대출 신청자가 채무를 불이행할 것 같은지 판단하는('불이행할 것 같다'와 '그럴 것 같지 않다' 두 부류로 나눔) 기계학습 알고리즘을 다시 살펴볼 것이다. 하지만 지금은 먼저 그 개념을 이용하여 기계학습 알고리즘의 성능을 향상시킬 방법을 살펴본다.

대체로 진단 분류를 하는 알고리즘은 어느 정도 틀린다. 증상 패턴은 종종 모호하며, 젊은 대출 신청자는 금융 거래 이력이 꽤 짧을 수 있다. 그런 알고리즘을 향상시키는 한 가지 방법은 이전에 잘못 분류했던 사례들을 살펴본 뒤 알고리즘을 어떤 식으로든 수정하거나 조정해서 예측의 정확성을 높이면 더 많은 사례를 올바르게 판단할 수 있을지 알아보는 것이다. 구체적으로 한 가지 방법을 예로 들어보자. 다음과 같은 방식으로 허구의 데이터를 만든다. 먼저 우리가 잘못 예측했던 환자 또는 대출 신청자를 확인한 다음에, 이 사례들의 (아마도 아주 많은) 복사본을 데이터에 추가한다. 이제 이 확대된 데이터 세트를 분류하고자 우리 모형의 매개변수나 구조를 변형시키는데, 이때 모형은 이전에 틀리게 예측했던 사례들에 더욱 각별히 주목해야 한다. 극단적인 상황을 상상해보자. 이전에 잘못 분류한 사례가 99번 복제되어 총 100번의 동일한 복사본이 있는 경우다. 이전에 모형이 이 사례를 잘못 분류했을 때는 틀린 사례가 한 건뿐이었다. 하지만 이제는 100가지 사건이 동일하므로 틀린 사례가 모두 100건이다. 이 사례(그리고 그것의 복사본 99개 사례)를 옳게 분류하도록 모형을 조정할 수 있다면 분류 방법의 성능은 크게 향상될 것이다.

간단히 말해 이 새로운 데이터 세트를 이용하여 알고리즘을 수정하면, 곧 이전에 잘못 분류된 사례들의 다량의 복사본으로 원래 데이터를 향상시키면 이전에는 잘못 분류된 데이터 점들을 더 정확하게 분류하는 새로운 버전이 생긴다. 핵심 개념은 알고리즘의 '관심'을 우리가 원하는 방향으로 바꿀 데이터를 만드는 것이다. 달리 말하면 있었을 수도 있는 데이터를 이용하는 것이다.

이 개념을 가리켜 '부스팅boosting'이라고 한다. 이 개념이 처음 나왔을 때만 해도 혁신적이었지만, 요즘에는 기계학습에서 널리 사용된다. 이 책을 쓰는 현재, 부스팅의 여러 버전이 캐글Kaggle과 같은 조직이 개최하는 기계학습 대회에서 선두를 차지하는 경우가 다반사다. (익스트림 그래디언트 부스팅extreme gradient boosting이라는 한 정교한 버전의 실적이 아주 좋다.)

부스팅이 이전에 잘못 분류되었던 사례들에 초점을 맞춘 것이라면, 추산치의 정확도를 알아내기 위해 허구의 데이터 세트를 사용하는 대안적인 접근법이 하나 개발되었다. 미국의 통계학자 브래드 에프런Brad Ffron이 고안해낸 부트스트래핑bootstrapping이라는 개념이다. (통계학자와 기계학습 전문가는 개념의 본질을 잘 드러내주는 화려한 이름을 잘도 내놓는다.)

부트스트래핑의 작동 과정은 아래와 같다.

앞서 보았듯이 우리는 수들의 집단에 관해 전체적인 요약 내용을 얻고자 한다(가령 평균값을 알고 싶어한다). 하지만 각각의 개별수를 알아내기란 실현 불가능할 때가 많다. 예를 들어 한 나라 인구의 평균 나이를 알고 싶다고 할 때, 나라 안에 사람들이 너무 많아서 일일이 나이를 물어볼 수가 없다. 앞서 본 대로 때로는 '모든 가능한 측정'을 한다는 개념 자체가 말이 되지 않는다. 가령 바위 한 개의 무게를 무한히 여러 번 반복해서 측정할 수는 없다. 해답은 그냥 하나의 표본을 취해서(일부 사람들에게 나이를 묻거나 바위의 무게를 일정 횟수만큼 측정해서) 표본 평균을 추산치로 삼는 것이다.

이렇듯 표본 평균은 유용하긴 하지만 그 값이 완벽하게 옳다고 기대하는 것은 비현실적이다. 어쨌거나 데이터의 다른 표본(나이를 물을 다른 사람들의 집합 또는 바위 무게의 다른 측정치들)을 선택하면 다른 결과가 나올 수 있으니 말이다. 그래도 크게 다르지 않기를 바라겠지만, 그렇다고 처음 표본과 동일한 결과가 나오길 기대하는 것은 비현실적이다. 우리는 평균뿐만 아니라 그것의 정확성도 알고 싶어한다. 다시 말해 다른 표본을 뽑았다면 우리가 얻을 평균값에 얼마만큼의 변동성이 있는지, 그리고 표본 평균이 참값에서 얼마나 벗어나 있는지를 알고 싶어한다.

평균의 경우에는 확립된 통계 이론을 이용하여 그런 변동성을 단순하게 알아낼 수 있다. 하지만 그 데이터에 대한 다른 설명이나 요약의 경우, 특히 평균을 찾는 것보다 훨씬 까다로운 작업인 경우에는 변동성을 알아내기가 매우 힘들다. 하지만 이번에도 합성 다크 데이터가 도움의 손길을 내밀어준다.

만일 표본을 많이 추출할 수 있다면(앞서 나온 사례처럼 동전 던지기 열 번 하는 것을 반복하는 경우) 문제 될 것이 없다. 우리는 그저 표본을 추출하고 각 표본에 모형을 맞춰보고(예를 들면 평균이라든가 아니면 그보다 더 복잡한 계산을 한다), 결과들 사이에 변동이 얼마나 있는지, 곧 그들이 얼마나 다른지 확인할 것이다. 하지만 안타깝게도 표본이 하나밖에 없다면 어쩔 것인가?

브래드 에프런의 통찰은 우리가 가진 한 표본을 마치 전체 모집단인 듯 생각하자고 제안한 것이다. 그러니까 모집단에서 표본을 추출한다는 개념과 비슷하게 표본에서 부표본sunsmaple을 추출할 수 있다는 말이다(각 부표본은 각각의 값이 여러 번 뽑힐 수 있도록 하므로 원래의 표본과 크기가 같다). 사실 (원리적으로) 모집단에서 다수의 표본을 뽑을 수 있듯이 우리가 가진 하나의 표본에서 많은 부표본을 뽑을 수 있다. 차이라면 모집단에서 여러 표본을 뽑기란 원리적으로만 가능한 데 반해 이 부표본들은 실제로 많이 뽑을 수 있다는 것이다. 이런 부표본 각각에 대해 우리는 한 모형을 맞춰볼(각 부표본에서 값들의 평균을 추산할) 수 있으며, 그런 다음에 이들 평균값들 사이에 얼마만큼의 변동성이 있는지 알아볼 수 있다. 기본적으로 이 개념은 모집단과 실제 표본 사이의 관계를 표본과 부표본 사이의 관계를 통해 모형화한다는 것이다. 마치 표본의 허구적 복사본들을 만드는 셈이며, 이제껏 숨겨졌던 다량의 데이터를 드러내는 셈이다. 부트스트랩이라는 용어는 우리가 모집단에서 표본으로 옮겨가듯이 표본에서 부표본으로 옮겨간다는 뜻이다. 마치 우리가 몸을 구부린 뒤에 '부트스트랩으로 몸을 일으키는' 것처럼 말이다(영어 bootstrap은 목이 긴 구두의 위쪽 끝에 달린 손잡이 가죽을 뜻한다. 부트스트랩을 당겨 구두를 신으며 몸을 일으킨다는 뜻 – 옮긴이).

시뮬레이션 데이터가 추론과 예측에 도움을 주기 위해 어떻게 쓰일 수 있는지를 보여주는 이런 사례에는 한 가지 명백한 점이 있다. 그런 일은 매우 노동집약적이라는 사실이다. 근처의 데이터값들의 복사본을 만들고 잘못 분류된 사례들을 복제하고 다수의(종종 수백 가지 이상의) 데이터 부표본을 추출하기란 쉬운 일이 아니다. 적어도 우리가 수작업으로 해야 한다면 말이다. 하지만 다행히도 우리는 컴퓨터 시대에 살고 있다. 컴퓨터는 반복 계산을 눈 깜짝할 사이에 거뜬히 처리하도록 설계되었다. 앞서 보았듯이 나는 컴퓨터를 이용해 동전을 열 개를 100만 번 던지는 시뮬레이션을 했다. 이 책에서 설명한 대로 우리의 이익을 위해 다크 데이터를 만들어내는 방법들은 컴퓨터 시대의 소산이다. 앞서 나는 '혁신적'이라는 단어를 사용했는데, 결코 과장이 아니다.

베이즈 사전확률: 가상의 데이터

시뮬레이션을 다룰 때 우리는 해당 데이터를 내놓는 기본적인 구조와 과정, 메커니즘을 적절히 이해했다고 가정했다. 그런 정도의 확신은 정당한 근거가 없을 때가 종종 있다. 우리가 어떤 과정을 어느 정도 알 수는 있겠지만, 모든 내용을 정확히 알기란 어렵다. 특히 구조적 특징을 나타내는 수들은 정확한 값을 확신할 수 없을지도 모른다.

나는 영국 남성의 키가 이른바 정규분포를 따른다고 믿는다고 치자. 다시 말해 대다수 남성의 키는 평균 키 주위에 분포하고 키가 아주 큰 남성이나 아주 작은 남성은 매우 소수라고 여긴다. 하지만 평균이 얼마인지는 모를 수 있다. 그래도 평균이 6피트(약 183센티미터) 미만이라고 꽤 확신하는 편인데, 6피트 1인치 미만이라고는 더 확신하고, 6피트 2인치 미만이라고는 더더욱 확신한다. 나아가 7피트(약 213센티미터) 미만이라는 데는 아무런 의심이 없다. 마찬가지로 5피트 6인치(약 167.6센티미터)보다 크다는 데는 꽤 확신하며, 5피트 4인치(약 164.6센티미터)보다 크다는 데는 더더욱 확신하며, 5피트 2인치(약 157.5센티미터)보다 크다는 데는 아무런 의심이 없다. 내가 여기서 설명하는 내용은 있을 수 있는 평균 키의 값에 관한 내 믿음의 분포, 곧 평균 키가 어느 특정한 범위에 놓일지를 얼마만큼 확신하는지를 말하고 있다.

그런 믿음 분포는 나름의 근거가 있겠지만, 정확히 어떤 근거에서 나왔다고 말하긴 어렵다. 내가 과거에 만났던 사람들의 키에 관한 인식, 내가 읽었던 이전의 연구들에 관한 막연한 기억, 누군가가 나한테 말해준 내용, 그 밖의 다른 출처들이 합쳐진 결과일 듯하다. 어쨌든 그것은 이전의 데이터 세트에서 나왔는데, 하지만 정확히 그 데이터를 짚어내거나 수치를 제시하기가 거의 불가능하다. 다크 데이터인 셈이다.

인구의 평균 키에 관한 우리의 믿음이 어디서 나왔는지가 본디 주관적이고 불확실하기 때문에 우리는 평균이라고 짐작하는 값을 바탕으로 어떤 판단을 하거나 결정을 내리기를 주저할지 모른다. 대신 어느 정도 객관성을 확보하고자 데이터를 모으고 싶을 것이다. 바로 이것이 통계에 관한 베이즈 접근법이 하는 일이다. 우선 이 방법은 있을 수 있는 평균 키에 관한 초기 믿음, 곧 사전prior 믿음에서 시작한다. 그러고 나서 진짜 데이터가 입수되면 그 믿음을 조정해서 사후posterior 믿음을 내놓는다. 가령 영국인 100명으로 이루어진 무작위 표본의 키들을 측정한 다음 그 100개의 수를 이용하여 전체 인구 평균에 관한 우리의 초기 믿음을 조정하거나 업데이트한다고 하자. 그 결과, 평균 키에 관해 있을 법한 값들의 새로운 분포가 생성되며, 여기서 초기 믿음의 분포는 실제로 관측된 값들 방향으로 옮겨간다. 만약 표본이 매우 크다면 거의 완전히 그 표본과 일치되어서 주관적인 초기 믿음의 영향을 거의 받지 않는다. 이런 업데이트 또는 조정 과정은 '베이즈 정리Bayes's theorem'라는 확률 정리를 이용하여 이루어진다. 베이즈 정리는 관찰되지 않은 다크 데이터를 실제 관찰 데이터와 결합해 있을 법한 평균 키에 관한 믿음의 새로운 분포를 내놓는다. (도움이 될지 모르겠지만, 영국 통계청에 따르면 영국 남성의 평균 키는 5피트 9인치, 175센티미터다.)

예를 하나 들어보자. 과학자들은 일찍이 17세기부터 빛의 속력을 알아내려고 했다. 1638년에 갈릴레오는 빛의 속력이 소리의 속력보다 적어도 열 배임을 알아냈고, 1728년에 제임스 브래들리James Bradley는 빛의 속력이 초속 301,000킬로미터라고 추산했으며, 1862년 레옹 푸코Léon Foucault는 초속 299,796킬로미터라고 추산했다. 우리는 이런 추산치들과 다른 추산치들을 요약하여 서로 다른 여러 값을 우리가 얼마만큼 확신하는지에 관한 분포를 내놓을 수 있다. 자세한 실험 결과들은 다크 데이터일지 모르지만 믿음 분포는 그런 결과들이 담고 있는 관련 정보를 포착하고 있다. 19세기 후반에 캐나다계 미국인 천문학자이자 수학자인 사이먼 뉴컴(앞서 벤포드 분포와 관련하여 만났던 바로 그 사람)이 추가 실험을 실시했다. 1882년 7월 24일부터 9월 5일 사이에 측정했고, 이 기록을 1891년에 미국 항해 연감사무소의 《어스트로노미컬 페이퍼스Astronomical Papers》에 발표했다.[1] 뉴컴의 자세한 측정을 이전의 실험들로부터 얻은 우리의 믿음 분포에 내재된 다크 데이터와 결합하면 좀 더 정확한 분포가 나올 수 있다. 현재 빛의 속력에 관한 최상의 추산치는 진공 속에서 초속 299,792.458킬로미터다.

베이즈 통계는 굉장히 중요해져서 오늘날 통계적 추론의 두 (어떤 이들에 따르면 세) 학파 중 하나가 되었다.

사생활 보호와 기밀 유지

이번 장에서는 기존의 통계학 절차와 원리를 관측된 데이터의 관점보다는 다크 데이터의 관점에서 살펴보았다. 이런 고찰 방식은 종종 새로운 통찰을 낳는다. 하지만 다크 데이터를 활용하는 다른 방법도 있다. 앞으로 보겠지만 사실 데이터 감추기는 현대사회가 효과적으로 기능하는 데 중심 역할을 한다. 우리는 데이터를 감추지 않고서는 일상 활동이 불가능하다.

6장과 7장에서 우리는 사기꾼들이 어떻게 정보를 숨기는지 알아보았다. 사기꾼들의 목표는 상황을 왜곡시켜 전달하는 것이다. 그들은 여러분이 어떤 거래에서 이득을 본다고 믿음을 주지만, 사실은 손해를 입게 만든다. 또는 실험 결과에 관한 진실을 감추려고 한다. 스파이도 마찬가지 일을 한다. 스파이는 자신의 진짜 목적, 진짜 정체, 진짜 행동을 목표 대상(아마도 정부나 기업)에게 감춘다. 스파이는 자신의 정체를 적대 세력인 정부가 알아내길 원치 않기에 늘 활동을 숨기려고 애쓴다. 반대로 다른 이들이 보여주고 싶어하지 않는 데이터, 정부가 스파이한테 비밀로 하려고 애쓰는 데이터를 찾아내려고 한다. 여기까지는 꽤 단순한 수준이고, 좀 더 복잡한 수준에서 보면 만약 정부가 분명히 숨기려고 하는 자료가 유출되었는데 적들이 그걸 보고 자신들의 능력을 깨닫고 허튼짓을 하지 않을 수 있다면 그것도 결국 정부에게 유리할 수 있다. 그리고 이중 스파이도 있다. 이 경우에는 누구한테서 무엇을 숨기는지가 확실치 않을지 모른다. 이런 식으로 상황이 복잡해질 수 있다!

하지만 뭔가를 숨기고 싶은 사람은 사기꾼과 스파이만이 아니다. 자신도 모르는 사이에 우리의 의료나 금융 이력이 공개될지 모른다. 우리가 살아가는 모습이 공개적으로 알려진다면 곤혹스러울 수도 있다. 이것이 사생활 보호의 핵심이며, 세계인권선언 12조는 이렇게 시작한다. "누구도 자신의 사생활에 대하여 자의적 간섭을 받지 아니하며……."

사생활 보호는 다양하게 정의되어왔다. 혼자 있으면서 방해를 받지 않을 권리, 정부의 개입으로부터 보호받을 권리, 자신의 존재를 선택적으로 세상에 드러낼 권한 등이 그 정의다. 물론 이런 고급 수준의 정의도 좋지만 사생활 보호와 정체 숨김은 실용적인 수준에서도 중요하다. 여러분은 패스워드를 통해 은행 계좌, SNS 계정, 휴대전화, 노트북 등을 보호한다. 다시 말해 여러분 계정의 데이터는 위협 요소로부터 보호하기 위해 숨겨진다. 아울러 그런 차원에서 든든한 패스워드를 만드는 법을 아는 것도 중요하다.

아직도 대단히 많은 사람들이 'password'나 '123456' 같은 뻔한 패스워드를 고수한다. [오래된 농담 중에 자기 패스워드를 전부 'incorrect(틀린)'로 바꿨다는 사람이 있다. 그 패스워드를 잊어버리면 컴퓨터가 "your password is incorrect(패스워드가 틀렸습니다)"라고 알려주기 때문이라나.] 이런 패스워드는 장비를 샀을 때부터 설정되어 있던 것으로, 시스템을 설치할 때 바꿔줘야 한다. 해커는 보통 그런 뻔한 기본 설정 패스워드부터 살펴보기 시작한다. 패스워드를 풀기 위한 더 일반적인 기본 해킹 전략은 수십억 개의 서로 다른 문자 조합을 시도해보는 것이다. 당연히 컴퓨터로 하는데, 초당

50만 번의 속도로 이루어질 수 있다. 해커가 (어쩌면 숫자로만 이루어진) 여러분의 패스워드에 관해 어느 정도 정보를 갖고 있다면 해킹 과정이 엄청나게 빨라진다. 그렇기에 숫자와 특수기호뿐만 아니라 대문자와 소문지도 함께 넣어야 더 안전하다. 그러면 해커는 훨씬 더 큰 문자 조합과 훨씬 더 많은 경우의 수를 뒤져야 한다. 0~9까지 열 개의 수만으로 여덟 자 길이의 패스워드를 만들면, 나올 수 있는 패스워드의 경우의 수는 10^8, 1억이다. 이것을 초당 50만 번의 속도로 검사하면 전부 뒤지는 데 200초가 걸린다. 3분이 조금 넘는 시간이다. 반면에 열 개의 수와 더불어 영어 알파벳 대문자와 소문자 그리고 12개의 특수문자까지 사용할 경우, 여덟 자 길이 패스워드의 경우의 수는 모두 74^8, 대략 9×10^{14}이다. 초당 50만 번의 속도라면 모두 뒤지는 데 2,850만 년이 걸린다. 이제 안심이다.

스파이 활동과 패스워드는 암호 및 암호학과 밀접한 관련이 있다. 이는 다른 사람들이 읽지 못하게 하면서(비밀로 유지하면서) 두 사람 간에 정보를 주고받는 도구다. 사실 이 개념은 스파이 활동만이 아니라 훨씬 더 널리 적용된다. 가령 상업 조직들은 종종 기밀 정보를 교환하길 원하며, 은행은 메시지를 가로채거나 수정하거나 당사자가 아닌 다른 수신자에게 보낸 사실이 없다는 것을 확인해야 한다. 여러분도 여러분의 이메일을 비롯한 통신 내용을 원래 의도했던 수신자 이외의 다른 누구도 시스템에 침입해 읽을 수 없다고 확신하고 싶을 것이다.

오늘날 최신 방식은 공개키 암호화public-key cryptography를 기반으로 하는 경우가 많다. 두 가지 숫자 '키'를 사용하는 멋진 수학적 해법인데, 둘 중 한 키는 메시지를 암호로 만들고 다른 한 키는 암호화된 메시지를 푼다. 첫 번째 키는 공개되기 때문에 누구든 메시지를 암호로 만들 수 있다. 두 번째 키는 비밀이기 때문에 그것을 아는 사람들, 곧 비밀 키를 가진 사람들만이 암호화된 메시지를 풀 수 있다.

암호학과 관련하여 진지한 공공적·사회적·윤리적 사안들이 제기될 수 있다. 합법적인 거래도 비밀을 위해 암호화에 많이 의존하지만, 범죄자나 테러리스트의 통신과 같은 비합법적인 거래도 암호화 방법을 이용할 수 있다. 애플사는 미국 법원으로부터 잠긴 아이폰에 관한 정보를 내놓으라는 요청을 여러 번 받았다. 한번은 FBI가 애플에 아이폰 잠금을 해제해달라고 요청한 적이 있다. 2015년 12월 캘리포니아주 샌버너디노에서 14명이 사망한 테러 공격의 범죄자 중 한 명이 소유한 아이폰이었다. 하지만 그런 요청은 개인정보가 어느 정도까지 신성불가침이어야 하는지를 놓고서 광범위한 의문을 불러일으킨다. 이 사례에서 애플이 요청을 거절하는 바람에 청문회가 예정되었다. 하지만 청문회가 열리기 전에 FBI가 제삼자를 통해 아이폰을 여는 바람에 그 요청은 철회되었다. 개인정보 보호, 비밀 유지, 그리고 휴대전화에서 다크 데이터에 대한 접근에 관한 이야기는 오랫동안 미해결 과제로 남아 있다.

국가통계원NSI들은 각국의 공식 통계기관이다. 전 인구로부터 데이터를 수집한 뒤 대조·분석하여 인구 동향을 파악함으로써 효과적인 사회 및 공공 정책을 개발한다. 그런 기관들은 요약 통계는 공개하지만 사적인 내역(마이크로데이터)은 비밀을 유지해야 한다. 가령 여러분은 자국의 NSI가 임금 분포라든가 각종 질병에 걸린 사람들의 수에 관한 정보는 공개하더라도 여러분의 임금이나 과거 의료 이력은 누설하지 않기를 바랄 것이다. 이 정책은 미묘한 사생활 침해 문제를 낳을 수 있다. 특히 만약 소수 집단에 관한 정보가 공개된다면 그 집단 내 개인의 신분이 노출될 우려가 있다. 이를테면 특정 우편번호 지역에 사는 50세에서 55세 사이의 남성에 관한 정보가 공개된다면 범위가 상당히 좁혀질 수 있다. 최악의 경우 집단을 정의하는 모든 조건을 만족하는 사람이 단 한 명일 수도 있다.

이런 민감한 사안 때문에 NSI를 포함한 여러 기관은 데이터를 숨기는 도구를 개발해왔다. 인구 관련 정보를 공개할 때 개인의 사생활을 침해하지 않기 위해서였다. 예를 들어 기준을 교차 분류했더니 소수의 사람들(가령 특정 도시에 살면서 1년에 100만 달러 이상 버는 사람들)이 나왔다면, 이 분류 집단에 이웃하는 집단들(가령 특정 지역군에 살면서 1년에 10만 달러 이상 버는 사람들)과 결합시킬 수 있다.

NSI들이 데이터의 세부사항을 숨기려고 사용하는 또 하나의 전략은 데이터를 무작위로 왜곡하거나 교란하기다. 이를테면 한 도표의 각 칸에 무작위의 작은 수를 더하여 정확한 진짜 수를 드러내지 않고 발표하지만, 대체적인 양상(가령 전체 인구 평균, 서로 다른 집단들의 수치 분포)은 여전히 잘 표현되도록 하는 방법이 있다. 이렇게 데이터를 구성하는 모든 수치를 교란시키면서도 큰 구도는 정확히 보존하는 방법들이 존재한다.

세 번째 전략은 옳은 데이터의 분포와 특성을 모형으로 만든 다음에, 그 모형을 이용하여 동일한 특성을 지닌 합성 데이터를 생성하는 것이다. 앞서 논의했던 시뮬레이션 접근법과 마찬가지다. 예를 들어 우리는 평균 나이, 그리고 인구 집단 내 나이의 분포와 더불어 그 분포의 전반적인 형태를 계산한 뒤에 동일한 평균, 퍼짐 및 분포 형태를 가진 인공 데이터를 생성할지 모른다. 그러면 진짜 데이터는 완전히 사라지지만, (어느 시점까지는) 진짜 데이터와 일치하는 합성 데이터로부터 요약 내용을 얻을 수 있다.

또한 데이터는 개인을 식별할 정보를 없애 익명화anonymize할 수도 있다. 이를테면 이름, 주소, 주민등록번호를 기록에서 지울 수 있다. 익명화에는 단점이 있는데, 각 기록이 누구 것인지를 다시 확인할 가능성이 사라진다. 따라서 임상시험 기록의 경우 이름과 주소를 삭제하여 익명성을 보존할 수 있지만, 나중에 일부 환자가 심각한 위험에 빠질 경우에 대비해 그들의 신원을 다시 확인할 수 있도록 해야 한다. 어쨌든 많은 기업에서 개인을 식별하기 위한 기록을 유지하는 일은 기업 운영에 필수적이다.

이러한 사례들에서 우리는 이른바 가명화pseudonymization를 이용할 수 있다. 식별 정보를 삭제하는 대신 암호로 대체하는 기법이다. 예를 들어 이름을 무작위로 선택한 정수로 대체할 수 있다(가령 '홍길동'을 '665347'로 대체한다). 식별자와 암호를 연결시켜 확인해주는 파일이 어딘가에 존재한다면 필요할 경우 개인의 신원을 다시 알아낼 수 있다.

통계기관이 사용하는 익명화의 공식적 정의에서는 대체로 익명화 과정이 "개인의 신원이 다시 드러나지 못하게끔 합리적인 수단으로" 보호해야 한다는 구절이 들어 있다. 왜냐하면 3장에서 논의했듯이 데이터 세트는 다른 데이터와 연결되어 있을지 모르므로 완벽한 익명화가 좀체 보장되지 않기 때문이다. 데이터 세트의 연결은 인간의 생활 조건을 향상시킬 잠재력이 막대하다. 예를 들어 음식 구매 패턴을 건강 데이터와 연결하면 소중한 역학 통계가 나온다. 초·중·고등학교와 대학교의 교육 데이터를 국세청의 고용 및 소득 데이터와 연결하면 공공정책을 발전시키는 데 매우 유용한 정보가 나온다. 이런 식의 연결은 실제로 전 세계에 걸쳐 광범위한 기관들이 점점 더 많이 실시하고 있다. 하지만 그런 시도는 데이터베이스에 포함된 사용자가 개인정보 보호와 기밀성이 보장된다고 확신할 수 있어야 성공할 수 있다. 4장에서 살펴보았던 영국의 행정 데이터 연구 네트워크ADRN는 그런 개인정보와 기밀성 위험을 해소했는데, 바로 데이터 연결에 '신뢰받는 제삼자trusted third party' 방법을 사용한 덕분이다. 신뢰받는 제삼자란 어느 특정한 데이터 소유자도 식별자 및 (식별자에) 연결된 데이터 둘 다를 한꺼번에 소유하지 못한다는 뜻이다.[2] 데이터 세트가 두 개인 경우 ADRN 시스템은 아래와 같이 작동했다.

1. 각 데이터베이스 관리자가 자신들의 데이터 세트 내의 각 기록에 대한 고유 ID를 만들었다.
2. 다른 데이터는 제외하고 이 ID 및 관련 식별 정보(가령 이름)만 안전한 회선을 통해 '신뢰받는 제삼자'에게 보내고, 거기서 식별 정보를 ID와 일치시켰다.
3. 각 기록에 대한 연결 ID가 만들어졌다.

4. 각 기록에 대한 연결 ID와 고유 ID를 담고 있는 파일을 데이터베이스 소유자에게 다시 보냈다.

5. 데이터베이스 소유자는 연결 ID를 자신들의 데이터 세트 내의 기록에 추가했다.

6. 마지막으로 각 데이터베이스 소유자는 식별 정보(가령 이름)를 제거하고 기록과 연결 ID를 연구자에게 보냈다. 연구자는 기록이 누구 것인지 모르고서도 연결 ID를 이용하여 데이터 세트들을 연결할 수 있었다.

이 과정은 복잡해 보이지만 두 데이터 세트에서 나온 기록들을 연결시키면서 신원을 숨기는 데, 그리고 연결된 데이터 세트에 신원이 존재하지 않게 만드는 데 매우 효과적이다.

이런 연결 행위는 사회에 대단히 소중한 역할을 할 수 있지만, 연결된 데이터는 늘 신원이 드러날 위험을 수반한다. 그리고 이 위험은 데이터가 향후에 외부 데이터 세트와 연결되면 극적으로 증가할 수 있다. (ADRN에서는 이런 위험을 근원적으로 차단했다. 모든 분석을 다른 데이터 출처에 접속하지 않고 안전한 환경에서 한 것이다.)

1997년에 매사추세츠 그룹 인슈어런스 커미션GIC이라는 관청은 연구자들이 질 높은 의료 전략을 개발할 수 있도록 병원 데이터를 공개했다. 당시 매사추세츠 주지사 윌리엄 웰드William Weld는 대중들에게 개인정보가 보호된다고 안심시키면서, GIC가 데이터에서 개인 식별자를 삭제했다고 알렸다.

하지만 데이터 연결의 가능성은 언급되지 않았다. 당시 MIT 대학원생이었던 라타냐 스위니Latanya Sweeney는 '컴퓨터를 이용한 노출 제어computational disclosure control'를 연구 중이었다. 데이터를 숨기는 도구와 방법을 연구하는 컴퓨터과학의 한 분야였다. 웰드의 주장과 달리 스위니는 GIC 데이터 내에서 개인을 식별하는 것이 가능한지 궁금했다. 특히 스위니는 웰드의 데이터를 검색해보기로 했다. 웰드가 매사추세츠주 케임브리지에 살고 있으며, 거기에는 ZIP 코드가 일곱 개뿐이고 주민이 54,000명임은 공개된 정보였다. 스위니는 이 정보를 케임브리지의 선거인 명부 내의 데이터와 맞추어보았다. 그 데이터는 당시 20달러만 주면 구입할 수 있었다. 그다음에 다른 공개된 웰드 관련 정보(가령 생년월일과 성별)를 이용하여 웰드의 선거 명부 기록을 병원 기록과 맞추어보고서 그의 의료 기록을 식별해낼 수 있었다. 스위니는 상황을 알아차리도록 그 의료 기록을 웰드에게 보냈다.

사실 이 사건에는 특이한 점이 있다. 어떤 면에서 보자면 쉽게 식별 가능한 개인들이 어느 데이터 세트에도 들어 있을지 모르지만, 그렇다고 해서 대다수 사람의 신원이 식별될 수 있다는 뜻은 아니다. 이 사례에서 웰드는 많은 정보가 널리 알려진 공인이었다. 게다가 그의 신원 확인은 선거 명부의 정확성에 달려 있었다. 컴퓨터 시뮬레이션을 전문적으로 하는 전염병학자 대니얼 바스존스Daniel Barth-Jones가 이 사건을 자세히 조사해서 이런 예외적인 속성을 밝혀냈다.[3] 그렇기는 해도 매우 당혹스러운 사건이 아닐 수 없다. 급기야 최근에는 법률이 바뀌어서 그런 신원 확인은 더 어려워졌다.

또 다른 초기의 유명한 사례가 있다. 웹 포털이자 온라인 서비스

공급업체인 AOLAmerica Online, Inc.이 2006년에 검색 데이터를 공개했다. 익명성을 유지하기 위해 검색자의 IP 주소와 가명인 사용자명을 삭제하고, 그 정보들을 무작위로 선택된 식별자로 대체했다. 이번에 익명성을 깨뜨린 사람은 대학원생이 아니라 기자 두 명이었다. 둘은 식별자 4417749가 셀마 아널드Thelma Arnold, 곧 조지아주 릴번에 사는 한 과부임을 알아냈다. 두 기자는 아널드의 검색 기록에 포함된 정보를 이용해서 검색 범위를 좁혀서 식별자의 신원정보를 알아낸 것이다. 아널드는 성이 아널드인 사람들의 질병을 검색했는가 하면, 개와 관련된 내용 등을 검색하기도 했다.

그리고 2006년의 악명 높은 넷플릭스상Netflix Prize 사건이 있다. 넷플릭스의 데이터베이스에는 넷플릭스 구독자 50만 명이 매긴 영화 선호에 관한 비교 등급이 들어 있었다. 넷플릭스는 고객에게 영화를 추천하기 위해 공개 경연을 열었다. 그리고 기존의 알고리즘보다 10퍼센트 더 정확한 알고리즘을 개발하는 이는 100만 달러의 상금을 받을 수 있었다. 이번에도 모든 개인 식별 정보는 삭제되었고 식별자는 무작위 코드로 대체되었다. 하지만 텍사스대학교의 두 연구자, 아빈드 나라야난Arvind Narayanan과 비탈리 시마티코프Vitaly Shimatikov가 익명 정보를 깨고 말았다. 나라야난과 시마티코프는 이렇게 썼다. "한 개인 구독자에 관해 조금만 아는 경쟁 상대라도 데이터 세트 내의 구독자 기록을 쉽게 식별할 수 있음을 우리는 입증했다. 우리는 인터넷 무비 데이터베이스IMDb를 배경 지식으로 삼아 알려진 사용자들의 넷플릭스 기록을 성공적으로 식별해냈으며, 그들의 정치 성향을 비롯해 잠재적으로 민감한 다른 정보도 알아냈다."4

지금까지 설명한 내용은 전부 익명으로 처리되었다고 하는 데이터를 식별해낸 초기 사례들이다. 이런 사례들로 인해 데이터 세트를 더욱 안전하게 만들고 익명성을 깨는 시도를 처벌하는 법규와 법률 조항이 도입되었다. 하지만 뼈아픈 진실은 데이터란 완전히 다크 상태여서 쓸모가 없든지, 아니면 어떤 빈틈으로라도 침입을 당하고 만다는 것이다.

데이터를 다크 상태로 수집하기

앞서 보았듯이 개인을 식별하는 데이터는 다른 데이터 세트에 연결될 때 익명화될 수 있지만, 거기서 한 걸음 더 나아갈 수도 있다. 수집할 때, 그리고 계산에서 사용할 때 데이터를 다크 상태로 만드는 것도 가능하다. 그러면 실제로 애초에 데이터가 보이지 않게 된다. 하지만 그런 상태에서도 여전히 데이터는 뭔가를 발견하거나 값을 추출하는 데 쓰일 수 있다. 다음은 보이지 않는 데이터가 쓰일 수 있는 몇 가지 방법이다.

첫째, 확률화응답randomized response은 민감하거나 사적인 정보(성적 사안이나 부정직한 행동 같은)를 수집하기 위한 오래된 전략이다. 예를 들어 인구 중에서 무언가를 훔친 적이 있는 사람들의 비율을 알고 싶다고 하자. 직접 물으면 왜곡된 반응이 나오기 쉽다. 그런 질문에는 거짓말을 하거나 답변을 거부하는 경향이 있기 때문이다. 그래서 각 사람에게 동전을 던지라고 부탁하고서, 질문자는 동전을 던지는 모습을 보지 않는다. 응답자는 동전이 윗면이 나온다면 "뭔가를 훔친 적이 있습니까?"라는 질문에 예 또는 아니요로 솔직하게 답해야 하지만, 뒷면이 나온다면 그냥 예라고만 답하면 된다. 이제 어떤 한 사람에게서 긍정적인 답이 나왔다고 하자. 우리는 응답자가 뭔가를 훔쳤는지 아니면 그냥 동전 뒷면이 나온 것인지 모른다. 하지만 전체적으로 드러나는 사실이 있다. 동전이 윗면이 나올 확률은 2분의 1이므로, 아니요라고 응답한 사람들의 수는 진짜로 무언가를 훔치지 않은 사람들의 딱 절반이다. 따라서 이 수의 두 배가 진짜로 훔치지 않은 사람들의 수다. 이 값을 전체 수에서 빼면 무언가를 훔친 사람들의 수가 얻어진다.

영국 이스트앵글리아대학교의 데이비드 휴존스David Hugh-Jones는 이 개념의 한 버전을 이용하여 15개국의 정직성을 조사했다.[5] 그는 (결과를 보지 않으면서) 사람들에게 동전을 던지라고 부탁하고서 윗면이 나오면 5달러를 보상으로 주었다. 전부 진실을 말한다면 대략 절반이 동전 윗면이 나온다고 보고하리라고 예상된다. 윗면이 나왔다고 보고하는 사람들의 비율이 절반보다 크면 사람들이 거짓말을 한다고 볼 수 있다. 휴존스는 이것을 정직성의 척도로 삼았다.

확률화응답 전략은 데이터를 수집하는 과정에서 데이터를 숨기는 한 가지 방법이다. 그리고 계산할 때 데이터를 숨기는 방법도 있다. '안전한 다자간 계산secure multiparty computation'은 한 집단에서 정보를 수집하면서도 구성원 중 누구도 다른 이의 데이터를 모르도록 하는 방법이다. 아주 간단한 예를 들어보자. 내가 이웃들의 평균 급여를 알고 싶은데 다들 얼마 번다고 밝히기를 꺼린다. 그 경우 나는 각자에게 급여를 두 수 a와 b로 쪼개라고 한다. 따라서 가령 2만 파운드를 버는 사람은 그 액수를 19,000과 1,000파운드로 쪼개거나 10,351과 9,649파운드로 쪼개거나 2와 19,998파운드로 쪼갤 수 있으며, 심지어 30,000과 -10,000파운드로 쪼갤 수도 있다. 두 수를 합쳐 전체 급여만 된다면 어떻게 쪼개도 상관없으며, 따라서 양수와 음수로도 쪼갤 수 있다. 그런 다음에 a 부분들을 전부 누군가에게 보내고, 그 사람이 그 수들을 더하면 총합 A가 나온다. 그리고 b 부분들을 다른 누군가에게 보내고(반드시 다른 사람이어야 한다), 마찬가지로 그 사람이 그 수들을 더하면 총합 B가 나온다. 마지막 단계는 그냥 A와 B를 더하고 그 값을 사람 수로 나누어서 평균을 낸다. 이 과정 내내 아무도 다른 사람의 급여를 모른다는 점에 주목하자. 더하기를 하는 사람조차도 자기한테 보이지 않는 빠진 부분(a 또는 b)을 전혀 모른다.

안전한 다자간 계산은 한 모집단에서 나온 데이터를 요약하면서도 모집단 내의 구성원을 포함해 어느 누구도 모집단 내의 개인에 대한 값을 모르게 하는 방법이다. 하지만 사실은 거기서 더 나아갈 수도 있다. '동형 암호homomorphic encryption'라는 기법을 이용하면 데이터가 암호화된 채로 분석되고 결과도 암호화된 채로 제공되는데, 데이터 분석자조차도 데이터나 결과가 어떤 의미인지 모른다. 그러면 여러분(암호화된 값을 푸는 법을 아는 유일한 사람)이 결과를 풀수 있다. 이 기법을 실제 적용한 사례는 2009년 IBM 왓슨 연구센터 출신의 크레이그 젠트리Craig Gentry의 논문에 나오지만, 기본 개념은 1970년대에 나왔다.[6]

아래 내용은 그 개념을 억지로 단순화한 사례다. 실제 적용 사례는 훨씬 더 복잡한 방법이 사용된다.

한 동호회 사람들의 평균 나이를 계산하고 싶은데, 그 계산을 할 정도로 성능이 좋은 컴퓨터가 없다고 하자. 그래서 우리는 성능 좋은 컴퓨터가 있는 사람한데 계산을 맡기려고 한다. 하지만 그에게 나이는 보여주고 싶지 않다. 그래서 우선 각각의 나이에 무작위로 고른 값을 더해서 '암호화'한다. 아울러 우리가 더했던 무작위 수들의 전체 평균도 계산한다. 이제 우리는 암호화된 수들(원래 수들의 합과 그 수들의 무작위 파트너들의 합)을 어떤 이에게 보내서 계산하도록 한다. 그 사람은 암호화된 수들을 합한 다음에 그 평균을 다시 우리에게 돌려보낸다. 그 사람이 보낸 평균에서 무작위적인 수들의 평균을 빼면 동호회 사람들의 평균 나이가 쉽사리 얻어진다.

분명 이것은 매우 간단한 사례다. 보통의 경우에는 단지 평균값을 구하기보다 더 버거운 일이 관심사일 것이다.

앞서 보았듯이 데이터는 수집자조차 알지 못한 채로 수집될 수 있다. 또한 데이터는 계산하는 이들이 자신들이 무엇을 분석하는지 모른 채로 분석될 수 있다. 더 일반적으로 말해, 이번 장은 다크 데이터의 개념을 뒤집었다. 대체로 다크 데이터는 문제의 원천이다. 다크 데이터는 우리가 알고 싶은 바를 숨기며, 왜곡된 분석과 오해를 일으킬 수 있다. 하지만 이번 장에서 보았듯이 데이터 숨기기는 지극히 유용하게 쓰일 수 있어서 추산치를 향상시키고 더 올바른 결정을 내리게 하며, 심지어 범죄자로부터 우리를 보호할 수도 있다.

10장

다크 데이터 분류법

미로 속으로 난 길

DARK
DATA

다크 데이터의 15가지 유형

이 책에서 우리는 다크 데이터의 많은 사례를 보았다. 아울러 왜 다크 데이터가 생기는지, 다크 데이터의 중요성이 무엇인지, 그리고 다크 데이터가 초래하는 문제에 어떻게 대응할지를 살펴보았다. 하지만 다크 데이터가 생기는 이유는 여러 가지이기 때문에 상황이 복잡해질 때가 종종 있다. 예를 하나 들어보자.

영국 정부의 행동통찰력팀Behavioural Insights Team을 가리켜 언론에서는 '넛지 유닛Nudge Unit'이라고 부른다(nudge는 '팔꿈치로 콕 찌른다'라는 뜻 – 옮긴이). 이 조직은 행동에 크게 영향을 끼치도록 전략적으로 적용할 작은 정책 변화(넛지)를 찾는다. 이 팀의 최근 보고서는 다음과 같이 언급한다. "여러 언론 보도가 언급한 공식 통계에 따르면, 지난 40년간 영국 인구의 열량 섭취는 크게 줄었다. 하지만 우리가 보아왔듯이 그 기간에 체중은 증가했다. 적게 먹는데 어떻게 체중이 늘었을까? (…) 한 가지 답을 내놓자면, 분명 신체 활동이 줄어들어 에너지를 훨씬 적게 소모했기 때문일 것이다."[1]

조금 놀랍긴 하지만 그럴듯하게 들린다. 적게 먹는 정도에 비해 운동을 훨씬 덜 하기에 체중이 는다고 볼 수 있기 때문이다. 하지만 보고서는 그런 결론이 타당하지 않다고 결론 내리면서 이렇게 지적한다. "보고된 열량 소비 수준은 비록 우리가 신체 활동 수준이 매우 낮다고 치더라도 현재의 체중을 유지하기엔 너무 낮다." 그러고는 이렇게 덧보탠다. "열량 섭취에 관한 이 추산치는 흔히 인용되는 일일 권장치인 (건강한 체중을 지닌) 남성 2,500킬로칼로리, 여성 2,000킬로칼로리보다 낮다." 행동통찰력팀이 시사한 바에 따르면 문제는 다크 데이터였다.

음식 구매 수준은 '영국의 주거와 식생활비 조사LCFS'로부터 추산했다. 열량 섭취는 영국에 대한 '국민 식사 영양 조사 및 건강 조사NDNSHS'로부터 추산했다. 넛지 유닛의 보고서에 따르면, 이 조사들은 식품 구매 및 열량 섭취를 과소평가하고 있다. 보고서는 LCFS와 관련해서 이렇게 지적했다. "연구에 따르면, LCFS가 포착하지 못한 경제활동의 비율이 1992년에 2퍼센트에서 2008년에 약 16퍼센트로 증가했다." 넛지 유닛이 이 요소를 포함해 LCFS 결과를 조정했더니, 음식 소비는 1990년대 이후로 증가해왔음이 드러났다. NDNSHS 수치에 대해서는 '에너지 소모를 측정하는 황금 기준'인 이른바 이중표식수법double labeled water technique을 사용하여 조정했다. 이렇게 조정된 수치로 볼 때, "전체적으로 우리는 공식 통계에서 보고된 수준보다 30에서 50퍼센트까지 열량을 더 소비하고 있다".

이런 내용은 전부 다크 데이터의 대표 사례처럼 보인다. 열량 섭취는 줄지 않았으며, 누락되거나 잘못 파악한 데이터 때문에 그렇게 보일 뿐이다. 보고서는 이렇게 과소평가가 나오게 된 다섯 가지 이유를 제시하는데, 여기에는 다양한 종류의 다크 데이터가 관련되어 있다.

- 비만 수준의 증가(비만인 사람들은 음식 섭취량을 낮게 보고할 가능성이 더 크기 때문이다. DD 유형 11: 피드백과 게이밍)
- 체중 감소 욕구의 증가(이것이 음식 섭취량을 낮게 보고할 가능성과 관련이 있기 때문이다. DD 유형 11: 피드백과 게이밍)
- 간식 섭취 및 외식의 증가(DD 유형 2: 빠져 있는지 우리가 모르는 데이터)
- 조사 응답률 감소(DD 유형 1: 빠져 있는지 우리가 아는 데이터, DD 유형 4: 자기 선택)
- (열량 계산에 사용되는) 참조 데이터와 진짜 1회 분량 또는 음식-에너지 밀도 사이의 차이 증가(참값을 숨기는 측정 오차. DD 유형 10: 측정 오차 및 불확실성)

넛지 유닛 보고서는 다크 데이터를 초래했을 만한 여러 이유를 명시적으로 확인했지만, 대다수 상황에서 다수의 원인이 관여할 가능성은 크지 않다. 게다가 여러 이유를 잘 정리해서 다크 데이터가 초래하는 위험을 극복하기 위해 적절한 조치를 취하는 일은 결코 쉽지 않을 때가 많다.

첫 번째 단계는 다크 데이터가 존재할 수도 있다고 늘 의식하기다. 우리는 데이터가 불완전하거나 부정확하다는 것을 기본 전제로 삼아야 한다. 그것이 이 책의 가장 중요한 메시지다. 데이터를 의심하라. 적어도 적절하고 정확하다고 증명되기 전까지는.

게다가 다크 데이터 문제에 특히 취약한 상황, 다크 데이터가 이미 수집된 정보를 왜곡하고 있는 특별한 징후, 그리고 위험이 도사리고 있는 더욱 일반적인 상황을 인식할 수 있어야 한다. 이 책은 두 가지 방법으로 그런 인식을 제고하고자 했다.

첫 번째는 이 책에 줄곧 나오는 사례들을 통해서다. 그 사례들은 어떻게 다크 데이터가 생길 수 있는지 설명한다. 우리가 조심해야 할 구체적인 상황들도 보여준다. 물론 이 책에서 설명하지 않은 다른 맥락의 다른 상황도 무수히 많겠지만, 이 책의 사례들이 출발점 역할을 해주리라 믿는다.

여러분이 특별히 위험한 상황들을 인식하는 데 도움을 주기 위해 이 책에서 시도한 두 번째 방법은 다크 데이터의 DD 유형 분류다. 1장에서 처음 소개했고 이후로도 책에서 줄곧 언급했다. 확인하기 쉽도록, 그리고 실제 현실에서 사용할 수 있도록 각각의 사례를 곁들여 아래에 요약해둔다.

이 DD 유형들은 다크 데이터의 '종류들'이라는 공간에 걸쳐 있다. 마치 수평축과 수직축이 한 그래프의 2차원 평면에 걸쳐 있듯이 말이다. 하지만 그래프의 축들과 달리 나의 DD 유형들은 다크 데이터라는 영역을 완전하게 특징짓지는 못한다. 첫째, 데이터가 빠지거나 부적절하게 되는 이유는 이 책에 언급된 것 말고도 무수히 존재할 것이다. 둘째, 새로운 유형의 데이터가 지속해서 생겨나고 있는데, 그것들은 저마다 새로운 유형의 다크 데이터가 될 수 있을 것이다. 이 점에 대해서는 이 장의 마지막 절에서 논의한다. 그렇기는 하지만 DD 유형 목록은 데이터 세트에서, 그리고 데이터를 분석할 때 조심해야 할 일반적인 사안들과 위험 요소들의 체크리스트를 알려주자는 목표로 내놓았다. 하지만 유념해야 할 점이 있다. 한 가지 DD 유형의 존재를 확인했다고 해서 다른 유형들이 존재하지 않는다는 뜻은 아니라는 사실이다.

DD 유형 1: 빠져 있는지 우리가 아는 데이터

이것은 럼스펠드가 말한 "알려진 미지"다. 기록될 수도 있었던 값을 감추는 바람에 데이터에 결함이 있는지 우리가 알 때 생긴다. 도표 1에 나오는 마케팅 데이터 발췌 내용처럼 값이 누락되어 있는 도표 값이 그런 예다. 또는 응답 항목의 부분이든 전부든 인터뷰에 사람들이 응답하지 않아 비어 있는 칸들도 그런 예다. 전부 비어 있는 경우, 응답을 거부한 사람들에 관해 우리가 아는 것이라고는 신원 정보뿐이다.

DD 유형 2: 빠져 있는지 우리가 모르는 데이터

이것은 럼스펠드가 말한 "알려지지 않은 미지"다. 빠진 데이터가 있는지조차 우리가 모르는 경우다. 예를 들어 우리가 웹 설문조사를 하려고 하는데, 예상 응답자 목록을 갖고 있지 않아서 누가 응답을 하지 않았는지조차 모를 때 생긴다. 챌린저호 재앙은 이런 종류의 실수의 대표적인 사례다. 전화 회의 참석자들은 자신들이 데이터를 누락하고 있다는 사실을 알아차리지 못했다.

DD 유형 3: 일부 사례만 선택하기

표본에 포함시키는 기준을 잘못 선택하거나 합리적인 기준을 잘못 적용하면 표본 왜곡이 생긴다. 어떤 연구자는 건강 상태가 그나마 나은 환자를 선택할 수 있고, 어떤 연구자는 평가 대상 회사에 우호적인 사람들을 선택할 수 있다. 그리고 다량의 사례로부터 '최상'이 선택될 때, 특히 어긋난 결과가 나올 수 있다. 향후 평균으로의 회귀가 일어나면서 결과에 실망할 가능성이 크기 때문이다. 마찬가지로 p-해킹이나 다중 가설을 감안하지 못해서 과학적 결과들이 재현되지 못할 수 있다.

DD 유형 4: 자기 선택

자기 선택은 DD 유형 3: 일부 사례만 선택하기의 한 변형이다. 사람들이 데이터베이스에 어떤 내용을 넣을지 결정할 수 있을 때 생긴다. 응답자가 질문에 응답할지 여부를 선택할 수 있는 설문조사, 환자가 자신의 데이터를 저장할지 여부(포함 또는 배제)를 결정할 수 있는 환자 데이터베이스, 그리고 더 일반적으로는 (가령 은행이나 슈퍼마켓에서 제공하는) 서비스를 사람들이 선택하는 상황이 그런 예다. 이 모든 사례에서 데이터베이스에 정보를 제공한 사람들은 그러지 않은 사람들과 상당히 다를지 모른다.

DD 유형 5: 중요한 것이 빠짐

때때로 한 시스템의 결정적 측면이 아예 관측되지 않을 때가 있다. 그러면 잔디가 마르자 아이스크림 매출이 증가하는 경우처럼 인과관계를 잘못 파악할 수 있다. 이 경우에는 인과관계를 판단하는 데 날씨에 관한 데이터가 빠진 게 분명하다. 하지만 어떤 데이터가 빠져 있는지가 늘 명백하지는 않다. 더 곤혹스러운 사례는 심슨의 역설인데, 여기서는 모든 구성요소의 비율이 감소하는데도 전체 비율은 증가할 수 있다.

DD 유형 6: 존재했을 수도 있는 데이터

반사실 데이터는 우리가 다른 조치를 취했거나, 아니면 다른 조건이나 상황에서 무슨 일이 일어나는지 관찰했다면 볼 수 있었을 데이터다. 예를 들면 각 환자가 오직 한 가지 치료만 받을 수 있는 임상시험에서는 (아마도 시험의 목표는 치료 시간을 조사하는 것이므로) 일단 환자가 회복되고 나면 만약 다른 치료를 받았을 때 회복에 걸렸을 시간을 알아내기란 불가능하다. 또 다른 예로는 '미혼인 사람의 배우자 나이'를 들 수 있다.

DD 유형 7: 시간에 따라 변하는 데이터

시간은 여러 가지 방식으로 데이터를 숨길 수 있다. 데이터는 세계의 현 상태를 더는 정확하게 설명하지 못할지 모른다. 어떤 사건들은 관찰 기간이 끝난 이후에 생기는 바람에 관찰되지 않을지 모르며, 속성이 달라지는 바람에 관찰 대상에서 제외될지 모른다. 어떤 병이 진단된 뒤 환자가 사망하기 전에 관찰 기간이 종료되었을 때의 생존 기간에 관한 의학 연구가 그런 예다. 한 국가의 20년 전 인구도 그런 예로서, 이것은 현재의 공공 정책을 개발하는 데 제한적인 가치만 지닌다.

DD 유형 8: 데이터의 정의

정의definition는 상황과 불일치할지 모르며 목적과 용법을 더 잘 반영하기 위해 시간에 따라 변할지 모른다. 이는 경제 영역에서 (그리고 다른 종류의) 시계열 문제를 일으킬 수 있다. 그러면 기본적인 데이터가 더 이상 수집되지 못할 수 있다. 더 일반적으로 말해서, 사람들이 어떤 개념을 이전과는 다른 방식으로 정의하면 이전과는 다른 결론이 도출될 수 있다. 한 가지 예로 영국 범죄 통계는 경찰 기록과 피해자에 대한 설문조사 두 가지 방식으로 측정되는데, 두 출처의 범죄에 관한 정의는 서로 다르다.

DD 유형 9: 데이터의 요약

데이터 요약하기는 정의상 세부사항을 버린다는 뜻이다. 단지 평균만 보고한다면 데이터의 범위라든가 분포가 기우는 정도에 관해서는 아무것도 드러나지 않는다. 평균은 어떤 값들이 매우 다르다는 사실을 감출 수 있으며, 또 다른 극단에서는 거의 모든 값이 동일하다는 사실을 감출 수 있다.

DD 유형 10: 측정 오차 및 불확실성

측정 오차는 참값에 관한 불확실성을 초래한다. 이것이 가장 쉽게 드러나는 상황은 측정 오차의 범위가 참값의 범위를 많이 벗어났을 때다. 이럴 경우 관찰된 값은 참값과 크게 다를 수 있다. 반올림

(반내림), 모으기, 꼭대기 올리기, 바닥 효과 등이 전부 데이터에 불확실성을 불러와서 참값을 흐릿하게 만든다. 불확실성과 부정확성을 일으키는 다른 이유로 데이터 연결이 있다. 이때는 식별 정보가 서로 다른 방식으로 저장되는 바람에 확인 과정이 오류에 취약하다.

DD 유형 11: 피드백과 게이밍

이 유형의 데이터가 생기는 경우는 수집된 데이터의 값들이 수집 과정 자체에 영향을 줄 때다. 성적 인플레이션과 주식가격 거품이 그런 예다. 이 경우 데이터는 현실의 왜곡된 반영인데, 시간이 지날수록 현실에서 더더욱 멀어질 수 있다.

DD 유형 12: 정보 비대칭

사람마다 갖고 있는 정보가 서로 다를 수 있다. 누군가가 다른 이들이 모르는 내용을 알 때 정보 비대칭이 생긴다. 그런 사례로는 내부자 거래, 애컬로프의 레몬시장, 그리고 적국의 능력에 관한 제한된 지식으로 인해 발생하는 국제적 긴장을 들 수 있다.

DD 유형 13: 의도적인 다크 데이터

단지 일부 사례만 선택해서 얻어지는 이 데이터는 특히 곤란하다. 속이거나 오해를 일으킬 목적으로 고의로 데이터를 숨기거나 조작할 때 생긴다. 이것은 사기 행위다. 앞서 보았듯이 이런 데이터는 많은 상황에서 여러 가지 방식으로 생길 수 있다.

DD 유형 14: 조작된 합성 데이터

사기 행위에서처럼 누군가를 속일 의도로 데이터를 만들 때가 있다. 하지만 합성 데이터는 시뮬레이션에서도 발생하는데, 연구 중인 프로세스에서 발생할 수 있는 데이터 세트를 인위적으로 생성하는 경우다. 또 부트스트랩, 부스팅, 평활화처럼 데이터가 복제되는 다른 응용 사례들에서도 합성 데이터가 생성된다. 현대의 통계학 도구들은 이런 아이디어들을 광범위하게 사용하지만, 복제를 잘못하면 그릇된 결론이 나올 수 있다.

DD 유형 15: 데이터 너머로 외삽하기

데이터 세트는 언제나 유한할 수밖에 없다. 다시 말해 최댓값과 최솟값을 가지며, 그 너머는 모른다. 데이터 세트에서 최댓값을 넘거나 최솟값보다 아래에 있을 수 있는 값들에 관해 말하려면 어떤 가정을 먼저 세우거나, 정보를 다른 출처에서 얻어와야 한다. 챌린저호 사고에서 그런 예를 보았는데, 이 경우에 우주왕복선은 기존의 상황보다 낮은 대기 온도에서 발사되었다.

새롭게 조명하기

지난 몇 세기 동안 문명의 진보는 데이터 과학의 발전과 나란히 이루어졌다고 해도 과언이 아니다. 어쨌거나 데이터라는 단어는 증거라는 단어와 거의 동의어이며, 데이터야말로 지난 몇백 년 동안 경제를 성장시키고 사회를 발전시킨 기술 진보와 깨우침의 핵심에 놓여 있었다.

현대의 산업 발전이 화석연료에서 동력을 공급받은 것에 빗대어 데이터는 '새로운 석유'라고 불려왔다. 석유와 마찬가지로 데이터를 효과적으로 다루고 조작할 수 있는 사람들이 막대한 부를 일구었다. 더 중요한 점을 말하자면, 석유처럼 데이터도 유용하게 쓰이려면 정제해야(정화시키고 재처리해야) 한다. 다크 데이터의 오염에 대처하는 일이 정화의 예다.

사실 이런 비유는 조금 껄끄러운 면이 있다. 누구나 이용할 수 있는 석유의 가치와 달리, 데이터의 가치는 여러분이 무엇을 알고 싶은지에 따라 정해진다. 게다가 석유와 달리 데이터는 소유권을 넘기지 않고서도 타인에게 팔거나 줄 수 있다. 데이터는 무제한으로 복제하고 재생할 수 있다. 그리고 물론 데이터는 다크 상태일 수 있다. 곧 우리에게 없는 데이터가 우리에게 있는 데이터의 가치를 크게 약화시킬 수 있다는 얘기다. 게다가 석유의 세계와 비슷한 점이 없는 개인정보나 기밀성 같은 사안들이 존재한다. 데이터는 단순히 또 다른 상품 이상이기 때문에 정부는 데이터 관리와 윤리 사안들을 해결하기 위해 무척 애쓰고 있다.

대체로 데이터 혁명은 관측 데이터가 이끌었다. 2장에서 보았듯이 관측 데이터는 명시적인 개입 없이 어떤 과정의 자연스러운 진행을 기술하는 데이터인데, 특히 다크 데이터의 위험에 취약하다. 관측 데이터는 실험 데이터와 대비되는데, 실험 데이터에서는 다양한 요소의 수준이 제어된다. 게다가 (종종 새로운 유형인) 다량의 관측 데이터가 자동화된 데이터 수집 시스템에 의해, 그리고 다양한 행정 활동의 부작용으로 인해 생성되는 실정이다.

새로운 종류의 데이터로부터 얻는 통찰의 대표적인 사례가 바로 빌리언 프라이시즈 프로젝트Billion Prices Project다. MIT 슬론 경영대학교의 알베르토 카발로Alberto Cavallo와 로베르토 리고본Roberto Rigobon은 웹상에서 온라인 판매가를 대량으로 긁어 모은 뒤 이 정보를 이용하여 인플레이션 지수를 만들었다. 카발로와 리고본은 이 데이터 출처를 이용하여 어떻게 브라질, 칠레, 콜롬비아, 베네수엘라의 인플레이션 추세의 수준과 움직임을 근사적으로 알아낼 수 있는지를 보여주었다. 하지만 한술 더 떠서 그들은 이렇게 언급했다. "대조적으로 아르헨티나에서는 온라인 인플레이션율과 오프라인 인플레이션율 사이에 설명할 길 없는 큰 차이가 존재한다."[2] 그 차이를 설명하기 위해 어떤 데이터를 수집해야 하는지, 또는 어떻게 데이터를 해석해야 하는지 쉽게 알 수 없을 듯했다. 카발로는 이렇게 결론 내렸다. "아르헨티나의 결과는 정부가 공식 인플레이션율을 조작하고 있다는 의심을 확인시켜준다. 아르헨티나는 온라인 인플레이션율이 시간의 흐름에 따른 공식 추산치와 크게 어긋나는 유일한 국가다."

카발로와 동료들은 인플레이션 지수에 관한 전통적인 데이터 수집 활동과 전혀 다른 방식을 취했다. 3장에서 보았듯이 전통적인 방식에서는 연구자들이 상점을 일일이 방문해 진열된 상품의 가격을 기록했다. 이 작업은 비용뿐 아니라 시간도 많이 들었다. 반대로 빌리언 프라이시즈 프로젝트는 매일 업데이트할 수 있는 지수를 내놓았다.

분명 굉장한 빅데이터 성공 이야기가 틀림없다. 하지만 상황이 겉보기대로 마냥 단순하지 않을지 모른다. 카발로와 리고본은 이렇게 말했다. "우리는 (…) 주로 대형 다중 판로 소매업체에만 집중하며 (아미존닷컴과 같은) 온라인 전문 소매업체는 무시하는 편이다."[3] 두 사람은 온라인 가격이 가격 지수에 대한 전통적인 접근법에 비해 훨씬 적은 소매업체 집단과 상품 범주를 다룬다는 사실에 주목했다. 아울러 데이터를 어느 웹사이트에서 수집할지를 결정하는 데는 필연적으로 작은 규모의 사이트들이 다크 데이터로 묻혀버릴 위험이 존재함을 알았다. 게다가 온라인 가격은 가격만 알려줄 뿐 각각의 상품이 얼마나 팔리는지는 알려주지 못한다.

하지만 그런 요소들은 감당하지 못할 장애는 아니다. 알고 나면 우리는 극복해나갈 수 있다. 오히려 관건은 그런 요소들이 다크 데이터를 내포한다는 점이다. 그렇기에 빌리언 프라이시즈 프로젝트가 내놓은 인플레이션의 개념은 전통적인 정의와 미묘하게 달라지고 만다.

웹에서 모은 데이터 세트의 다크 데이터에는 더 심각한 문제점들도 있다. 이를테면 구글의 검색 알고리즘은 더 효율적으로 작동하기 위해 끊임없이 업데이트된다. 하지만 이 변경의 세부사항은 그런 과정에 깊이 관여하는 사람들을 제외하고는 대체로 모든 사람에게 알려지지 않는다. 최근의 변경 내용으로는 등급을 매길 때 웹페이지 품질 평가 점수의 도입, 조작으로 보이는 웹사이트의 강등, 검색어의 의도에 더 잘 맞추기 위한 자연어 처리, 모바일 친화적인 페이지의 등급 격상, 그리고 구글의 지침을 위반하는 웹사이트 식별 등이 있다. 이 모든 변경 사항은 타당하고 유익해 보이지만, 요점은 구글이 데이터 수집의 속성을 바꾼다는 사실 자체다. 다시 말해 이전에 수집된 데이터와 변경 후에 수집된 데이터를 비교하기가 어렵다(DD 유형 7: 시간에 따라 변하는 데이터). 특히 경제 및 사회복지 지표들의 값이 달라질 수 있는데, 기본적인 현실이 바뀌어서가 아니라 현실을 다루기 위해 수집되는 데이터가 바뀌었기 때문이다. 이른바 지표 표류indicator drift가 생기는 것이다. 이런 변화의 밑바탕에 다크 데이터가 도사리고 있다.

이제껏 보았듯이 모든 분야의 성공 이야기는 데이터 세트들의 연결, 서로 다른 출처에서 나온 데이터들의 결합·융합·병합에서 나온다. 그런 활동의 잠재적인 위력은 명백한데, 데이터의 서로 다른 출처들에는 연구 대상의 서로 다른 여러 측면에 관한 정보가 담겨 있기 때문이다. 가장 흔한 예로 사람이 그런 출처에 해당하는데, 분명 앞에서 나온 프로젝트는 사회의 건강과 복지를 이해하고 향상시키는 데 굉장히 유용할 수 있다. 하지만 데이터 연결로 인한 다크 데이터의 위험은 늘 존재한다. 데이터베이스 내의 모집단은 실제 정보와 정확히 일치하지는 않으며(어떤 이가 포함시키지 않는 사례를 다른 이는 포함시킬지 모른다), 데이터 저장 방식의 차이 때문에 확인 과정에서도 종종 불일치가 일어난다(존 스미스는 존 W. 스미스나 J. W. 스미스와 동일인인가 아닌가?). 그리고 중복 기록도 존재할지 모른다.

이 책은 주로 다크 데이터가 어떻게 사람을 속일 수 있는지, 그리고 그럴 경우 어떻게 대처할지를 다룬다. 하지만 다크 데이터는 기계도 속일 수 있다. 기계학습과 인공지능의 적용 사례들이 점점 더 많아지고 있으므로 다크 데이터가 기계를 속이는 바람에 실수와 사고를 초래하는 일도 더 많이 알려지리라고 예상된다. 실제로 기계학습과 컴퓨터 비전 분야에서는 '밀[馬]'이라는 개념이 있다. 클레버 한스Clever Hans의 이름을 딴 명칭이다.

클레버 한스는 빌헬름 폰 오스텐Wilhelm von Osten이라는 독일의 교사가 소유한 말로서, 산수를 할 줄 아는 듯 보였다. 한스는 더하기, 빼기, 곱하기, 나누기를 할 수 있을 뿐 아니라 시간을 알려주는 등의 복잡한 행동도 할 수 있는 것처럼 보였다. 심지어 독일어를 읽고 이해할 수 있는 듯했다. 폰 오스텐이 한스에게 글이나 말로 질문을 하면, 한스는 말하거나 쓸 수가 없었기에(그 정도로 똑똑하진 않았기에) 발굽을 올바른 횟수만큼 두드려서 답을 했다.

생물학자이자 심리학자인 오스카 풍스트Oskar Pfungst가 1907년 한스를 조사했다. 그는 속임수는 없었지만 한스는 실제로 계산을 하지 않았다고 결론 내렸다. 한스는 문제를 풀 수 있었던 주인한테서 무의식적인 단서를 포착했던 것이다. 흥미롭게도 주인은 자신이 단서를 준다는 사실을 몰랐다. 포커 게임에서 벌어지는 일과 비슷하다.

요점은 구경꾼들의 짐작과 달리 말이 실제로 답을 하지 않았다는 것이다. 똑같은 일이 기계에서도 벌어질 수 있다. 기계가 행하는 분석·분류·결정은 입력 데이터의 검증되지 않은 측면, 심지어 사람이 알지 못하는 측면을 바탕으로 이루어질지 모른다. 일부 경우에는 "올바르게 분류된 입력 이미지에 미세하게 작은 변화만 생겨도 이미지는 올바르게 분류되지 않을 수 있다."[4] 자동 알고리즘의 이런 약점을 이용하여 카네기멜론대학교의 과학자들은 무늬가 있는 안경테를 개발했다. 사람이 보기엔 정상이지만 기계는 누가 안경을 쓰고 있는지 제대로 알아맞히지 못하게 만드는 안경테다.[5] 당혹스럽게도 과학자들이 알아낸 바에 따르면, 그런 혼동은 특정한 신경망 알고리즘에 국한된 문제가 아니라 그런 유형의 알고리즘 전반의 문제였다. 기계한테는 우리가 보지 못하는 것, 우리의 관심사가 아닌 것이 보이는 셈이다.

이 책에서 줄곧 보았듯이 다크 데이터는 무한히 많은 방식으로 생길 수 있다. 우연히 생길 수도 있지만 의도적으로 만들어질 수도 있다. 때때로 사람들은 특정한 방식으로 내용을 표현하여 진리를 감추려고 한다. 경계심을 가지면 감춰진 진실을 찾아낼 수 있는데, 일반적으로 유용한 전략은 데이터를 다른 각도에서 보는 것이다. 음식을 가리켜 '90퍼센트 탈지방'이라고 하면 듣기에 굉장한 듯하지만, 사실은 그리 멋져 보이지 않는 '10퍼센트 지방'과 똑같은 뜻이다. 이와 비슷하게 어떤 치료법이나 생활방식의 선택을 가리켜 특정한 질병에 걸릴 위험을 절반으로 낮춰주는 것이라고 말할 수 있다. 하지만 만약 이 절반으로 낮추기가 구체적인 수치로 볼 때 사실은 2퍼센트의 위험을 1퍼센트로 낮추기임을 알고 나면, 여러분은 별로 흥미를 느끼지 못할 것이다. 두 숫자 모두 너무 작아서 중요하지 않게 보일 테니까. 이런 개념은 수를 거꾸로 하면 더 명확하게 알 수 있다. 가령 특정 질병에 걸리지 않을 확률을 98퍼센트에서 99퍼센트로 올리더라도 그다지 흥미가 생기지 않을 것이다.

미래는 다크 데이터의 명백한 원천이다. 온갖 예견자, 예언자, 신통력 소유자의 주장에도 불구하고 미래는 미지의 땅이다. 언제든 뜻 밖의 사건이 끼어들어 우리의 앞길을 가로막을 수 있다. 숱한 사업 실패 사례들이 여실히 증명해준다. 헤지펀드 롱텀캐피털매니지먼트 Long Term Capital Management, LTCM는 일찍이 어려움을 겪던 와중에 1998년 현지 통화 채권에 관한 러시아의 갑작스러운 채무불이행으로 큰 타격을 입었다. 이 회사가 파산하면 수많은 연쇄반응이 일어나 금융시장에 막대한 손실을 끼칠 것이므로 막대한 규모의 구제금융이 마련되었다. 마찬가지로 한때 매우 건실한 기업으로 여겨졌던 스위스에어Swissair가 1990년대 후반부터 '공격적 차입 및 인수 전략'을 시작하더니, 급기야 2001년의 9·11테러로 자금 사정이 심각하게 나빠져 도저히 빚을 감당할 수 없는 처지가 되었다.

아래 내용도 기업 몰락을 초래한 다크 데이터의 매우 적나라한 유형이다.

1970년대와 1980년대 후반에 비디오 녹화의 두 포맷인 소니의 베타맥스Betamax 방식과 JVC의 VHS 방식 사이에 이른바 포맷 전쟁이 벌어졌다. 원리적으로 베타맥스가 더 우수한 기술이어서 해상도가 높아 화질이 나았는데도 VHS가 이겼다. 베타맥스의 기술적 우위는 더 높은 비용과 적어도 초창기에 녹화 시간이 최대 한 시간이라는 장벽을 뛰어넘지 못했다. 이와 달리 초기의 VHS 녹화 장치는 두 시간 동안 작동했다. 결정적인 판단 기준은 할리우드 영화의 상영 시간이 보통 한 시간을 넘는다는 사실이다. 달리 말해 녹화 시간이 한 시간이라면 영화 후반부의 중요한 데이터를 생략할 수밖에 없었다! 이런 약점의 대응책으로 소니는 기술을 발전시켜 녹화 시간을 늘렸지만, 그것이 성공했을 때는 이미 늦었다. VHS가 이미 시장을 더 많이 장악해버린 것이다.

우리는 멋진 신세계로 들어가고 있다. 우리가 상상력을 키울 수만 있다면 지식을 쌓아 생활 조건을 향상시키고 데이터를 바탕으로 신뢰할 만한 예측을 할 수 있다. 하지만 조심스럽게 걸음을 내디뎌야 한다. 모든 발걸음마다 뜻밖의 함정에 빠질 위험이 도사리고 있다. 이 책의 서두에서 말했듯이 우리는 분석 대상인 데이터 전부를 알지 못하며 알 수도 없다. 데이터가 어디서 어떻게 수집되는지도 마찬가지다. 더군다나 우리가 무엇을 모르는지도 모른다. 우리가 모르는 것이 결정적으로 중요할 수 있기 때문에 우리는 한 가지 실수만으로도 상황을 잘못 이해하거나 틀린 예측을 할 수 있다. 이로 인해 건강, 재산, 복지 전반에 중대한 영향을 끼칠 수 있다. 데이터 과학을 향한 열정은 지극히 정당하지만 조심성을 갖추어야 한다. 유일한 해결책은 위험을 이해하고 경계를 게을리하지 않는 것이다.

아마도 여러분은 술 취한 사람이 가로등 아래서 열쇠를 찾는 오래된 농담을 잘 알 것이다. 그 사람이 거기에 열쇠를 떨어뜨려서가 아니라 무엇을 보기에 빛이 충분한 곳이 거기뿐이기 때문이다. 이것이야말로 다크 데이터의 위험성을 명확하게 요약해준다. 만약 자신이 갖고 있는 데이터만 바라본다면 과학자, 분석가, 그리고 데이터로부터 의미를 뽑아내려고 하는 모든 사람은 술 취한 사람과 비슷하다. 데이터가 어떻게 생기는지, 데이터에 무엇이 빠져 있는지를 이해하지 못하면 정답이 있는 곳이 아니라 자신들이 볼 수 있는 곳만 보는 심각한 위험에 빠진다. 하지만 이 책에서 우리는 다크 데이터란 기록될 수도 있었지만 기록되지 못한 데이터일 뿐이라는 단순한 개념을 훌쩍 뛰어넘었다. 또 알려진 미지와 알려지지 않은 미지 사이의 구별보다 한참 더 깊은 내용도 살펴보았다. 다크 데이터는 그러한 모든 것일 수도 있지만, 또한 어쩌면 존재할 수 없었거나 우리가 꾸며낸 데이터일 수도 있다. 다크 데이터 관점은 사물을 바라보는 보통의 방식을 뒤집는다. 덕분에 우리는 관측되는 데이터가 다크 데이터까지 포함하는 더 넓은 맥락에 놓여 있을 때도 상황을 단순하면서도 깊이 이해할 수 있다.

이 책에서 다크 데이터가 나오는 숱한 상황들이 여러분에게 데이터의 위험성, 조심해야 할 점, 그리고 다크 데이터를 확인하고 고치는 방법(빛을 비출 영역을 가로등 밑에서 벗어나 주변 영역으로 넓혀줄 방법)을 더 잘 알려주었길 바란다. 아울러 여러분이 전략적으로 다크 데이터를 유리하게 이용할 수 있는 상황들을 알아차릴 수 있기를 바란다.

1장. 다크 데이터: 보이지 않는 것이 이 세계를 만든다

1. https://blog.uvahealth.com/2019/01/30/measles-outbreaks/,accessed16April 2019.

2. http://outbreaknewstoday.com/measles-outbreak-ukraine-21000-cases-2019/, accessed 16 April 2019.

3. https://www.theglobeandmail.com/canada/article-canada-could-see-large-amount-of-measles-outbreaks-health-experts/, accessed 16 April 2019.

4. E. M. Mirkes, T. J. Coats, J. Levesley, and A. N. Gorban, "Handling missing data in large healthcare dataset: A case study of unknown trauma outcomes." *Computers in Biology and Medicine* 75 (2016): 203—16.

5. https://www.livescience.com/24380-hurricane-sandy-status-data.html.

6. D. Rumsfeld, Department of Defense News Briefing, 12 February 2002.

7. http://archive.defense.gov/Transcripts/Transcript.aspx?TranscriptID=2636, accessed 31 July 2018.

8. https://er.jsc.nasa.gov/seh/explode.html.

9. https://xkcd.com/552/; The Rogers Commission report on the *Challenger* disaster is available at https://forum.nasaspaceflight.com/index.php?topic=8535.0.

10. R. Pattinson, *Arctic Ale: History by the Glass*, issue 66 (July 2102), https://www.beeradvocate.com/articles/6920/arctic-ale/, accessed 31 July 2018.

2장. 다크 데이터 찾아내기: 우리가 모은 것과 모으지 않은 것

1. D. J. Hand, F. Daly, A. D. Lunn, K. J. McConway, and E. Ostrowski, *A Handbook of Small Data Sets* (London: Chapman and Hall, 1994).

2. D. J. Hand, "Statistical challenges of administrative and transaction data (with discussion)," *Journal of the Royal Statistical Society*, Series A 181 (2018): 555—605.

3. https://www.quora.com/How-many-credit-and-debit-card-transactions-are-there-every-year, accessed 24 August 2018.

4. M. E. Kho, M. Duffett, D. J. Willison, D. J. Cook, and M. C. Brouwers, "Written informed consent and selection bias in observational studies using medical records: Systematic review," *BMJ* (Clinical Research Ed.) 338 (2009): b866.

5. S. Dilley and G. Greenwood, "Abandoned 999 calls to police more than double," 19 September 2017, http://www.bbc.co.uk/news/uk-41173745, accessed 10 December 2017.

6. M. Johnston, The Online Photographer, 17 February 2017, http://theonline photographer.typepad.com/the_online_photographer/2017/02/i-find-this-a-particularly-poignant-picture-its-preserved-in-the-george-grantham-bain-collection-at-the-library-of-congres.html, accessed 28 December 2017.

7. A. L. Barrett and B. R. Brodeski, "Survivorship bias and improper measurement: How the mutual fund industry inflates actively managed fund performance" (Rockford, IL: Savant Capital Management, Inc., March 2006), http://www.google.co.uk/url?sa=t&rct=j&q=&esrc=s&source=web&cd=1&ved=0ahUKEwiavpGPz6zYAhWFJMAKH aKaBNQQFggpMAA&url=http%3A%2F%2Fwww.etf.com%2Fdocs%2Fsbiasstudy. pdf&usg=AOvVaw2nPmIjOOE1iWk2CByyeClw, accessed 28 December 2017.

8. T. Schlanger and C. B. Philips. "The mutual fund graveyard: An analysis of deadfunds," The Vanguard Group, January 2013.

9. https://xkcd.com/1827/.

10. Knowledge Extraction Based on Evolutionary Learning, http://sci2s.ugr.es/keel/ dataset.php?cod=163, accessed 22 September 2019.

11. M. C. Bryson, "The Literary Digest poll: Making of a statistical myth," The American Statistician 30 (1976): 184—5.

12. http://www.applied-survey-methods.com/nonresp.html, accessed 4 November 2018.

13. Office for National Statistics, https://www.ons.gov.uk/employmentandlabourmarket/ peopleinwork/employmentandemployeetypes/methodologies/labourforcesurveyperfo rmanceandqualitymonitoringreports/labourforcesurveyperformanceandqualitymonit oringreportjulytoseptember2017.

14. R. Tourangeau and T. J. Plewes, eds., *Nonresponse in Social Surveys: A Research Agenda* (Washington, DC: National Academies Press, 2013).

15. J. Leenheer and A. C. Scherpenzeel, "Does it pay off to include non-internet households in an internet panel?" *International Journal of Internet Science* 8 (2013), 17—29.

16. Tourangeau and Plewes, Nonresponse in Social Surveys.

17. H. Wainer, "Curbstoning IQ and the 2000 presidential election," *Chance* 17 (2004): 43—46.

18. I. Chalmers, E. Dukan, S. Podolsky, and G. D. Smith, "The advent of fair treatment allocation schedules in clinical trials during the 19th and early 20th centuries," *Journal of the Royal Society of Medicine* 105 (2012): 221—7.

19. J. B. Van Helmont, *Ortus Medicinae, The Dawn of Medicine* (Amsterdam: Apud Ludovicum Elzevirium, 1648), http://www.jameslindlibrary.org/van-helmont-jb-1648/, accessed 15 June 2018.

20. W. W. Busse, P. Chervinsky, J. Condemi, W. R. Lumry, T. L. Petty, S. Rennard, and R. G. Townley, "Budesonide delivered by Turbuhaler is effective in a dose-dependent fashion when used in the treatment of adult patients with chronic asthma," *Journal of Allergy and Clinical Immunology* 101 (1998): 457—63; J. R. Carpenter and M. Kenward, "Missing data in randomised controlled trials: A practicalguide," November 21, 2007, http://citeseerx.ist.psu.edu/viewdoc/download?doi=10.1.1.468.9391&rep=rep1&type=pdf, accessed 7 May 2018.

21. P. K. Robins, "A comparison of the labor supply findings from the four negative income tax experiments," Journal of Human Resources 20 (1985): 567—82.

22. A. Leigh, *Randomistas: How Radical Researchers Are Changing Our World* (New Haven, CT: Yale University Press, 2018).

23. P. Quinton, "The impact of information about crime and policing on public perceptions," *National Policing Improvement Agency*, January 2011, http://whatworks.college.police.uk/Research/Documents/Full_Report_-_Crime_and_Policing_Information.pdf, accessed 17 June 2018.

24. J. E. Berecochea and D. R. Jaman, (1983) *Time Served in Prison and Parole Outcome: An Experimental Study: Report Number 2*, Research Division, California Department of Corrections.

25. G. C. S. Smith and J. Pell, "Parachute use to prevent death and major trauma related to gravitational challenge: Systematic review of randomised controlled trials," *British Medical Journal* 327 (2003): 1459—61.

26. *Washington Post*, "Test of 'dynamic pricing' angers Amazon customers," October 7, 2000, http://www.citi.columbia.edu/B8210/read10/Amazon%20Dy-namic%20Pricing%20Angers%20Customers.pdf, accessed 19 June 2018.

27. BBC, "Facebook admits failings over emotion manipulation study," *BBC News*, 3 October 2014, https://www.bbc.co.uk/news/technology-29475019, accessed 19 June 2018.

3장. 다크 데이터와 정의: 알고자 하는 것이 정확히 무엇인가?

1. http://www.bbc.co.uk/news/uk-politics-eu-referendum-35959949.

2. Immigration figures, https://www.ons.gov.uk/peoplepopulationandcommunity/populationandmigration/internationalmigration/articles/noteonthedifferencebetweennationalinsurancenumberregistrationsandtheestimateoflongterminternationalmigration/2016, accessed 2 January 2018.

3. Office for National Statistics, "Crime in England and Wales: Year ending June 2017," https://www.ons.gov.uk/peoplepopulationandcommunity/crimeandjustice/bulletins/crimeinenglandandwales/june2017#quality-and-methodology, accessed 4 January 2018.

4. J. Wright, "The real reasons autism rates are up in the U.S." Scientific American, March 3, 2017, https://www.scientificamerican.com/article/the-real-reasons-autism-rates-are-up-in-the-u-s/, accessed 3 July 2018.

5. N. Mukadam, G. Livingston, K. Rantell, and S. Rickman, "Diagnostic rates and treatment of dementia before and after launch of a national dementia policy: An observational study using English national databases." BMJ Open 4, no. 1 (January 2014), http://bmjopen.bmj.com/content/bmjopen/4/1/e004119.full.pdf, accessed 3 July 2018.

6. https://www.ons.gov.uk/businessindustryandtrade/retailindustry/timeseries/j4mc/drsi.

7. https://www.census.gov/retail/mrts/www/data/pdf/ec_current.pdf.

8. Titanic Disaster: Official Casualty Figures, 1997, http://www.anesi.com/titanic.htm, accessed 2 October 2018.

9. A. Agresti, Categorical Data Analysis, 2d ed. (New York: Wiley, 2002), 48—51.

10. W. S. Robinson, "Ecological correlations and the behavior of individuals," American Sociological Review 15 (1950): 351—7.

11. G. Gigerenzer, Risk Savvy: How to Make Good Decisions (London: Penguin Books, 2014), 202.

12. W. J. Krzanowski, Principles of Multivariate Analysis, rev. ed. (Oxford: Oxford University Press, 2000), 144.

4장. 의도하지 않은 다크 데이터: 말과 행동이 따로 놀 때

1. S. de Lusignan, J. Belsey, N. Hague, and B. Dzregah, "End-digit preference inblood pressure recordings of patients with ischaemic heart disease in primary care," Journal of Human Hypertension 18 (2004): 261—5.

2. L. E. Ramsay et al., "Guidelines for management of hypertension: Report of the third working party of the British Hypertension Society," Journal of Human Hypertension

13 (1999): 569—92.

3. J. M. Roberts Jr. and D. D. Brewer, "Measures and tests of heaping in discrete quantitative distributions," *Journal of Applied Statistics* 28 (2001): 887—96.

4. https://www.healthline.com/health/mens-health/average-weight-for-men.

5. B. Kenber, P. Morgan-Bentley, and L. Goddard, "Drug prices: NHS wastes £30m a year paying too much for unlicensed drugs," *Times* (London), 26 May 2018, https://www.thetimes.co.uk/article/drug-prices-nhs-wastes-30m-a-year-paying-too-much-for-unlicensed-drugs-kv9kr5m8p?shareToken=0e41d3bbd6525068746b7db8f9852a24, accessed 26 May 2018.

6. H. Wainer, "Curbstoning IQ and the 2000 presidential election," *Chance* 17 (2004): 43—46.

7. W. Kruskal, "Statistics in society: Problems unsolved and unformulated," *Journal of the American Statistical Association*, 76, (1981): 505—15.

8. 나는 이 법의 결정적인 출처를 찾을 수가 없었다. 클라우스 모저(Clause Moser)가 왕립통계학회에서 행한 1979년의 회장 연설에 따르면("Statistics and public policy", *Journal of the Royal Statistical Society*, Series A 143 (1980):1-32), 그 법칙은 영국의 중앙통계국이 만들어낸 것이라고 한다. 앤드루 에렌버그(Andrew Ehrenberg)는 아무런 근거도 대지 않고 다음 자료에서 그것을 '트와이먼의 법칙'이라고 불렀다. "The teaching of statistics: Corrections and comments," *Journal of the Royal Statistical Society*, Series A138(1975): 543-45.

9. T. C. Redman, "Bad data costs the U.S. $3 trillion per year," *Harvard Business Review*, 22 September 2016, https://hbr.org/2016/09/bad-data-costs-the-u-s-3-trillion-per-year, accessed 17 August 2018.

10. ADRN, https://adrn.ac.uk/.

11. https://adrn.ac.uk/media/174470/homlessness.pdf, accessed 24 August 2018.

5장. 전략적 다크 데이터: 게이밍, 피드백, 정보 비대칭

1. https://eur-lex.europa.eu/legal-content/EN/TXT/PDF/?uri=CELEX:32004L0113, accessed 18 February 2019.

2. M. Hurwitz and J. Lee, *Grade Inflation and the Role of Standardized Testing* (Baltimore, MD: Johns Hopkins University Press, forthcoming).

3. R. Blundell, D. A. Green, and W. Jin, "Big historical increase in numbers did not reduce graduates' relative wages," *Institute for Fiscal Studies*, 18 August 2016, https://www.ifs.org.uk/publications/8426, accessed 23 November 2018.

4. D. Willetts, *A University Education* (Oxford: Oxford University Press, 2017).

5. R. Sylvester, "Schools are cheating with their GCSE results," *Times* (London) , 21 August 2018, https://www.thetimes.co.uk/article/schools-are-cheating-with-

their-gcse-results-q83s909k6?shareToken=0ce9828e6183e9b37a1454f8f588eaa7, accessed 23 August 2018.

6. "Ambulance service 'lied over response rates,'" Telegraph (London), 28 February 2003, http://www.telegraph.co.uk/news/1423338/Ambulance-service-lied-over-response-rates.html, downloaded on 6 October 2018.

7. https://sites.psu.edu/gershcivicissue/2017/03/15/unemployment-and-how-to-manipulate-with-statistics/, accessed 6 October 2018.

8. https://www.heraldscotland.com/news/13147231.Former_police_officers___crime_figures_are_being_massaged_to_look_better_/.

9. J. M. Keynes, General Theory of Employment Interest and Money (New York: Harcourt, Brace, 1936).

10. BBC, 1 February 2011, https://www.bbc.co.uk/news/uk-12330078, accessed 18 August 2018.

11. Direct Line Group, 2014, https://www.directlinegroup.com/media/news/brand/2014/11-07-2014b.aspx, accessed 11 April 2014.

12. A. Reurink, "Financial fraud: A literature review," MPIfG Discussion Paper 16/5 (Cologne: Max Planck Institute for the Study of Societies, 2016).

13. R. Caruana, Y. Lou, J. Gehrke, P. Koch, M. Sturm, and N. Elhahad, "Intelligible models for healthcare: predicting pneumonia risk and hospital 30-day readmission," Proceedings of the 21st ACM SIGKDD International Conference on Knowledge Discoveryand Data Mining, KDD' 15, Sydney, Australia, 10— 13 August 2015, pp. 1721—30.

14. Board of Governors of the Federal Reserve System, Report to the Congress on Credit Scoring and Its Efects on the Availability and Afordability of Credit, August 2007, https://www.federalreserve.gov/boarddocs/RptCongress/creditscore/creditscore.pdf, accessed 18 August 2018.

15. E. Wall, "How car insurance costs have changed," Telegraph (London), 21 January 2013, http://www.telegraph.co.uk/finance/personalfinance/insurance/motorinsurance/9815330/How-car-insurance-costs-have-changed-EU-gender-impact.html, accessed 19 August 2018.

6장. 고의적 다크 데이터: 사기와 기만

1. V. Van Vlasselaer, T. Eliassi-Rad, L. Akoglu, M. Snoeck, and B. Baesens, "Gotcha! Network-based fraud detection for social security fraud," Management Science 63 (14 July 2016): 3090— 3110.

2. B. Baesens, V. van Vlasselaer, and W. Verbet, Fraud Analytics: Using Descriptive, Predictive, and Social Network Techniques: A Guide to Data Science for Fraud Detection

(Hoboken, NJ: Wiley, 2105), 19.

3. "Crime in England and Wales: Year Ending June 2017," https://www. ons.gov.uk/peoplepopulationandcommunity/crimeandjustice/bulletins/ crimeinenglandandwales/june2017, accessed 31 December 2017.

4. D. J. Hand and G. Blunt, "Estimating the iceberg: How much fraud is there in the UK?" *Journal of Financial Transformation* 25, part 1(2009): 19— 29, http://www. capco.com/?q=content/journal-detail&sid=1094.

5. Rates of fraud, identity theft and scams across the 50 states: FTC data," *Journalist's Resource*, 4 March 2015, https://journalistsresource.org/studies/government/ criminal-justice/united-states-rates-fraud-identity-theft-federal-trade- commission, accessed 19 August 2018.

6. B. Whitaker, "Never too young to have your identity stolen," *New York Times*, 27 July 2007, http://www.nytimes.com/2007/07/21/business/21idtheft.html, accessed 3 February 2018.

7. Javelin, 1 February 2017, https://www.javelinstrategy.com/coverage-area/2017- identity-fraud, accessed 3 February 2018.

8. III, "Facts+Statistics: Identity theft and cybercrime," 2016, https://www.iii.org/fact- statistic/facts-statistics-identity-theft-and-cybercrime#, accessed 3 February 2018.

9. DataShield, 14 March 2013, http://datashieldcorp.com/2013/03/14/5-worst-cases- of-identity-theft-ever/, accessed 3 February 2018.

10. A. Reurink: Chapter 5, Note 12.

11. https://www.sec.gov/news/pressrelease/2015— 213.html, accessed 30 September 2018.

12. "Accounting scandals: The dozy watchdogs," *Economist*, 11 December 2014, https:// www.economist.com/news/briefing/21635978-some-13-years-after-enron- auditors-still-cant-stop-managers-cooking-books-time-some, accessed 7 April 2018.

13. E. Greenwood, *Playing Dead: A Journey through the World of Death Fraud* (New York: Simon and Schuster, 2017).

14. CBS This Morning, "Playing a risky game: People who fake death for big money," https://www.cbsnews.com/news/playing-a-risky-game-people-who-fake-death- for-big-money/, accessed 6 April 2018.

15. M. Evans, "British woman who 'faked death in Zanzibar in £140k insurance fraud bid' arrested along with teenage son," *Telegraph* (London), 15 February 2017, https://www.telegraph.co.uk/news/2017/02/15/british-woman-faked-death- zanzibar-140k-insurance-fraud-bid/, accessed 6 April 2018.

16. S. Hickey, "Insurance cheats discover social media is the real pain in the neck,"

Guardian (London), 18 July 2016, https://www.theguardian.com/money/2016/jul/18/insurance-cheats-social-media-whiplash-false-claimants, accessed 4 April 2018.

17. P. Kerr, "'Ghost Riders' are target of an insurance sting," *New York Times*, 18 August 1993, https://www.nytimes.com/1993/08/18/us/ghost-riders-are-target-of-an-insurance-sting.html, accessed 6 April 2018.

18. FBI (N.A.), "Insurance Fraud," https://www.fbi.gov/stats-services/publications/insurance-fraud, accessed 6 April 2018.

19. E. Crooks, "More than 100 jailed for fake BP oil spill claims," *Financial Times* (London), 15 January 2017, https://www.ft.com/content/6428c082-db1c-11e6—9d7c-be108f1c1dce, accessed 6 April 2018.

20. ABI, "The con's not on— Insurers thwart 2,400 fraudulent insurance claims valued at £25 million every week," Association of British Insurers, 7 July 2017, https://www.abi.org.uk/news/news-articles/2017/07/the-cons-not-on— insurers-thwart-2400-fraudulent-insurance-claims-valued-at-25-million-every-week/, accessed 4 April 2018.

21. "PwC Global Economic Crime Survey: 2016; Adjusting the lens on economic crime," 18 February 2016, https://www.pwc.com/gx/en/economic-crime-survey/pdf/GlobalEconomicCrimeSurvey2016.pdf, accessed 8 April 2018.

7장. 다크 데이터와 과학: 발견의 본질

1. J. M. Masson, ed., *The Complete Letters of Sigmund Freud to Wilhelm Fliess* (Cambridge, MA: Belknap Press, 1985), 398.

2. "Frontal lobotomy," *Journal of the American Medical Association* 117 (16 August 1941): 534— 35.

3. N. Weiner, Cybernetics (Cambridge, MA: MIT Press, 1948).

4. J. B. Moseley et al., "A controlled trial of arthroscopic surgery for osteoarthritis of the knee," *New England Journal of Medicine* 347, no. 2 (2002): 81— 88.

5. J. Kim et al., Association of multivitamin and mineral supplementation and riskof cardiovascular disease: A systematic review and meta-analysis. *Circulation: Cardiovascular Quality and Outcomes* 11 (July 2018), http://circoutcomes.ahajournals.org/content/11/7/e004224, accessed 14 July 2018.

6. J. Byrne, MD, "Medical practices not supported by science," *Skeptical Medicine*, https://sites.google.com/site/skepticalmedicine/medical-practices-unsupported-by-science, accessed 14 July 2018.

7. T. Kuhn, *The Structure of Scientific Revolutions*, 2d ed. (Chicago: University of Chicago Press, 1970), 52.

8. J. P. A. Ioannidis, "Why most published research findings are false," *PLOS Medicine*2, no. 8 (2005): 696—701.

9. L. Osherovich, "Hedging against academic risk," *Science-Business eXchange*, 14 April 2011, https://www.gwern.net/docs/statistics/bias/2011-osherovich.pdf, accessed 12 July 2018.

10. M. Baker, "1,500 scientists lift the lid on reproducibility," *Nature* 533 (July 2016): 452— 54, https://www.nature.com/news/1— 500-scientists-lift-the-lid-on-reproducibility-1.19970, accessed 12 July 2018.

11. C. G. Begley and L. M. Ellis, "Raise standards for preclinical cancer research," *Nature-Comment* 483 (March 2012): 531—33.

12. L. P. Freedman, I. M. Cockburn, and T. S. Simcoe, "The economics of reproducibility in preclinical research," *PLOS Biology*, 9 June 2015, http://journals.plos.org/plosbiology/article?id=10.1371/journal.pbio.1002165, accessed 12 July 2018.

13. B. Nosek et al., "Estimating the reproducibility of psychological science," *Science* 349, no. 6251 (August 2015): 943—52.

14. https://cirt.gcu.edu/research/publication_presentation/gcujournals/nonsignificant.
15. http://jir.com/index.html.

16. F. C. Fang, R. G. Steen, and A. Casadevall, "Misconduct accounts for the majority of retracted scientific publications," *PNAS* 109 (October 2012): 17028—33.

17. D. G. Smith, J. Clemens, W. Crede, M. Harvey, and E. J. Gracely, "Impact ofmultiple comparisons in randomized clinical trials," *American Journal of Medicine* 83 (September 1987): 545—50.

18. C. M. Bennett, A. A. Baird, M. B. Miller, and G. L. Wolford, "Neural correlatesof interspecies perspective taking in the post-mortem Atlantic Salmon: An argument for proper multiple comparisons correction," *Journal of Serendipitous and Unexpected Results1*, no.1 (2009): 1— 5, http://docplayer.net/5469627-Journal-of-serendipitous-and-unexpected-results.html, accessed 16 August 2018.

19. S. Della Sala and R. Cubelli, "Alleged 'sonic attack' supported by poor neuropsychology," *Cortex* 103 (2018): 387—88.

20. R. L. Swanson et al., "Neurological manifestations among U.S. Government personnel reporting directional audible and sensory phenomena in Havana, Cuba," *JAMA* 319 (20 March 2018): 1125—33.

21. F. Miele,Intelligence, *Race, and Genetics: Conversations with Arthur R. Jensen* (Oxford: Westview Press, 2002), 99— 103.

22. C. Babbage, *Reflections on the Decline of Science in England, and on Some of Its Causes* (London: B. Fellowes, 1830).

23. A. D. Sokal, "Transgressing the boundaries: Toward a transformative hermeneutics of

quantum gravity," *Social Text* 46/47 (Spring/Summer 1996): 217—52.

24. https://read.dukeupress.edu/social-text, accessed 23 January 2019.

25. A. Sokal and J. Bricmont, *Intellectual Imposters: Postmodern Philosophers' Abuseof Science* (London: Profile Books, 1998).

26. http://science.sciencemag.org/content/342/6154/60/tab-pdf.

27. http://www.scs.stanford.edu/~dm/home/papers/remove.pdf.

28. https://j4mb.org.uk/2019/01/09/peter-boghossian-professor-faces-sack-over-hoax-that-fooled-academic-journals/.

29. C. Dawson and A. Smith Woodward, "On a bone implement from Piltdown (Sussex)," *Geological Magazine Decade* 6, no. 2 (1915): 1—5, http://www.boneandstone.com/articles_classics/dawson_04.pdf, accessed 7 July 2018.

30. M. Russell (2003) *Piltdown Man: The Secret Life of Charles Dawson* (Stroud, UK: Tempus, 2003); M. Russell, *The Piltdown Man Hoax: Case Closed* (Stroud, UK: The History Press, 2012).

31. J. Scott, "At UC San Diego: Unraveling a research fraud case," *Los Angeles Times*, 30 April 1987, http://articles.latimes.com/1987-04-30/news/mn-2837_1_uc-san-diego, accessed 4 July 2018.

32. B. Grant, "Peer-review fraud scheme uncovered in China," *Scientist*, 31 July 2017, https://www.the-scientist.com/the-nutshell/peer-review-fraud-scheme-uncovered-in-china-31152, accessed 4 July 2018.

33. https://ori.hhs.gov/about-ori, accessed 14 October 2018.

34. R. A. Millikan, "On the elementary electric charge and the Avogrado constant," *Physical Review* 2, no. 2 (August 1913): 109—43.

35. W. Broad and N. Wade, *Betrayers of the Truth: Fraud and Deceit in the Halls of Science* (New York: Touchstone, 1982).

36. D. Goodstein, "In defense of Robert Andrews Millikan," *American Scientist* 89, no. 1 (January-February 2001): 54—60.

37. R. G. Steen, A. Casadevall, and F. C. Fang, "Why has the number of scientific retractions increased?" *PLOS ONE* 8, no. 7 (8 July 2013), http://journals.plos.org/plosone/article?id=10.1371/journal.pone.0068397, accessed 9 July 2018.

38. D. J. Hand, "Who told you that?: Data provenance, false facts, and separating the liars from the truth-tellers," *Significance* (August 2018): 8—9.

39. LGTC (2015), https://assets.publishing.service.gov.uk/government/uploads/system/uploads/attachment_data/file/408386/150227_PUBLICATION_Final_LGTC_2015.pdf, accessed 17 April 2018.

40. Tameside, https://www.tameside.gov.uk/Legal/Transparency-in-Local-Government, accessed 17 April 2018.

8장. 다크 데이터 다루기: 빛을 비추기

1. See, for example, D. Rubin, "Inference and missing data," *Biometrika*, 63, no. 3 (December 1976): 581—92.

2. C. Marsh, *Exploring Data* (Cambridge: Cambridge University Press, 1988).

3. X. L. Meng, "Statistical paradises and paradoxes in big data (I): Law of large populations, big data paradox, and the 2016 U. S. presidential election," *Annals of Applied Statistics* 12 (June 2018): 685—726.

4. R. J. A. Little, "A test of missing completely at random for multivariate data with missing values," *Journal of the American Statistical Association* 83, no.404 (December 1988): 1198—1202.

5. E. L. Kaplan and P. Meier, "Nonparametric estimation from incomplete observations," *Journal of the American Statistical Association* 53, no. 282 (June 1958): 457—81.

6. G. Dvorsky, "What are the most cited research papers of all time?" 30 October 2014, https://io9.gizmodo.com/what-are-the-most-cited-research-papers-of-all-time-1652707091, accessed 22 April 2018.

7. F. J. Molnar, B. Hutton, and D. Fergusson, "Does analysis using 'last observation carried forward' introduce bias in dementia research?" *Canadian Medical Association Journal* 179 no. 8 (October 2008): 751—53.

8. J. M. Lachin, "Fallacies of last observation carried forward," *Clinical Trials* 13, no. 2 (April 2016): 161—68.

9. A. Karahalios, L. Baglietto, J. B. Carlin, D. R. English, and J. A. Simpson, "A review of the reporting and handling of missing data in cohort studies with repeated assessment of exposure measures," *BMC Medical Research Methodology* 12 (11 July 2012): 96, https://bmcmedresmethodol.biomedcentral.com/track/pdf/10.1186/1471-2288-12-96.

10. S. J. W. Shoop, "Should we ban the use of 'last observation carried forward' analysis in epidemiological studies?" *SM Journal of Public Health and Epidemiology* 1, no. 1 (June 2015): 1004.

11. S. J. Miller, ed., *Benford's Law: Theory and Applications* (Princeton, NJ: Princeton University Press, 2015).

9장. 다크 데이터로 이득을 얻는 법: 질문을 바꿔보자

1. S. Newcomb "Measures of the velocity of light made under the direction of the Secretary of the Navy during the years 1880—1882," *Astronomical Papers* 2 (1891): 107—230 (Washington, DC: U.S. Nautical Almanac Office).

2. ADRN, https://adrn.ac.uk/.

3. D. Barth-Jones D. "The 're-identification' of Governor William Weld's medical information: A critical re-examination of health data identification risks and privacy protections, then and now," 3 September 2015, https://papers.ssrn.com/sol3/papers.cfm?abstract_id=2076397, accessed 24 June 2018.

4. A. Narayanan and V. Shmatikov, "How to break the anonymity of the Netflix Prize dataset," 22 November 2007, https://arxiv.org/abs/cs/0610105, accessed 25 March 2018; A. Narayanan and V. Shmatikov V. (2008) Robust de-anonymization oflarge sparse datasets (how to break the anonymity of the Netflix Prize dataset), 5 February 2008, https://arxiv.org/pdf/cs/0610105.pdf, accessed 24 June 2018.

5. D. Hugh-Jones, "Honesty and beliefs about honesty in 15 countries," 29 October 2015, https://www.uea.ac.uk/documents/3154295/7054672/Honesty+paper/41fecf09— 235e-45c1-afc2-b872ea0ac882, accessed 26 June 2018.

6. C. Gentry, "Computing arbitrary functions of encrypted data," *Communications of the ACM*, 53, no. 3 (March 2010): 97— 105.

10장. 다크 데이터 분류법: 미로 속으로 난 길

1. https://www.behaviouralinsights.co.uk/wp-content/uploads/2016/08/16-07-12-Counting-Calories-Final.pdf, accessed 27 October 2018.

2. A. Cavallo, "Online and official price indexes: Measuring Argentina's inflation," *Journal of Monetary Economics* 60, no. 2 (2013): 152— 65.

3. A. Cavallo and R. Rigobon, "The billion prices project: Using online prices for measurement and research," *Journal of Economic Perspectives* 30, no. 2 (Spring 2016): 151— 78.

4. C. Szegedy et al., "Intriguing properties of neural networks," https://arxiv.org/pdf/1312.6199.pdf, 19 February 2014, accessed 23 August 2008.

5. M. Sharif, S. Bhagavatula, L. Bauer, and M. K. Reiter, "Accessorize to a crime: Real and stealthy attacks on state-of-the-art face recognition," October 2016, https://www.cs.cmu.edu/~sbhagava/papers/face-rec-ccs16.pdf, accessed 23 August 2018.